I0064133

Hauedorf.

D. 107

Schulschießübungen

für das

Schießen mit dem schweren Maschinengewehr

vom 28. September 1933

Berlin 1933
Verlegt bei E. S. Mittler & Sohn

A. Vorbemerkung.

1. Für das Schulschießen mit dem schweren Maschinengewehr (H. Dv. 73) gelten bis zur Ausgabe der neuen Schießvorschrift für s. M. G. folgende Bestimmungen:

   Alle Einheiten der Infanterie, Kavallerie usw., die zum Schießen der Schulübungen mit dem s. M. G. verpflichtet sind, schießen die im Abschnitt C festgesetzten Schulübungen.

2. Soweit durch die neuen Schulübungen Änderungen der H. Dv. 73 notwendig werden, sind diese im Abschnitt B festgelegt. Berichtigungen sind in der H. Dv. 73 nicht vorzunehmen.

3. Die Schießübersichten und Schießbücher sind von den Truppen entsprechend zu ändern.

4. Das Schulschießen ist die **Vorschule** für das Gefechtsschießen. Es beschränkt sich auf das Erlernen der Feuerarten.

   Der Schütze soll die Eigenart der Waffe kennenlernen und Vertrauen zu ihrer Leistungsfähigkeit gewinnen.

   Die Reihenfolge der einzelnen Übungen ist so festgelegt worden, daß sich jede Übung folgerichtig auf die vorhergehende aufbaut.

5. Durch Ansetzen **besonderer Übungen** hat der Kompaniechef die Leistungen vor allem derjenigen Schützen zu steigern, die im laufenden Schießjahr zu Richtschützen herangebildet werden sollen.

   In Standorten, in denen keine Möglichkeit zum Gefechtsschießen besteht, ist auf das Schießen besonderer Übungen, die viel Abwechslung bieten und dem Ausbildungsgrad der einzelnen Schützen entsprechen,

1*

gegen Scheiben mit aufgezeichnetem Gelände (auf 25 m) besonderer Wert zu legen.

Schießen mit Gasmaske, Wettkampf oder sportmäßige Schießen sind im Gelände abzuhalten (Schulgefechtsschießen mit dem einzelnen M. G. im Gelände).

B. Änderungen bzw. Zusätze der in H. Dv. 73 (Schießvorschrift für s. M. G.) festgesetzten Bestimmungen für die Ausführung des Schulschießens.

Nr. 253, 18. und 25. Zeile von oben.

Statt siebente Übung ist zu setzen: sechste Übung. Der letzte Absatz ändert sich wie folgt: Angehörige der Rekrutenstufe schießen die Übungen 1 bis 4 der 2. Schießklasse.

Zu Nr. 254.

Der Schießanzug ist im Abschnitt C bei den einzelnen Übungen geregelt.

Zu Nr. 255.

Jeder Teilnehmer erledigt im Schießjahr alle im Abschnitt C für ihn vorgeschriebenen Übungen seiner Klasse. Die besondere Klasse fällt fort.

Zu Nr. 259.

Alle Übungen werden mit Rückstoßverstärker geschossen.

Zu Nr. 262.

Gilt in gleicher Weise für die neue 1., 2., 3., 5. und 6. Übung.

2. Abs. 3. Zeile ist statt 7. Übung 5. und 6. Übung zu setzen.

Zu Nr. 263.

Statt 4. und 7. Übung ist zu setzen
3. und 6. Übung.

Zu Nr. 268.

Die besondere Klasse fällt fort.

Zu Nr. 269.

Nr. 269 ändert sich wie folgt:

Wer in der zweiten Schießklasse von den vorgeschriebenen 7 Übungen 4 Übungen, in der ersten Schießklasse von den vorgeschriebenen 7 Übungen 5 Übungen erfüllt hat, kann am Schluß des Schießjahres durch den Kompanie- usw. Chef in die nächsthöhere Schießklasse versetzt werden.

Die Schützen der bisherigen besonderen Schießklasse schießen die Bedingungen der Scharfschützenklasse.

Zu Nr. 286 bis 292, Muster 7, S. 162 bis 167, und Muster 8, S. 174 bis 177.

An deren Stelle treten die neuen Schulübungen.

Zu Nr. 340, 2. Abs.

Die Teilnehmer am Wettbewerb müssen alle für ihre Schießklasse festgesetzten Übungen innerhalb des Schießjahres erfüllt haben. Für die Reihenfolge entscheidet die zum Erfüllen der Übungen verbrauchte Patronenzahl, für deren Berechnung nur die 1. und 4. Übung, bei denen Patronen nachgegeben werden können, in Frage kommen; demnächst das Ergebnis der 6. Übung.

Zu Nr. 342 bis 345.

Das Schießen der Ehrenpreisübung fällt weg.

In Wettbewerb um einen Ehrenpreis tritt derjenige Schütze jeder M. G. Komp. usw., der im laufenden Schießjahr alle Übungen seiner Schießklasse erfüllt und beim Schießen der 6. Übung (1. oder 2. Beschuß) das beste Ergebnis erzielt hat.

Bei Beurteilung des Ergebnisses für einen Ehrenpreis rechnen zuerst die Quadrate, dann die Treffer.

Anmerkung: Truppenteile, die M. G.-Zielfernrohre in der Geräteausstattung gemäß der Sollfestsetzung nicht besitzen, schießen die 5. und 6. Schulübung ohne Zielfernrohr.

C. Schulschießübungen.

1. Übung — Einzelfeuerübung.

1. **Zweck:** Erlernung des genauen Richtens.
2. **Übung:** 5 Schuß Einzelfeuer auf 5 verschiedene, vom Gewehrführer einzeln außer der Reihe zu bestimmende Figuren.

Anzug: Leibriemen, Seitengewehr, Mütze.

Scheibe: Die Schulscheibe ist mit 4 bis 6 Felderscheiben zu je 15 Feldern beklebt.

Probeschüsse: stehen dem Schützen nicht zu.

Anschlag: liegend.

M. G.: Das M. G. ist zum Einzelfeuer geladen und auf die untere rechte Ecke einer der Felderscheiben gerichtet. Seiten- und Höhenhebel sind lose, eine Hand ist am Handrad.

Zielen: über Kimme—Korn.

Ausführung: Der Gewehrführer kommandiert z. B.: „Obere Reihe, linke Gruppe, 2. Schütze von links!"

Richtschütze: wiederholt das Kommando.

Gewehrführer: „Achtung! — Einzelfeuer!"

Zeiten für den einzelnen Schuß rechnen vom Kommando „Einzelfeuer" ab.

Nach jedem Schuß ist sofort zu laden und das M. G. auf die untere rechte Ecke einer der Felderscheiben zu richten.

Unterbrechung der Übung ist verboten.

3. **Bedingungen:**

Schieß-klasse	Von den befohlenen Figurenquadraten getroffen	Zeit	Bemerkungen
2	3	unbeschränkt	3 Patronen können nachgegeben werden. Die letzten 5 Schüsse müssen die verlangte Trefferzahl enthalten.
1	4	nicht mehr als 20 Sek.	

2. Übung — Punktfeuerübung.

1. **Zweck:** Erlernung des Punktfeuers.
2. **Übung:** 10 Schuß Punktfeuer auf eine vom Gewehrführer zu bestimmende Figur.

Anzug: Leibriemen, Seitengewehr, Stahlhelm.

Scheibe: Die Schulscheibe ist mit 4 bis 6 Felderscheiben zu je 15 Feldern beklebt.

Probeschüsse: stehen dem Schützen nicht zu.

Anschlag: liegend.

M. G.: Das M. G. ist zum Dauerfeuer geladen. Im Gurt ist die 11. Patrone entnommen. Seiten- und Höhenhebel sind lose, eine Hand ist am Handrad.

Zielen: über Kimme—Korn.

Ausführung: Der Gewehrführer kommandiert z. B.: „Untere Reihe, linke Gruppe, 2. Schütze von links!"

Richtschütze: wiederholt das Kommando, richtet und meldet: „Fertig!"

Gewehrführer: „10 Schuß — Achtung! — Punktfeuer!"

3. **Bedingungen:**

Schieß-klasse	Treffer	Streuung der 10 Schüsse nicht mehr als .... cm nach Höhe	Breite	Bemerkungen
2	6 im bezeichneten Figurenfeld und je einem anschließenden Feld rechts und links	10	16	Als Höhen- bzw. Breitenstreuung ist der senkrechte bzw. waagerechte Abstand der inneren Ränder der äußersten Schußlöcher zu messen. Die vom Gewehrführer bestimmte Figur ist der Ausgangspunkt zur Abgrenzung der Felder.
1	6 desgl.	8	15	
Scharfschützen	7 desgl.	7	12	

3. Übung — Breitenfeuer ohne Tiefenfeuer.

(Munitionsberechnung entspricht einer Entfernung von 583 m.)

1. **Zweck:** Erlernung des Breitenfeuers.
2. **Übung:** 30 Schuß Breitenfeuer ohne Tiefenfeuer.

Anzug: Leibriemen, Seitengewehr, Mütze.

Scheibe: Die Schulscheibe ist mit 2 bis 4 Felderscheiben zu je 30 Feldern beklebt. Das Ende der 21 Felder darf nicht kenntlich gemacht werden. Das vom Gewehrführer bezeichnete Feld ist der Ausgangspunkt zum Abteilen der Felder.

Das Abteilen darf erst nach dem Beschuß durchgeführt werden.

Probeschüsse: stehen dem Schützen nicht zu.

Anschlag: sitzend.

M. G.: Das M. G. ist zum Dauerfeuer geladen. Im Gurt ist die 31. Patrone entnommen. Der Höhenhebel ist lose, eine Hand ist am Handrad.

Zielen: über Kimme—Korn.

Ausführung: Der Gewehrführer kommandiert z. B.: „Obere Reihe, rechte Gruppe, 1. Schütze von links!"

Richtschütze: wiederholt das Kommando, richtet und meldet: „Fertig!"

Gewehrführer: „30 Schuß — Achtung! — Dauerfeuer!"

3. **Bedingungen:**

Schießklasse	Treffer	Im 1.—7. Feld „ 8.—14. „ „ 15.—21. „ getroffen	Bemerkungen
2	20	je 4 Felder	Es darf nur in einer Richtung nach der Breite, aber nicht zurückgestreut werden. — Benutzung der Seitenbegrenzer ist verboten.

4. Übung — Fliegerabwehrübung 1.

1. **Zweck:** Erlernung des schnellen Erfassens eines Flugzieles mit der Fliegervisiereinrichtung.

2. **Übung:** 3 Schuß Einzelfeuer auf die ruhende Scheibe und den ruhenden Pfeil.

Anzug: Leibriemen, Seitengewehr, Mütze.

Scheibe: Fliegerschulscheibe. Als Trefffeld gilt ein Rechteck von 50 cm Länge und 30 cm Höhe, dessen Längsseiten gleichlaufend zur Flugrichtung des Fliegerpfeils sind. Der Mittelpunkt

des Rechtecks liegt in der Scheibenmitte*).
Der Fliegerpfeil muß auf der an der Latte angebrachten Marke „E“ (Einzelfeuer) stehen.

Probeschüsse: stehen dem Schützen nicht zu.

Anschlag: stehend oder kniend.

M. G.: Es wird vom Schlitten oder Dreifuß mit Aufsatzstück, Schulterstütze und mit angehängter Trommel geschossen**).

Zielen: mit Fliegervisiereinrichtung. Auf das Kreiskorn ist die Kreiskorndeckplatte aufzusetzen.

Ausführung: Der Schütze bringt das M. G. in Anschlaghöhe, ohne zu zielen, ladet zum Einzelfeuer und meldet: „Fertig!“
Der Gewehrführer kommandiert: „Auf den Flieger — Achtung! — Einzelfeuer!“ Die Zeiten für den einzelnen Schuß rechnen vom Kommando „Einzelfeuer“ ab.
Unterbrechung der Übung ist verboten.

3. **Bedingungen:**

Schießklasse	Treffer im Rechteck	Zeiten bis zum Schuß	Bemerkungen
2	2	nicht mehr als 10 Sekunden	2 Patronen können nachgegeben werden.
1	3	nicht mehr als 8 Sekunden	Die letzten 3 Schüsse müssen die verlangte Trefferzahl erzielen.

*) Zur Scheibe rechnet nicht der durch die Latte für den Fliegerpfeil verdeckte Teil.

**) Es sind nur der mit H. V. Bl. 1932 Nr. 248, Seite 92, eingeführte Kreiskornhalter mit neuem Kreiskornfuß und das Kreiskorn mit 2 oder 3 Kreisen zu verwenden.

5. Übung — Punktfeuer mit Tiefenfeuer.

(Munitionsberechnung entspricht einer Entfernung von 1500 m.)

1. **Zweck:** Erlernung des Punktfeuers, verbunden mit Tiefenfeuer.
2. **Übung:** 50 Schuß Punktfeuer, verbunden mit 100 m Tiefenfeuer, für eine Entfernung von 1500 m.

   Anzug: Leibriemen, Seitengewehr, Stahlhelm.

   Scheibe: Die Schulscheibe ist mit 6 bis 8 Tiefenfeuerscheiben beklebt. Die Tiefenfeuerscheibe besteht aus je 3 übereinandergeklebten Streifen zu 3 Feldern. Die Figuren sind zu überkleben, das M. G. ist etwa 68 mm links von der Mitte des mittelsten Quadrats einzuzeichnen oder aufzukleben. Aussehen und Maße des einzuzeichnenden M. G.-Bildes nach H. Dv. 240 Nr. 294, Seite 148.

   Die obere und untere Streugrenze für das Tiefenfeuer darf nicht kenntlich gemacht werden.

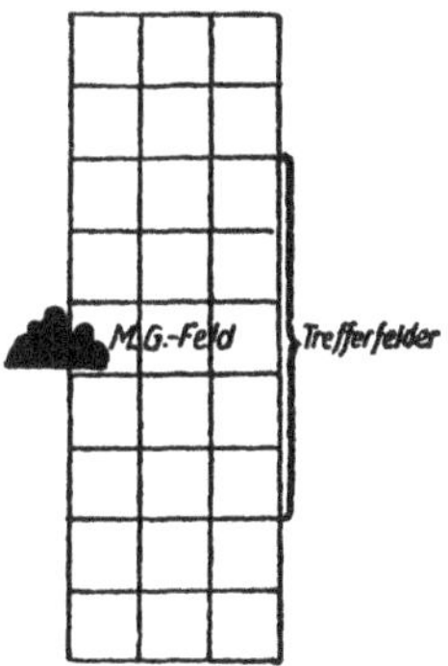

Probeschüsse: stehen dem Schützen nicht zu. Das von jedem M. G. auf Befehl des Leitenden zu erschießende Visier ist richtig, wenn bei Haltepunkt „M. G. aufsitzen" der Treffer etwa in der Mitte des dritten mittelsten Quadrates von oben sitzt.

Anschlag: liegend.

M. G.: Das M. G. ist zum Dauerfeuer geladen. Im Gurt ist die 51. Patrone entnommen. Seiten- und Höhenhebel sind lose. Höhen- und Seitenbegrenzer dürfen nicht eingestellt werden.

Zielen: mit Zielfernrohr. Die seitliche Verschiebung der optischen Visierlinie um 68 mm links der Seelenachse ist durch die Seitwärtsstellung des eingezeichneten M. G.-Bildes berücksichtigt.

Ausführung: Der Gewehrführer kommandiert z. B.: „Auf das linke M. G. — Visier 700!"

Richtschütze wiederholt das Kommando, richtet und meldet: „Fertig!"

Der Gewehrführer: „50 Schuß — Achtung! — Dauerfeuer!"

Es ist verboten, die natürliche Gängigkeit des M. G. in den Schildzapfen und auf der Gleitschiene künstlich zu erschweren.

3. **Bedingungen:**

Schießklasse	Gesamttreffer	Treffer im waagerechten M. G.-Felde und in jedem der zwei oben und unten anschließenden waagerechten Felder	Bemerkungen
2	28	3	Die Tiefenfeuerscheibe muß mindestens viermal und darf nicht mehr als fünfmal abgestreut werden.
1	32	4	
Scharfschützen	36	5	

6. Übung — Breitenfeuer mit Tiefenfeuer.

(Munitionsberechnung entspricht einer Entfernung von 1000 m.)

1. **Zweck:** Erlernung des Breitenfeuers, verbunden mit Tiefenfeuer.

2. **Übung:** 50 Schuß Breitenfeuer, verbunden mit Tiefenfeuer. Das Tiefenfeuer soll einer Entfernung von 1000 m entsprechen (1 Tiefe).

Allgemeines: Die Übung wird von allen Schießklassen einmal von links nach rechts und von der 1. und Scharfschützenklasse ein zweites Mal von rechts nach links geschossen.

Anzug: Beim 1. Beschuß Leibriemen, Seitengewehr, Mütze.

Beim 2. Beschuß Leibriemen, Seitengewehr, Stahlhelm.

Scheibe: Die Schulscheibe ist mit 2 bis 4 Felderscheiben zu je 30 Feldern beklebt. Das Ende der 21 Felder darf nicht kenntlich gemacht werden. Das Feld rechts neben dem vom Gewehrführer bezeichneten Figurenfeld ist der Ausgangspunkt zum Abteilen der Felder. Das Abteilen darf erst nach dem Beschuß durchgeführt werden.

Probeschüsse: stehen dem Schützen nicht zu. Das von jedem M. G. auf Befehl des Leitenden zu erschießende Visier ist richtig, wenn bei Haltepunkt „Figur aufsitzen“ der Treffer etwa in der Mitte der rechten Hälfte des oberen Quadrates rechts neben dem Figurenfeld sitzt. Die seitliche Verschiebung der optischen Visierlinie um 68 mm links der Seelenachse ist dadurch berücksichtigt.

Anschlag: liegend.

M. G.: Das M. G. ist zum Dauerfeuer geladen. Im Gurt ist die 51. Patrone entnommen. Seiten- und Höhenhebel sind lose.

Zielen: mit Zielfernrohr.

Ausführung: Der Gewehrführer kommandiert z. B.: „Untere Reihe, linke Gruppe, 1. Schütze von links, Visier 600!"

Richtschütze wiederholt das Kommando, richtet und meldet: „Fertig!"

Gewehrführer: „50 Schuß — Achtung! — Dauerfeuer!"

Es darf nur in einer Richtung nach der Breite, aber nicht zurückgestreut werden.

3. **Bedingungen:**

Schießklasse	Feuerverteilung nach Breite: Im 1.— 7. Feld / = 8.—14. = / = 15.—21. = getroffen	Feuerverteilung nach Tiefe: Getroffene Quadrate in jedem der 3 Streifen	Treffer in den ersten 21 Feldern	Bemerkungen
2	je 4 Felder	5	30	
1	je 5 =	6	34	
Scharfschützen	je 6 =	7	38	

7. Übung — Fliegerabwehrübung 2.

1. **Zweck:** Erlernung des Dauerfeuers auf ein Flugziel.

2. **Übung:** 5 Schuß Dauerfeuer auf die sich in Bewegung befindliche Scheibe mit Pfeil.

Anzug: Leibriemen, Seitengewehr, Stahlhelm.

Scheibe: Fliegerschulscheibe. Als Treffeld gilt ein Rechteck von 30 cm Höhe, dessen Längsseiten gleichlaufend zur Flugrichtung des Fliegerpfeils über die ganze Scheibe hinweggehen. Der Mittelpunkt des Rechtecks liegt in der Scheibenmitte*). Der Fliegerpfeil muß auf der an der Latte angebrachten Marke „D" (Dauerfeuer) stehen.

Probeschüsse: stehen dem Schützen nicht zu.

Anschlag: stehend oder kniend.

M. G.: Es wird vom Schlitten oder Dreifuß mit Aufsatzstück, Schulterstütze und mit angehängter Trommel geschossen. Im Gurt ist die 6. Patrone entnommen.

Zielen: mit Fliegervisiereinrichtung. Auf das Kreiskorn ist die Kreiskorndeckplatte aufzusetzen.

Ausführung: Der Schütze bringt das M. G. in Anschlaghöhe, ohne zu zielen, ladet zum Dauerfeuer und meldet: „Fertig!"

Der Gewehrführer kommandiert: „Auf den Flieger — 5 Schuß — Achtung!"

Auf „Achtung" setzt der Scheibenzugmann die Scheibe in Bewegung.

Der Richtschütze richtet den Pfeil an und geht mit dem Ziel mit.

Auf das Kommando „Dauerfeuer" hält der Schütze das M. G. an und schießt. Die Scheibe wird weitergezogen.

---

*) Zur Scheibe rechnet nicht der durch die Latte für den Fliegerpfeil verdeckte Teil.

3. **Bedingungen:**

Schießklasse	Treffer im Rechteck	Zeit, in der die Scheibe mit Pfeil ihre Bahn vom Kommando „Achtung" ab zurücklegen muß	Bemerkungen
2	2	6 Sek.	
1	3	5 „	
Scharfschützen	4	4 „	

Berlin, den 28. September 1933.

Der Chef der Heeresleitung.

J. A.
von Schobert.

Ernst Siegfried Mittler und Sohn, Buchdruckerei G. m. b. H.,
Berlin SW 68, Kochstr. 68—71.

Anhang I

zu H. Dv. 73.

Anweisung für die Feuerleitung mit Winkerstäben.

I. Allgemeines.

Die Winkerstäbe werden verwendet:

a) zur Übermittlung der Richtkreiszahlen von einem Richtkreis zum anderen oder zum G. M. G.,

b) zur Feuerleitung, besonders dann, wenn andere Verbindungsmittel zwischen Feuerstellung und Beobachtungsstelle versagen oder noch nicht hergestellt sind.

Die nachstehende Zeichentafel enthält nur die unbedingt notwendigen Zeichen für die Durchgabe der wichtigsten Feuerbefehle. Sie sind einfach, leicht und rasch zu erlernen und auch für den Nichtgeübten leicht ablesbar. Sie sind so gewählt, daß sie auch im Liegen gegeben werden können. Eine Änderung oder Ergänzung dieser Zeichen für Durchgabe weiterer Feuerkommandos oder von Befehlen und Nachrichten ist verboten. Unter Umständen muß auf Feuerbefehle, die mit Hilfe dieser Zeichen nicht gegeben werden können, verzichtet werden, bis eine anderweitige Verbindung mit der Feuerstellung wieder hergestellt ist.

II. Beschreibung des Geräts.

a) Stab (aus Holz):

Gesamtlänge 50 cm, vierkantig, ohne Anstrich,

auf der Rückseite zwei Rillen in der Längsrichtung,

b) Scheibe (aus Aluminium):

Durchmesser 20 cm, zusammenlegbar, Achse in der Stabrichtung;

Anstrich der Scheibe:
Vorderseite: obere Hälfte rot,
untere Hälfte weiß,
Rückseite: buntfarbig.

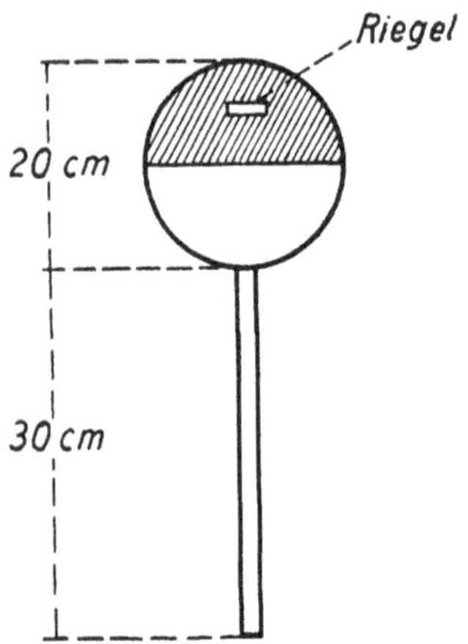

Für Übungszwecke genügt Anfertigung einfachster Scheiben aus Pappe mit Holzstiel.

III. Ausstattung und Mitführung des Geräts.

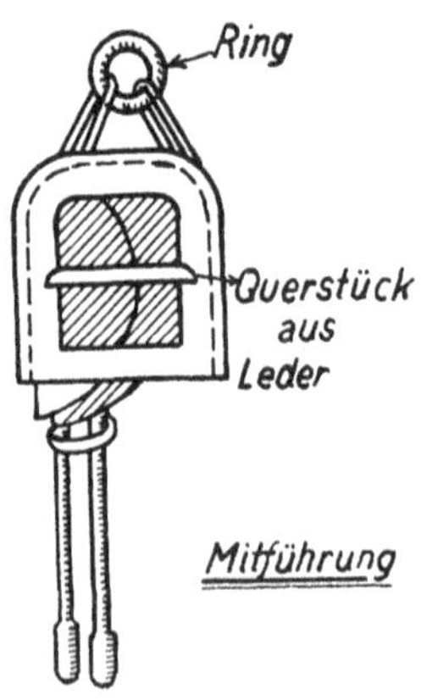

a) M. G. K.: 2 Paar für den Kompanietrupp (ein Melder und ein Nachrichten-Schütze), je 2 Paar für jeden Zug (ein Melder, ein Schütze 4),

b) M. G. - Zug der Eskadron(s) des Reiter-Regiments: 2 Paar für jeden Halbzug (1 Melder, 1 Schütze 4).

Je ein Paar Winkerstäbe in der kleinen

Spatentasche. Zu diesem Zweck muß an der Tasche ein Querstück aus Leder und ein Ring zum Einhaken in den Karabinerhaken der Tragschlaufe angebracht werden (siehe vorstehende Zeichnung).

IV. Ausbildung.

Es sind auszubilden bei der M. G. K. und den M.G.-Zügen der Eskadron(s):

a) sämtliche Dienstgrade,
b) der Kompanietrupp und die Zugtrupps,
c) die Schützen 1 und 4.

Die Zeichen sind in etwa zwei Stunden zu erlernen.

V. Gebrauch.

1. Die Zeichen werden unter Ausnutzung der vorhandenen Deckungen stehend, kniend, sitzend oder im Liegen abseits der B.-Stelle gegeben. Nötigenfalls ist ein Ruferposten zwischen B.-Stelle und dem Winkenden einzuschalten.

   Die Verbindung ist, soweit es das Gelände gestattet, sofort nach Eintreffen in der Feuerstellung bzw. B.-Stelle aufzunehmen, nicht erst, wenn eine Verbindung gestört ist.

   Zur Übermittlung und Abnahme ist in der Feuerstellung und in der B.-Stelle je ein Mann mit guten Augen und rascher Auffassungsgabe erforderlich, für etwaige Zwischenposten entsprechend weiteres Personal.

2. Das Geben der Zeichen erfolgt mit kurzen, raschen Bewegungen. Nach Ablesen jedes Zeichens ist von der Gegenseite „Verstanden" zu geben. Jedoch sind alle Zahlen vom Aufnehmenden an Stelle des Verstandenzeichens zu wiederholen.

VI. Zeichen für Zahlen.

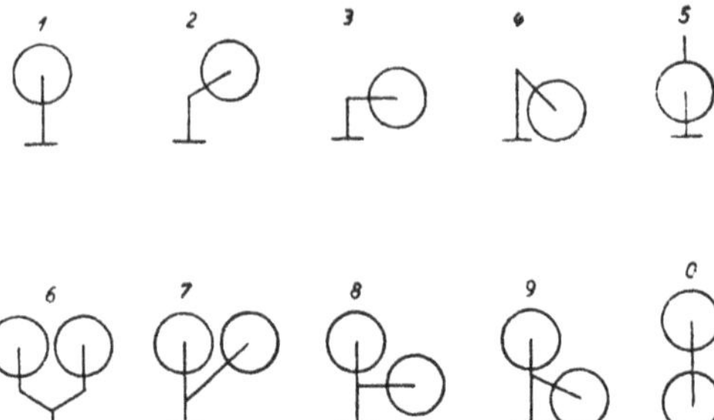

VII. Zeichen für die Feuerleitung.

Lfd. Nr.	Zeichen	Ausführung	Gedächtnis-hilfe	Kommando
1		Einmal großen, senkrechten Kreis vor dem Körper schlagen	Altbekanntes Zeichen	„Anruf!" „Verstanden!" „Schluß!"
2		Eine Scheibe mehrmals vor dem Gesicht hin- und herschlagen	Das bekannte Irrungszeichen	„Nicht (Falsch) verstanden!" „Falsch gegeben!"
3	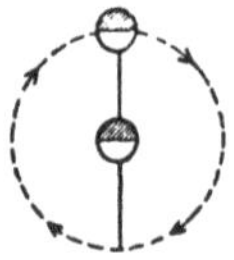	Eine Scheibe vor dem Körper festhalten, mit der anderen um diese einen Kreis schlagen	Nachbilden eines Richtkreises	„Richtkreis!" „Teilring!"
4	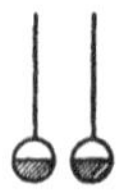	Beide Stäbe vor dem Körper dicht nebeneinander nach abwärts halten	Stäbe zeigen gleichlaufend wie die Läufe in Grundrichtung	„Grundrichtung!" „Von Grundrichtung . . .!"

Lfd. Nr.	Zeichen	Ausführung	Gedächtnis-hilfe	Kommando
5	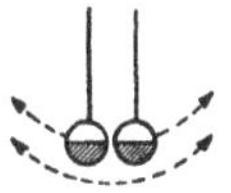	Wie vor, jedoch leicht pendeln lassen	Grund-richtung ändert sich	„Neue Grund-zahlen!"
6		Beide Stäbe über Kreuz vor dem Körper des Gebenden (zuerst Zahl, dann Zeichen)	Zeichen + (plus) = mehr	„Mehr!"
7		Seitwärts gestreckte Arme und Stäbe (zuerst Zahl, dann Zeichen)	Zeichen — (minus) = weniger	„Weniger!"
8	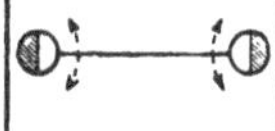	Stäbe quer vor dem Körper dicht bei-sammen und leicht pendeln	Nachbilden der einspie-lenden Libelle	„Schwarz-zahl!"
9		Mehrmals Hochstoßen beider Scheiben über den Kopf.	Alle M. G. beginnen mit dem Feuer	„Alles!"
10	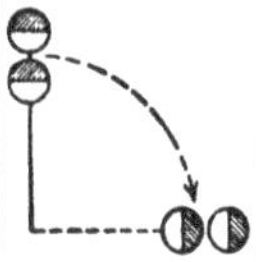	Beide Stäbe aus der senkrechten Stellung in die waagerechte Stellung senken und kurze Zeit hier halten	—	„Seiten-begrenzer!"
11	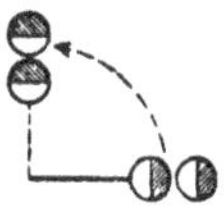	Umgekehrt wie 1	—	„Höhen-begrenzer!"

Lfd. Nr.	Zeichen	Ausführung	Gedächtnishilfe	Kommando
12	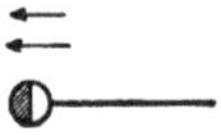	Ein Stab waagerecht mit ausgestrecktem linken Arm und mehrmals in die Richtung deuten	Das M. G. ist gemeint, auf das die Tafel hinzeigt	„Rechtes M. G.!“
13		Ein Stab vor der Mitte des Körpers und mehrmals nach abwärts stoßen	Das in der Mitte stehende M. G. ist gemeint	„Mittleres M. G.!“
14	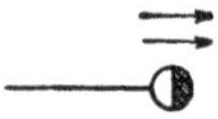	Ein Stab waagerecht mit ausgestrecktem rechten Arm und mehrmals in die Richtung deuten	Das M. G. ist gemeint, auf das die Tafel hinzeigt	„Linkes M. G.!“
15		Bei waagerecht ausgestreckten Armen Stäbe senkrecht aufwärts halten und seitlich pendeln	—	„Gurte!“
16		Eine Scheibe mehrmals hochstoßen	Zeichen zum Beginn einer Bewegung (des Feuers)	„Feuern!“
17		Mit einer hochgehaltenen Scheibe mehrmals seitlich abwärts winken	Bekanntes Zeichen für „Halt!“	„Stopfen!“
18	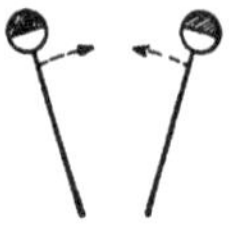	Beide Tafeln mit ausgestreckten Armen schräg aufwärts halten und mehrmals zusammenschlagen	Buchstabe V und Feuervereinigung nachgebildet	„Vereinigen auf . . .!“

Lfd. Nr.	Zeichen	Ausführung	Gedächtnishilfe	Kommando
19	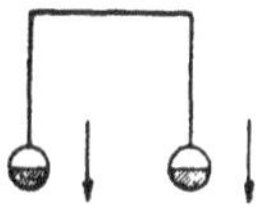	Bei waagerecht ausgestreckten Armen Stäbe senkrecht abwärts halten und nach unten stoßen	Nachbilden des unteren Teils eines H	„Hangzahl!"
20	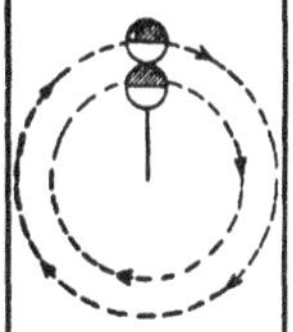	Mit beiden Stäben mehrmals Kreis schlagen	Bekanntes Zeichen für „Sammeln"	Von der B.-Stelle zur Feuerstellung gegeben: „Stellungswechsel vorbereiten!" Von der Feuerstellung zu den Gefechtswagen gegeben: „Fahrzeuge heran!"
		Dasselbe Zeichen dann mit beiden Stäben in die Marschrichtung des Gebenden winken	„Sammeln!" und dann „Antreten!"	„Stellungswechsel!"

Ernst Siegfried Mittler und Sohn, Buchdruckerei G. m. b. H.,
Berlin SW 68, Kochstraße 68—71.

September 1930.

Deckblätter Nr. 1 bis 28

zur

Schießvorschrift für das schwere Maschinengewehr (Schv. f. M. G.).

H. Dv. Pl. Nr. 73.

Berichtigung ist gemäß Vorbemerkung 4 des H. Dv. Pl. auszuführen.

---

a) Deckblattberichtigungen.

[1]) zu S. 109. — [2]) zu S. 110. — [5]) zu S. 110. — [6]) zu S. 112. — [6]a) zu S. 113. — [14]) zu S. 124. — [15]) zu S. 166. — [19]) zu S. 131. — [20]) zu S. 143. — [21]) zu S. 144. — [25]) zu S. 145. — [27]) zu S. 146.

b) Handschriftlich auszuführende Berichtigungen.

[3]) und [4]) zu S. 110. — [5]a) zu S. 111. — [7]) zu S. 115. — [8]) zu S. 117. — [9]) zu S. 119. — [10]) zu S. 120. — [11]) zu S. 121. — [12]) zu S. 121 und 122. — [13]) zu S. 123. — [16]) zu S. 125. — [17]) zu S. 127. — [18]) zu S. 127. — [22]) zu S. 144. — [23]) zu S. 144. — [24]) zu S. 145. — [26]) zu S. 146. — [28]) zu S. 148.

Seite 109 Nr. 253. Den letzten und vorletzten Absatz überklebe mit:

Innerhalb des Standorts Kommandierte, sowie der M. G. Waffenmeister des Bataillons oder Kavallerie-Regiments nehmen nach Bestimmung des Bataillons- bzw. Regimentskommandeurs am Schießen teil.

Am 1. 4. vom Ausbildungsbataillon zur M.G.K. übertretende Rekruten schießen aus der 2. Schießklasse die 1., 2. und 4. Übung.

Deckbl. 1.

Seite 110 Nr. 255—257. 4. Zeile von oben bis Nr. 257 einschließlich überklebe mit:

Deckbl. 2. f. M.G., dem er zugeteilt ist.

Es haben zu schießen:

2. Schießklasse die Übungen 1—4 und 7, letztere zweimal, im ganzen 6 Übungen,
1. Schießklasse die Übungen 1—5 und 7, letztere zweimal, im ganzen 7 Übungen.

Besondere und Scharfschützenklasse die Übungen 2, 5 und 7, letztere zweimal, im ganzen 4 Übungen*).

Anzustreben ist, daß jeder Mann unter Aufsicht seines Gewehrführers schießt.

256. Dem Schießen der Übungen muß sorgfältigste Vorbereitung durch Vorübungen mit Platzpatronen und sorgfältigste Ausbildung im Zurechtmachen des M.G. zum Schießen sowie im Verhindern von Hemmungen vorausgehen. Eine nicht erfüllte Übung darf nicht wiederholt werden. Die geringe Zahl der verfügbaren scharfen Patronen verlangt ausgiebigen Gebrauch von Platzpatronen bei der Schießvorschule.

Kein Schütze darf an einem Tag mehr als zwei Bedingungen schießen.

257. Die Schulübungen werden mit s. S.-Munition geschossen.

Deckbl. 3. Seite 110 Nr. 261. Streiche die ganze Nr. 261.

Deckbl. 4. Seite 110 Nr. 262. 1. Zeile: Streiche das Komma hinter der Zahl „4“ und die Zahl „6“.

Deckbl. 5. Seite 110. Klebe als Fußnote an:

---

*) Die 6. Übung wird bis auf weiteres nicht mehr geschossen.

Deckbl. 5a. Seite 111 Nr. 264. Im 2. Absatz, 1. und 2. Zeile, streiche hinter „Munition“ den Doppelpunkt und setze „Versager bis einschl. Hülsenreißer“ in Klammern.

Seite 146 Nr. 352. Überklebe mit:

352. Als Richtpreise werden Plaketten ausgegeben für

1. Preis vergoldet,
2. und 3. Preis versilbert,
4. bis 7. Preis aus Bronze.

Deckbl. 27. Es erhalten:

Jede Infanterie- und Jäger-M.G.-Komp.

für Unteroffiziere: zwei Preise (je einen 1. und 2. Preis),

für Mannschaften: sieben Preise (je einen 1. bis 7. Preis).

Jeder Kavallerie-M.G.-Zug

für Unteroffiziere: zwei Preise (je einen 1. und 2. Preis),

für Mannschaften: sechs Preise (je einen 1. bis 6. Preis).

Deckbl. 28. Seite 148 Nr. 360. Im 3. Absatz 2. Zeile ändere handschriftlich „1/6“ in „7/24“, 4. Zeile „1/4“ in „1/5“, 6. Zeile „1/8“ in „1/10“, 9. Zeile „1/8“ in „1/10“ und 11. Zeile „1/10“ in „1/24“ ab.

Ernst Siegfried Mittler und Sohn, Buchdruckerei G. m. b. H.
Berlin SW 68, Kochstraße 68—71.

Seite 163 Ziffer 546 füge hinter 1. Satz an:

Deckbl. 124. Die der Artillerie schießen nur die 1. und 2. Übung der II. Schießklasse und die 1. und 3. Übung der I. Schießklasse. Siehe auch Ziffer 101.

Deckbl. 125. Seite 173 Ziffer 586 füge an:

Die Artillerie nicht.

Ernst Siegfried Mittler und Sohn, Buchdruckerei G. m. b. H.,
Berlin SW 68, Kochstraße 68—71.

Mai 1933.

Deckblätter 126 bis 128

zur

Schießvorschrift für Gewehr, Karabiner, leichtes Maschinengewehr, Pistole usw.

(Schv. f. Gew.)

H. Dv. Nr. 240.

Neudruck 1931.

Berichtigung ist gemäß Vorbemerkung 4 des H. Dv. Pl. auszuführen.

126) zu S. 169. — 127) zu S. 169. — 128) zu S. 169.

Seite 169, Ziffer 566 füge als 2.—7. Absatz an:

Beim Schießen im Halten ist das Pferd so aufzustellen, daß sich die Scheiben rechts vorwärts des Schützen befinden, beim Schießen in der Bewegung ist grundsätzlich nur nach rechts zu schießen. Ein Schießen nach vorwärts und links ist verboten.

Das Laden der Pistole erfolgt durch den Unteroffizier zur Aufsicht beim Schützen, der dann die gesicherte Pistole mit der Bemerkung „geladen und gesichert" dem Schützen übergibt.

Ein Laden auf dem Pferde mit scharfer Munition ist verboten.

Nach der Schußabgabe wird die Pistole sofort gesichert und dem Unteroffizier beim Schützen zurückgegeben.

Beim Schießen vom sich bewegenden Pferd aus hat der Schütze die nach der Schußabgabe gesicherte Pistole in die Pistolentasche zurückzustecken.

Bei Hemmungen nimmt der Schütze den Finger aus dem Abzugsbügel, hält die Pistole mit dem Lauf schräg nach oben und ruft „Hemmung", der Unteroffizier beim Schützen tritt hinzu, nimmt die Pistole in Empfang,

Deckbl. 126.

Noch Deckbl. 126. beseitigt die Hemmung und gibt sie gesichert dem Schützen zurück.

Wird ein Pferd unruhig, ist sofort der Finger aus dem Abzugsbügel zu nehmen und zu sichern. Die Pistole ist nach vorwärts — aufwärts zu halten, Mündung etwa in Kragenhöhe.

Seite 169, Ziffer 568 füge als 2. Absatz an:

Deckbl. 127 Die Pferde sind durch ruhiges Vorbeireiten zunächst ohne Schußabgabe, dann verbunden mit Schießen mit Zielmunition an die Ziele und das Schießen zu gewöhnen.

Seite 169, Ziffer 572 füge als 2. Absatz an:

Beim Schießen vom Pferd muß im ebenen Gelände in der Marschrichtung des Reiters und rechts von ihm das Deckbl. 128. Gelände in einem Halbkreis von 2000 m Halbmesser abgesperrt sein. Links vom Reiter genügen 1000 m. Durch Anlage der Pistolenschießbahn in tief eingeschnittenen Tälern lassen sich diese Entfernungen stark vermindern.

Die schießende Abteilung mit ihren Pferden ist in Deckung aufzustellen.

Ernst Siegfried Mittler und Sohn, Buchdruckerei G. m. b. H.,
Berlin SW 68, Kochstraße 68—71.

D.108

Schulschießübungen

für das

Schießen mit dem leichten Maschinengewehr

vom 10. Oktober 1933

Berlin 1933
Verlegt bei E. S. Mittler & Sohn

A. Vorbemerkung.

1. Alle mit l. M. G. ausgestatteten Einheiten schießen bis zur Ausgabe der neuen H. Dv. 240 „Schießvorschrift für Gewehr, Karabiner, l. M. G., Pistole“ die im Abschnitt C festgesetzten Schulübungen.

2. Soweit durch die neuen Schulübungen Änderungen in der H. Dv. 240 notwendig werden, sind diese im Abschnitt B festgelegt. Berichtigungen sind in der H. Dv. 240 nicht vorzunehmen.

3. Die Richtlinien für die Ausbildung im Heere sind entsprechend dem Zusatz zu Nr. 433 II, Seite 128, zu berichtigen.

4. Die Schießübersichten und Schießbücher sind von den Truppen entsprechend zu ändern.

5. Das Schulschießen ist die Vorschule für das Gefechtsschießen.

Der Schütze soll die Eigenart der Waffe kennenlernen und Vertrauen zu ihrer Leistungsfähigkeit gewinnen.

Die Reihenfolge der einzelnen Übungen ist so festgelegt worden, daß sich jede Übung folgerichtig auf die vorhergehende aufbaut.

6. Durch Ansetzen besonderer Übungen hat der Kompanie- usw. Chef die Leistungen vor allem derjenigen Schützen zu steigern, die im laufenden Schießjahr zu Richtschützen herangebildet werden sollen.

In Standorten, in denen keine Möglichkeit zum Gefechtsschießen besteht, ist auf das Schießen besonderer Übungen, die viel Abwechslung bieten und dem Ausbildungsgrad der einzelnen Schützen entsprechen, gegen Scheiben mit aufgezeichnetem Gelände (auf 25 m) besonderer Wert zu legen.

Schießen mit Gasmaske, Wettkampf oder sportmäßige Schießen sind im Gelände abzuhalten (Schulgefechtsschießen des Einzelschützen mit l. M. G.).

7. Erlaß Nr. 250. 8. 31 Wehr. A. In. 2 IV vom 15. 9. 31 und Erlaß Nr. 170. 9. 32 Wehr. A. In. 2 IV vom 5. 10. 32 treten außer Kraft.

B. Änderungen bzw. Zusätze der in H. Dv. 240 (Schv. f. G.) festgesetzten Bestimmungen für die Ausführung des Schulschießens mit l. M. G.

1. Es ändern sich wie folgt:

Nr. 412, Seite 123.

Der Anschlag liegend wird folgendermaßen ausgeführt:

Der Schütze legt sich so hinter das M. G., daß die Schulterlinie senkrecht zur Schußrichtung zeigt. Es muß vermieden werden, daß die rechte Schulter zurückgenommen wird, weil sonst während des Schießens der Kolben (Schulterstütze) nach rechts abgleitet. Durch Auseinanderspreizen der Beine wird eine feste Lage erreicht. Mit dem Gewicht des Körpers, nicht mit der Schulter allein, drückt der Schütze das M. G. leicht nach vorn. Mit der linken Hand wird der Kolben (Schulterstütze) in die Schulter eingezogen. Durch Festhalten des Kolbens (Schulterstütze) muß während des Schießens das Verkanten des M. G. verhindert werden. Wie hierzu der Schütze mit der linken Hand zufaßt, bleibt ihm überlassen.

Die rechte Hand betätigt den Abzug. Sowohl das Vorwärtsdrücken des M. G. durch den Körper als auch das Einziehen des M. G. mit der linken Hand muß ungezwungen sein, keinesfalls krampfhaft geschehen. Gabelstütze (Zweibein), Ellenbogen und Schulter sind die Unterstützungen, in denen das M. G. während des Schießens gleichmäßig ruht.

Nr. 426, Seite 127.

Der Kompanie- usw. Chef darf den Schützen in die 1. Schießklasse versetzen, wenn er bei der Infanterie, Kavallerie und Komp. (Krad) von den vorgeschriebenen 8 Übungen 6, bei allen übrigen mit l. M. G. ausgestatteten Einheiten von den vorgeschriebenen 4 Übungen 3 Übungen der 2. Schießklasse in einem Schießjahr erfüllt hat.

Nr. 427, Seite 127.

Schützen der Infanterie, Kavallerie und Kompanie (Krad), die von den vorgeschriebenen 8 Übungen der 1. Schießklasse 6 Übungen in einem Schießjahr erfüllt haben, darf der Kompanie- usw. Chef in die Scharfschützenklasse versetzen. Die Schützen der bisherigen besonderen Schießklasse schießen die Bedingungen der Scharfschützenklasse.

Nr. 433 II, Seite 128.

Es schießen:

a) Schützenkompanien, Stammpersonal der Ausbildungskompanien, Reiter-Eskadronen und Kompanien (Krad) alle im Abschnitt C festgesetzten Schulübungen ihrer Schießklasse. Die besondere Schießklasse fällt fort.

Angehörige der Rekrutenstufe schießen die Übungen 1 bis 5 der 2. Schießklasse.

b) Alle übrigen mit l. M. G. ausgestatteten Einheiten die Übungen 1, 3, 4, 5 der 2., die Übungen 1, 3, 4, 9 der 1. Schießklasse.

Angehörige der Rekrutenstufe schießen die Übungen 1, 3 und 5 der 2. Schießklasse*).

Nr. 435, 2. Satz, Seite 129.

In Ausnahmefällen ist es gestattet, den Schützen an einem Tage zwei Schulübungen schießen zu lassen. Verboten ist jedoch, eine nicht erfüllte Schulübung den Schützen am gleichen Tage wiederholen zu lassen.

Nr. 438, 1. und 2. Absatz, Seite 129.

Übungen mit den Schützen nicht belastenden Hemmungen sind abzubrechen, sind ungültig und werden erneut geschossen. Übungen mit den Schützen belastenden Hemmungen sind abzubrechen und gelten als nicht erfüllt. Alle Hemmungen sind in der Schießkladde und dem Schießbuch des Schützen kenntlich zu machen.

Nr. 441, Seite 130 bis 137, und Muster 7, Seite 201.

An deren Stelle treten die neuen Schulübungen.

Die 5. und 9. Übung werden mit Mittelunterstützung, alle übrigen Übungen mit Vorderunterstützung geschossen.

Nr. 451 a und b, Seite 139.

Der Schießanzug ist im Abschnitt C bei den einzelnen Übungen geregelt.

---

*) Die Richtlinien für die Ausbildung im Heere sind entsprechend zu berichtigen.

Nr. 484, Seite 145.

Ist diesen Bedingungen entsprochen worden, so entscheidet für die Reihenfolge die zum Erfüllen der Übungen verbrauchte Patronenzahl, für deren Berechnung nur die 1. und 5. Übung, bei denen Patronen nachgegeben werden können, in Frage kommen. Demnächst die Zahl der bei der 4. und 8. Übung erzielten Treffer und schließlich die Zeit.

Nr. 488 bis 492, Seite 146.

Das Schießen der Ehrenpreisübung fällt fort.

In Wettbewerb um einen Ehrenpreis tritt derjenige l. M. G.-Schütze jeder Einheit, der im laufenden Schießjahr alle Übungen seiner Waffengattung und Schießklasse beim ersten Schießen erfüllt hat und beim Schießen der 4. Übung das beste Ergebnis erzielt hat. Bei Beurteilung des Ergebnisses rechnen zuerst die Zahl der Treffer, dann die Zeit.

Nr. 493, Seite 146.

Streiche die Zahl 331.

2. **Das Gefechtsschießen** ist mit Vorderunterstützung und mit Mittelunterstützung auszuführen. Anordnungen hierfür geben die Kompanie- usw. Führer.

3. Für das **Prüfungsschießen,** für **Belehrungs-** und **Versuchsschießen** sind wegen Gebrauchs der Vorderunterstützung nähere Festsetzungen von der diese Schießen anordnenden Stelle zu treffen.

4. Das Anschießen der l. M. G. erfolgt mit Vorderunterstützung gemäß H. Dv. 240, Nr. 504 bis 525; für das M. G. 13 sind besondere Muster für Anschußscheiben und Trefferbilder ausgegeben.

C. Schulschießübungen.

1. Übung — Einzelfeuer.

1. **Zweck:** Erlernung des genauen Richtens.

2. **Übung:** Entfernung 25 m, 5 Schuß Einzelfeuer auf 5 verschiedene, vom Unteroffizier zur Aufsicht beim Schützen einzeln außer der Reihe zu bestimmende Figuren.

Scheibe: Scheibe für l. M. G. (Bild B) mit eingezeichneten 6 cm-Quadraten.

Anzug: Leibriemen, Seitengewehr, Mütze.

Probeschüsse: stehen dem Schützen nicht zu.

Anschlag: liegend.

M. G.: Das M. G. ist geladen und gesichert (M. G. 08/15 zum Einzelfeuer aus Patronenkasten für M. G.).

Ausführung: Der Schütze liegt hinter dem M. G., linke Hand am Kolben bzw. an der Schulterstütze, rechte Hand am Griffstück, M. G. ist abgesetzt. Der Unteroffizier zur Aufsicht beim Schützen kommandiert z. B.: „Obere Reihe, 2. Schütze von links!“ Richtschütze: wiederholt das Kommando.

Unteroffizier zur Aufsicht beim Schützen: „A c h t u n g ! — Feuer frei!“

Zeiten für den einzelnen Schuß rechnen vom Kommando „Feuer frei“ ab.

Das M. G. ist nach jedem Schuß abzusetzen (bei M. G. 08/15 sofort laden). Unterbrechung der Übung ist verboten.

3. **Bedingungen:**

Schieß-klasse	Von den befohlenen Figuren-quadraten getroffen	Zeit	Bemerkungen
2	3	unbe-schränkt	3 Patronen können nachgegeben werden.
1	4	nicht mehr als 20 Sek.	Die letzten 5 Schüsse müssen die verlangte Trefferzahl enthalten.

2. Übung.

1. **Zweck:** Erlernung eines Feuerstoßes von 3 Schuß.

2. **Übung:** Entfernung 25 m, 1 Feuerstoß von 3 Schuß auf eine vom Unteroffizier zur Aufsicht beim Schützen zu bestimmende Figur.

   Scheibe: Scheibe für l. M. G. (Bild A).

   Anzug: Leibriemen, Seitengewehr, Mütze.

   Probeschüsse: stehen dem Schützen nicht zu.

   Anschlag: liegend.

   M. G.: Das M. G. ist zum Dauerfeuer geladen und gesichert (Patronenkasten für M. G. bzw. Magazin). Im Gurt ist die 4. Patrone entnommen. Das Magazin ist mit 3 Patronen gefüllt.

   Ausführung: Der Schütze liegt hinter dem M. G., linke Hand am Kolben bzw. an der Schulterstütze, rechte Hand am Griffstück, M. G. ist abgesetzt. Der Unteroffizier zur Aufsicht beim

Schützen kommandiert z. B.: „Untere Reihe, 2. Schütze von rechts!“

Richtschütze: wiederholt das Kommando.

Unteroffizier zur Aufsicht beim Schützen: „3 Schuß — Achtung! — Feuer frei!“

3. **Bedingungen:**

Schießklasse	Treffer im bezeichneten Figurenquadrat	Streuung der 3 Schüsse nicht mehr als . . . . cm nach		Bemerkungen
		Höhe	Breite	
2	2	12	12	Als Höhen- bzw. Breitenstreuung ist der senkrechte bzw. waagerechte Abstand der inneren Ränder der äußersten Schußlöcher zu messen.
1	3	10	12	

3. Übung.

1. **Zweck:** Erlernung eines Feuerstoßes von 5 Schuß.

2. **Übung:** Entfernung 25 m, 1 Feuerstoß von 5 Schuß auf eine vom Unteroffizier zur Aufsicht beim Schützen zu bestimmende Figur.

   Scheibe: Scheibe für l. M. G. (Bild A).

   Anzug: Leibriemen, Seitengewehr, Stahlhelm.

   Probeschüsse: stehen dem Schützen nicht zu.

   Anschlag: liegend.

M. G.: Das M. G. ist zum Dauerfeuer geladen und gesichert (Patronenkasten für M. G. bzw. Magazin). Im Gurt ist die 6. Patrone entnommen. Das Magazin ist mit 5 Patronen gefüllt.

Ausführung: Der Schütze liegt hinter dem M. G., linke Hand am Kolben bzw. an der Schulterstütze, rechte Hand am Griffstück, M. G. ist abgesetzt. Der Unteroffizier zur Aufsicht beim Schützen kommandiert z. B.: „Obere Reihe, 3. Schütze von links!"

Richtschütze: wiederholt das Kommando.

Unteroffizier zur Aufsicht beim Schützen: „5 Schuß — Achtung! — Feuer frei!"

3. **Bedingungen:**

Schießklasse	Treffer im bezeichneten Figurenquadrat	Streuung der 5 Schüsse nicht mehr als .... cm nach		Bemerkungen
		Höhe	Breite	
2	3	12	16	Als Höhen- bzw. Breitenstreuung ist der senkrechte bzw. waagerechte Abstand der inneren Ränder der äußersten Schußlöcher zu messen.
1	4	10	14	

4. Übung.

1. **Zweck:** Erlernung der Feuerstöße auf ein M. G.

2. **Übung:** Entfernung 25 m, 15 Schuß, Feuerstöße auf ein vom Unteroffizier zur Aufsicht beim Schützen zu bestimmendes eingezeichnetes M. G.

Scheibe: Scheibe für l. M. G. mit eingezeichnetem M. G. (Bild E).

Anzug: Leibriemen, Seitengewehr, Mütze.

Probeschüsse: stehen dem Schützen nicht zu.

Anschlag: liegend.

M. G.: Das M. G. ist zum Dauerfeuer geladen und gesichert (Patronenkasten für M. G. bzw. Magazin). Im Gurt ist die 16. Patrone entnommen. Das Magazin ist mit 15 Patronen gefüllt.

Ausführung: Der Schütze liegt hinter dem M. G., linke Hand am Kolben bzw. an der Schulterstütze, rechte Hand am Griffstück, M. G. ist abgesetzt. Der Unteroffizier zur Aufsicht beim Schützen kommandiert z. B.: „Obere Reihe, 2. M. G. von links!"

Richtschütze: wiederholt das Kommando.

Unteroffizier zur Aufsicht beim Schützen: „15 Schuß — Achtung! — Feuer frei!"

3. **Bedingungen:**

Schießklasse	Treffer in dem bezeichn. m. einem M. G. verseh. Quadrat	Streuung der 15 Schüsse nicht mehr als .. cm nach		Zeit ab ersten Schuß	Bemerkungen	
		Höhe	Breite	Sek.		
2	9	15	16	18	m. Feuerltg.	Zahl der Feuerstöße beliebig
1	10	15	16	16	o. „	
Scharfschützen	12	15	16	14	o. „	

Als Höhen- bzw. Breitenstreuung ist der senkrechte bzw. waagerechte Abstand der inneren Ränder der äußersten Schußlöcher zu messen.

5. Übung — Fliegerabwehrübung 1.

1. **Zweck:** Erlernung des schnellen Erfassens eines Flugzieles mit der Fliegervisiereinrichtung.

2. **Übung:** Entfernung 25 m, 3 Schuß Einzelfeuer auf die ruhende Scheibe und den ruhenden Pfeil.

Scheibe: Fliegerschulscheibe. Als Treffeld gilt ein Rechteck von 50 cm Länge und 30 cm Höhe, dessen Längsseiten gleichlaufend zur Flugrichtung des Fliegerpfeils sind. Der Mittelpunkt des Rechtecks liegt in der Scheibenmitte*).

Der Fliegerpfeil muß auf der an der Latte angebrachten Marke „E" (Einzelfeuer) stehen.

Anzug: Leibriemen, Seitengewehr, Mütze.

Probeschüsse: stehen dem Schützen nicht zu.

Anschlag: stehend oder kniend.

M. G.: Es wird vom Dreibein mit angehängter Trommel bzw. angestecktem Magazin geschossen**).

Zielen: mit Fliegervisiereinrichtung. Auf das Kreiskorn ist die Kreiskorndeckplatte aufzusetzen.

Ausführung: Der Schütze bringt das M. G. in Anschlaghöhe, ohne zu zielen, ladet (beim M. G. 08/15 zum Einzelfeuer) und meldet „Fertig!" Der Unteroffizier zur Aufsicht beim Schützen kommandiert: „Auf den Flieger — Achtung! — Feuer

---

*) Zur Scheibe rechnet nicht der durch die Latte für den Fliegerpfeil verdeckte Teil.

**) Es sind nur der mit H. V. Bl. 1932 Nr. 248, Seite 92 eingeführte Kreiskornhalter mit neuem Kreiskornfuß und das Kreiskorn mit 2 oder 3 Kreisen zu verwenden.

frei!" Die Zeiten für den einzelnen Schuß rechnen vom Kommando „Feuer frei" ab. Unterbrechung der Übung ist verboten.

3. **Bedingungen:**

Schieß-klasse	Treffer im Rechteck	Zeiten bis zum Schuß	Bemerkungen
2	2	nicht mehr als 10 Sekunden	2 Patronen können nachgegeben werden. Die letzten 3 Schüsse müssen die verlangte Trefferzahl erzielen.

6. Übung.

1. **Zweck:** Erlernung eines Feuerstoßes von 8 Schuß.

2. **Übung:** Entfernung 25 m, 1 Feuerstoß von 8 Schuß auf eine vom Unteroffizier zur Aufsicht beim Schützen zu bestimmende Figur.

   Scheibe: Scheibe für l. M. G. (Bild A).

   Anzug: Leibriemen, Seitengewehr, Stahlhelm.

   Probeschüsse: stehen dem Schützen nicht zu.

   Anschlag: liegend.

   M. G.: Das M. G. ist zum Dauerfeuer geladen und gesichert (Patronenkasten für M. G. bzw. Magazin). Im Gurt ist die 9. Patrone entnommen. Das Magazin ist mit 8 Patronen gefüllt.

   Ausführung: Der Schütze liegt hinter dem M. G., linke Hand am Kolben bzw. an der Schulterstütze, rechte Hand am Griffstück, M. G. ist abgesetzt. Der Unteroffizier zur Aufsicht beim Schützen kommandiert z. B.: „Obere Reihe, 2. Schütze von links!"

Richtschütze: wiederholt das Kommando.

Unteroffizier zur Aufsicht beim Schützen: „8 Schuß — Achtung! — Feuer frei!"

3. **Bedingungen:**

Schießklasse	Treffer im bezeichneten Figurenquadrat	Streuung der 8 Schüsse nicht mehr als .... cm nach		Bemerkungen
		Höhe	Breite	
2	5	16	16	Als Höhen- bzw. Seitenstreuung ist der senkrechte bzw. waagerechte Abstand der inneren Ränder der äußersten Schußlöcher zu messen.
1	5	12	14	
Scharfschützen	6	12	14	

7. Übung.

1. **Zweck:** Erlernung eines Feuerstoßes von 5 Schuß vom Dreibein.

2. **Übung:** Entfernung 25 m, 1 Feuerstoß von 5 Schuß auf eine vom Unteroffizier zur Aufsicht beim Schützen zu bestimmende Figur.

   Scheibe: Scheibe für l. M. G. (Bild A).

   Anzug: Leibriemen, Seitengewehr, Stahlhelm.

   Probeschüsse: stehen dem Schützen nicht zu.

   Anschlag: kniend.

   M. G.: Das M. G. ist zum Dauerfeuer geladen und gesichert (Trommel bzw. Magazin). Im Gurt ist die 6. Patrone entnommen. Das Magazin ist mit 5 Patronen gefüllt.

Während des Schießens muß das Dreibein von einem liegenden Schützen festgehalten werden.

Ausführung: Der Schütze kniet hinter dem M. G., wobei er sich auf ein Knie oder auf beide Knie herunterlassen kann, linke Hand am Kolben bzw. an der Schulterstütze, rechte Hand am Griffstück, M. G. ist abgesetzt.

Der Unteroffizier zur Aufsicht beim Schützen kommandiert z. B.: „Obere Reihe, 2. Schütze von rechts!"

Richtschütze: wiederholt das Kommando.

Unteroffizier zur Aufsicht beim Schützen: „5 Schuß — Achtung! — Feuer frei!"

3. **Bedingungen:**

Schießklasse	Treffer im bezeichneten Figurenquadrat	Streuung der 5 Schüsse nicht mehr als .... cm nach		Bemerkungen
		Höhe	Breite	
2	2	16	20	Als Höhen- bzw. Breitenstreuung ist der senkrechte bzw. waagerechte Abstand der inneren Ränder der äußersten Schußlöcher zu messen.
1	2	14	18	
Scharfschützen	3	12	16	

8. Übung.

1. **Zweck:** Erlernung der Feuerverteilung.
2. **Übung:** Entfernung 25 m, 15 Schuß, Feuerstöße auf die mit Figuren versehenen Quadrate.

Scheibe: Scheibe für l. M. G., 4 Figuren sichtbar, 4 verklebt (Bild D).

Anzug: Leibriemen, Seitengewehr, Stahlhelm.

Probeschüsse: stehen dem Schützen nicht zu.

Anschlag: liegend.

M. G.: Das M. G. ist zum Dauerfeuer geladen und gesichert (Trommel bzw. Magazin). Im Gurt ist die 16. Patrone entnommen. Das Magazin ist mit 15 Patronen gefüllt.

Ausführung: Der Schütze liegt hinter dem M. G., linke Hand am Kolben bzw. an der Schulterstütze, rechte Hand am Griffstück, M. G. ist abgesetzt. Der Unteroffizier zur Aufsicht beim Schützen kommandiert z. B.: „Untere Reihe, 1. Schütze von links!"

Richtschütze: wiederholt das Kommando.

Unteroffizier zur Aufsicht beim Schützen: „15 Schuß — Achtung! — Feuer frei!"

3. **Bedingungen:**

Schießklasse	Figurenquadrate getroffen	Treffer in den Figurenquadraten	Kein Schuß mehr als .. cm oberhalb des Streifens	Kein Schuß mehr als .. cm unterhalb des Streifens	Zeit ab ersten Schuß höchstens	Bemerkungen	
2	4	10	3	3	25 Sek.	mit Feuerleitung	Zahl der Feuerstöße beliebig
1	4	11	2	2	22 Sek.	ohne Feuerleitung	
Scharfschützen	4	12	1	1	20 Sek.	ohne Feuerleitung	

9. Übung — Fliegerabwehrübung 2.

1. **Zweck:** Erlernung des Dauerfeuers auf ein Flugziel.

2. **Übung:** Entfernung 25 m, 5 Schuß Dauerfeuer auf die sich in Bewegung befindliche Scheibe mit Pfeil.

Scheibe: Fliegerschulscheibe. Als Trefffeld gilt ein Rechteck von 30 cm Höhe, dessen Längsseiten gleichlaufend zur Flugrichtung des Fliegerpfeils über die ganze Scheibe hinweggehen. Der Mittelpunkt des Rechtecks liegt in der Scheibenmitte. Der Fliegerpfeil muß auf der an der Latte angebrachten Marke „D“ (Dauerfeuer) stehen.

Anzug: Leibriemen, Seitengewehr, Stahlhelm.

Probeschüsse: stehen dem Schützen nicht zu.

Anschlag: stehend oder kniend.

M. G.: Es wird vom Dreibein mit angehängter Trommel bzw. angestecktem Magazin geschossen. Im Gurt ist die 6. Patrone entnommen. Das Magazin ist mit 5 Patronen gefüllt. Das Dreibein muß während des Schießens von einem Schützen festgehalten werden.

Zielen: mit Fliegervisiereinrichtung. Auf das Kreiskorn ist die Kreiskorndeckplatte aufzusetzen.

Ausführung: Der Schütze bringt das M. G. in Anschlaghöhe, ohne zu zielen, ladet und meldet: „Fertig!“ Der Unteroffizier zur Aufsicht beim Schützen kommandiert: „Auf den Flieger — 5 Schuß — Achtung!“

Auf „Achtung“ setzt der Scheibenzugmann die Scheibe in Bewegung.

Der Richtschütze richtet den Pfeil an und geht mit dem Ziel mit.

Auf das Kommando „Feuer frei“ hält der Schütze das M. G. an und schießt. Die Scheibe wird weitergezogen.

3. **Bedingungen:**

Schieß-klasse	Treffer im Rechteck	Zeit, in der die Scheibe mit Pfeil ihre Bahn vom Kommando „Achtung" ab zurücklegen muß	Bemer-kungen
1	3	5 Sekunden	
Scharf-schützen	4	4 "	

Berlin, den 10. Oktober 1933.

Der Chef der Heeresleitung.

J. A.:
von Schobert.

Ernst Siegfried Mittler und Sohn, Buchdruckerei G. m. b. H.,
Berlin SW 68, Kochstraße 68—71.

November 1931.

Deckblätter 95 bis 125

zur

Schießvorschrift für Gewehr, Karabiner, leichtes Maschinengewehr, Pistole usw.

H. Dv. Pl. Nr. 240.

Neudruck 1931.

Berichtigung ist gemäß Vorbemerkung 4 des H. Dv. Pl. auszuführen.

95) zu S. VII. — 96) und 97) zu S. 42. — 98) und 99) zu S. 43. — 100) zu S. 44. — 101) bis 103) zu S. 45. — 104) zu S. 52. — 105) zu S. 53. — 106) zu S. 57. — 107) und 108) zu S. 70. — 109) zu S. 71. — 110) zu S. 72. — 111) zu S. 80. — 112) zu S. 89. — 113) zu S. 101. — 114) zu S. 117 bis 122. — 115) zu S. 123. — 116) zu S. 126. — 117) zu S. 127. — 118) und 119) zu S. 128. — 120) zu S. 140. — 121) zu S. 141. — 122) zu S. 144. — 123) zu S. 149. — 124) zu S. 163 — 125) zu S. 173.

Deckbl. 95. Seite VII streiche den ganzen Absatz: VII.

Deckbl. 96. Seite 42 Ziffer 86 Gruppe B streiche: „Kraftradfahrer" und setze:

„Kraftfahr-Kompanien (Krad)."

Deckbl. 97. Seite 42 Ziffer 86 Gruppe C vorletzte Zeile streiche: „(außer Kraftradfahrern)" und setze:

„(außer Kraftfahr-Kompanien [Krad])."

Seite 43 Ziffer 89 streiche und setze:

alle Übungen der II. oder I. Schießklasse — bei der Artillerie die 1. und 2. Übung der II. Schießklasse der Gruppe C — in einem Schießjahr erfüllt hat und in der

Deckbl. 98.

II. Schießklasse der Gruppe	A	nicht mehr als	15	Patronen,
II. „ „ „	B	„ „ „	10	„
II. „ „ „	C	„ „ „	7	„
bei der Artillerie		„ „ „	3	„
I. Schießklasse der Gruppe	A	„ „ „	14	„
I. „ „ „	B	„ „ „	12	„

zugesetzt hat.

Seite 43 Ziffer 91, 4. bis 8. Zeile streiche und setze:

Deckbl. 99. genügen, dürfen sie am Ende des Schießjahres durch den Kompanie- usw. Chef in die nächstniedere Schießklasse zurückversetzt werden.

Seite 44 Ziffer 93 Absatz c streiche und setze:

Deckbl. 100. c) der Artillerie schießen bei der Ausbildungsbatterie die 1. und 2. Vorübung der II. Schießklasse Gruppe C.

Seite 45 Ziffer 97 füge als 2. Absatz an

Deckbl. 101. Die im 12. Jahr dienenden Unteroffiziere und Mannschaften schießen keine Pflichtübungen, sondern nach Ermessen des Kompanie- usw. Chefs zur Erhaltung ihrer Schießfertigkeit besondere Übungen.

Seite 45 Ziffer 99 streiche und setze:

Deckbl. 102. **99.** Die Regiments- und Bataillonsstäbe der Infanterie, Kavallerie und Pioniere (ausschließlich des schreiberdiensttuenden Personals auf den Geschäftszimmern), Anwärter für die Militärbeamten- (Einheit-) Laufbahn während ihrer Truppenausbildung, Waffenmeistergehilfen, Beschlagschmiede der Kavallerie, Fahrer, Pferdewärter und Küchenmannschaften schießen die Übungen 1 bis 4 bzw. 1 bis 3 — das schreiberdiensttuende Personal auf den Geschäftszimmern nur zwei Übungen — der betreffenden Gruppe und Schießklasse.

Die Regiments- und Bataillonskommandeure können auf Antrag des Kompanie- usw. Chefs noch anderen, namentlich zu bestimmenden, in besonderen Dienststellen verwendeten Soldaten die Erleichterung zuteil werden lassen, wenn sie es für dringend notwendig halten.

Noch Deckbl. 102.

Die Artillerie schießt die 1. und 2. Übung der II. und I. Schießklasse der Gruppe C.

Das schreiberdiensttuende Personal auf den Geschäftszimmern der höheren Stäbe vom Infanterie- usw. Führer aufwärts, der Kommandanturen und Behörden, das Sanitäts-Fahr- und -Kraftfahrpersonal schießen ebenfalls nur die 1. und 2. Übung der II. und I. Schießklasse der Gruppe C.

Alle oben Genannten nehmen am Prüfungsschießen nicht teil.

Seite 45 Ziffer 101 und 102 streiche und setze:

Deckbl. 103.

101. Unterzahlmeister, Musikmeister, Verwaltungsunteroffiziere, Schirrmeister, Feuerwerker, Brieftaubenmeister, Funkmeister, Festungsbaufeldwebel, Wallmeister, Fahnenschmiede, Beschlagschmiede (außer Kavallerie) und Sanitätsmannschaften schießen nur mit der Pistole.

Deckblatt 104 siehe S. 4 dieser Deckblätter.

Deckbl. 105.

Seite 53 Ziffer 117 im Kopf streiche: „Kraftradfahrer“ und setze:

Kraftfahr-Kompanien (Krad.).

Seite 52 Scharfschützenklasse streiche 3. bis 5. Hauptübung und Fußnote „***)“ und setze:

Deckbl. 104.

„3**)	150	stehend freihändig (Schnellschußübung)	Bruststringscheibe	4	2 Treffer in der Figur.
4	200	liegend freihändig	Kopfringscheibe	5	Kein Schuß unter 8.“

Seite 57 Ziffer 118 streiche im Kopf von dem Wort „Kompanien“ ab und setze:

Deckbl. 106. „Kompanien, Nachrichten-, Kraftfahr- (außer Kraftfahr-Kompanien [Krad.]), Fahrtruppen, Sanitäts-Fahr- und -Kraftfahrpersonal.“

Seite 70 Ziffer 167 im Kopf hinter „Gliederung des Gefechtsschießens“ setze: „***)“ und am Schluß der Seite füge als Fußnote an:

Deckbl. 107. ***) Bei der Artillerie bleibt die Verteilung der Gefechtsschießen auf 2 Jahre den Regiments-Kommandeuren überlassen.

Deckbl. 108. Seite 70 Ziffer 167 A. 1. streiche:

„Zielfernrohrgewehr.“

Deckbl. 109. Seite 71 Ziffer 167 B. 1. in Spalte „findet statt bei“ streiche „Kraftradfahrern“ und „Kraftradfahrer“ und setze:

der Kraftfahr-Kompanie (Krad.).

Seite 72 Ziffer 168 statt „A“ und „B“ setze:

„A*)“ und „B*)“

und füge als Fußnote an:

Deckbl. 110. *) Die im 12. Jahr dienenden Unteroffiziere und Mannschaften nehmen nach Ermessen des Kompanie- usw. Chefs zur Erhaltung ihrer Schießfertigkeit am Gefechtsschießen teil.

Deckbl. 111. Seite 80 Ziffer 209 zweiten Absatz streiche.

Deckbl. 112. Seite 89 Ziffer 250 streiche.

Deckbl. 113. Seite 101 Ziffer 318 streiche „Absatz a und b“ und setze:

alle Übungen der Gruppe A, B oder C und ihrer Schießklasse mit Gewehr oder Karabiner zu schießen haben.

Deckbl. 114. Seite 117 bis 122 Abschnitt „VII. Das Zielfernrohrgewehr“ ist zu streichen.

Seite 123 Ziffer 408 streiche und setze:

Deckbl. 115. **408.** Der Kompanie- usw. Chef bestimmt die l. M. G. Bedienungen, bei den Schützen- und Pionier-Kompanien einen Gruppenführer und die Schützen 1 bis 4, bei den Eskadronen der Kavallerie, den Kraftfahr-Kompanien (Krad und A) und der Artillerie einen l. M. G.-Führer und die Schützen 1 bis 3.

Über die Ausbildung weiterer Soldaten s. Nr. 430.

Seite 126 Ziffer 417 3. bis 5. Zeile streiche und setze:

Deckbl. 116. flügel mit dem Daumen auf „S" und sichert, oder mit Daumen oder Mittelfinger auf „F" und entsichert. Der Zeigefinger darf dabei den Abzug nicht berühren.

Seite 127 Ziffer 428 streiche und setze:

Deckbl. 117. **428.** Alle Mannschaften der Schützenkompanien, der Kavallerie und der Kraftfahr-Kompanien (Krad.) müssen bis zum Beginn ihres 4. Dienstjahres als l. M. G.-Schützen ausgebildet sein.

Die am l. M. G. ausgebildeten Soldaten sind weiter zu üben.

Für die übrigen mit l. M. G. ausgestatteten Truppen regelt sich die Ausbildung nach der Verfügung des Chefs der Heeresleitung T. A. Nr. 1. 8. 30 T. 4 I a vom 1. August 1930.

Seite 128 Ziffer 430 streiche II. und II. a) 1. bis 3. und setze:

Deckbl. 118. II. Bei der Infanterie, der Kavallerie und den Kraftfahr-Kompanien (Krad.) schießen:

a) alle Schulschießübungen:

1. die in den Schützenkompanien, den Eskadronen der Kavallerie und den Kraftfahr-Kompanien (Krad.) Frontdienst tuenden Unteroffiziere,
2. bei den Schützenkompanien 8, bei den Eskadronen der Kavallerie und den Kraftfahr-Kompanien (Krad.) 3 Mann für jedes l. M. G.,
3. die nach 430 auszubildenden Schützen;

Seite 128 Ziffer 430: „IV." ändere in „V." und setze als Absatz IV.:

Deckbl. 119. IV. Bei der Artillerie schießen:

a) die Übungen 1, 2 und 4 der II. und I. Schießklasse 4 Unteroffiziere und 4 Mann für jedes l. M. G.,

b) wie II b.

Seite 140 Ziffer 454 I a 1. bis 3. streiche und setze:

Deckbl. 120. I. möglichst oft

a) bei der Infanterie, der Kavallerie und den Kraftfahr-Kompanien (Krad.):

1. die in den Schützenkompanien, den Eskadronen der Kavallerie und den Kraftfahr-Kompanien (Krad.) Frontdienst tuenden Unteroffiziere,
2. in den Schützenkompanien 8, in den Eskadronen der Kavallerie und in den Kraftfahr-Kompanien (Krad.) 4 Mann für jedes l. M. G.,
3. die nach Nr. 431 auszubildenden Mannschaften.

Seite 141 Ziffer 455 b) streiche und setze:

Deckbl. 121. b) bei den Eskadronen der Kavallerie und den Kraftfahr-Kompanien (Krad.):

1 l. M. G. Führer, 3 Mann.

Deckbl. 122. Seite 144 Ziffer 472 3. Zeile streiche: „dem Scharf- und".

Seite 149 Ziffer 499: Kopfspalte füge hinter „Kavallerie" ein:

und die Kraftfahr-Kompanien (Krad.)

Deckbl. 123. Spalte „Pioniere" im Kopf linke Hälfte 1. Zeile statt „III a 1" setze „III a."

Spalte „Die übrigen mit l. M. G. ausgestatteten Truppen" im Kopf 1. Zeile rechte und linke Hälfte statt „430 I, II a 2" und „430 III b" setze „430 I, IV a, V a" und „430 IV b, V b."

H. Dv. 240

Schießvorschrift

für

Gewehr, Karabiner, leichtes Maschinengewehr, Pistole

und

Vorschrift für den Gebrauch der Handgranaten

(Schv. f. Gew.)

vom 29. September 1926

Neudruck unter Einarbeitung der Deckblätter 1—94

Berlin 1931

Verlegt bei E. S. Mittler & Sohn

Reichswehrministerium.

Chef der Heeresleitung. Berlin, den 29. September 1926.

Nr. 300/9. 26 Jn. 2. II.

1. Ich genehmige die „Schießvorschrift für Gewehr, Karabiner, leichtes Maschinengewehr, Pistole und Vorschrift für den Gebrauch der Handgranaten". (Schv. f. Gew.)
2. Die Vorschrift gilt für alle Waffen, sofern nicht Sonderbestimmungen erlassen sind.
3. Diese Vorschrift ist maßgebend, auch wenn sie von den Bestimmungen der A.V.J. (H. Dv. 130) abweicht.
4. Außer Kraft treten:
   a) Der Entwurf der Schießvorschrift vom 22. 1. 21 (D.V.E. Nr. 240a),
   b) die Neuen Bestimmungen für das Schulschießen mit Gewehr, Karabiner und l. M. G. (Nr. 750. 6. 25 Jn. 2. II),
   c) die Schießvorschrift für Pistole 08 (D.V.E. Nr. 240c),
   d) Abschnitt II der H. Dv. 255,
   e) Anh. II der H. Dv. 257,
   f) Anl. 6 der H. Dv. 172,
   g) die bisherigen Bestimmungen über den Gebrauch der Handgranaten (Teil I, A 5 der A.V.F. vom Januar 1918).
5. Die Verfügung Chef H. L. vom 20. 9. 25 Nr. 1. 7. 25 Jn. 5 III bleibt bestehen, doch sind folgende Abschnitte zu streichen:
   S. 7, D, 2. Absatz,
   S. 9—15, A, Nr. 1—39,
   S. 17—19, Nr. 48—64,
   Skizze 1 und 2.
6. Das Kleinkaliberschießen als wertvolles Mittel zur Vorbereitung und Ergänzung des Schul- und Gefechtsschießens ist in weitestem Maße auszunutzen. Die Möglichkeit, reichlich Munition aufzuwenden und alle Arten von Schießen mit vielfach wechselndem Scheibenaufbau häufig und ohne große Vorbereitung zu betreiben, erhält die Freude am Schießen, fördert die Schießfertigkeit und die Gefechtsausbildung.

v. Seeckt.

Inhaltsverzeichnis.

A. Schießvorschrift für Gewehr und Karabiner.

I. Schießlehre.

II. Schießausbildung.

Schulschießen.

Gefechtsschießen.

D. Vorschrift für den Gebrauch der Handgranaten.

E. Schießübersicht, Schießbücher, Schießkladden, Gefechtsschießheft, Wurfbuch für Handgranaten.

F. Muster.

G. Anlagen.

Anhang.

A. Schießvorschrift für Gewehr und Karabiner.

I. Schießlehre.

Flugbahn.

1. Durch den Schlag des vorschnellenden Schlagbolzens auf das Zündhütchen wird die Pulverladung der Patrone entzündet. Die bei der Verbrennung entstehenden Pulvergase treiben das Geschoß mit zunehmender Geschwindigkeit aus dem Lauf. Der Druck der Pulvergase gegen den Hülsenboden und damit gegen die Stirnfläche der Kammer verursacht den Rückstoß, der bei Gewehren von der Schulter aufgefangen wird.

2. Der Weg, den das Geschoß (genauer sein Schwerpunkt) nach dem Verlassen der Mündung zurücklegt, heißt Flugbahn oder Geschoßbahn.

3. Auf die Gestalt der Flugbahn wirken ein:

Die Geschwindigkeit des Geschosses, die Richtung, mit der das Geschoß den Lauf verläßt, die Schwerkraft, der Luftwiderstand und die Drehung des Geschosses um seine Längsachse.

4. Anfangsgeschwindigkeit ist die Geschwindigkeit, mit der das Geschoß den Lauf verläßt. Man drückt sie aus durch die Länge der Strecke in Metern, die das Geschoß in der ersten Sekunde nach dem Verlassen des Laufes zurücklegen würde, wenn es in geradliniger Richtung mit unveränderter Geschwindigkeit weiterfliegen könnte. Die Anfangsgeschwindigkeit (v_0) wird in „m/sec" (Meter in der Sekunde) gemessen.

Die schußtafelmäßige Anfangsgeschwindigkeit des S-Geschosses im Gewehr 98*) beträgt 895 m/sec, die des sS-Geschosses 785 m/sec.

Das Geschoß der Pistole 08 hat eine $v_0 = 320$ m/sec.

Die v_0 ist Schwankungen unterworfen, die durch die verschiedene Beschaffenheit der Läufe (Unterschied im Laufdurchmesser, Abnutzung usw.), Einflüsse der Tem-

---

*) Sämtliche ballistischen Angaben für Gewehr 98 gelten in gleicher Weise für Karabiner 98b.

peratur und des Feuchtigkeitsgehaltes des Pulvers und durch Gewichts- und Kaliberunterschiede der Geschosse verursacht werden.

Je wärmer der Lauf und je höher die Temperatur des Pulvers sind, um so größer ist die Anfangsgeschwindigkeit.

5. Wenn nur die Anfangsgeschwindigkeit auf das Geschoß wirkte, würde es mit unveränderter Geschwindigkeit geradlinig in der Abgangsrichtung weiterfliegen. Träte allein die Schwerkraft, die ein Fallen während des Fluges bewirkt, hinzu, würde die Flugbahn eine gekrümmte Linie sein, deren höchster Punkt in der Mitte liegt und deren Gestalt zu beiden Seiten des höchsten Punktes gleich wäre (Flugbahn im luftleeren Raum — Parabel).

Im luftleeren Raum wären die Endgeschwindigkeit gleich der Anfangsgeschwindigkeit und der Fallwinkel gleich dem Abgangswinkel; die größte Schußweite würde bei gleichbleibender Anfangsgeschwindigkeit unter einem Abgangswinkel von 45° erreicht werden.

6. Tatsächlich verzögert aber der Luftwiderstand dauernd die Geschoßbewegung. Dadurch wird die Flugbahn stärker gekrümmt, als dies im luftleeren Raum der Fall wäre. Die Schußweite wird kürzer, die Endgeschwindigkeit kleiner als die Anfangsgeschwindigkeit, der Fallwinkel größer als der Abgangswinkel; der höchste Punkt der Flugbahn (Gipfel) liegt dem Ende der Flugbahn näher als der Mündung.

Der Abgangswinkel, mit dem unter sonst gleichen Bedingungen die größte Schußweite erreicht wird, ist bei der Flugbahn im Luftraum in der Regel kleiner als 45°.

Bei gleicher Erhöhung ist die Flugbahn um so gestreckter, je größer die Anfangsgeschwindigkeit ist, und je besser das Geschoß den Luftwiderstand überwindet. In diesem Sinne wirken günstig eine große Querschnittsbelastung (Geschoßgewicht in Kilogramm geteilt durch den Geschoßquerschnitt in Quadratzentimetern) und eine zweckentsprechende Geschoßform (schlanke Spitze, glatte Oberfläche, konische Verjüngung des hinteren Geschoßteiles).

7. Ein Langgeschoß, das aus einem glatten (nicht gezogenen) Lauf verschossen wird, stellt sich unter der Einwirkung des Luftwiderstandes quer oder überschlägt sich. Der Flug wird unregelmäßig, die Schußweite verkürzt, die Treffähigkeit schlecht. Diese Nachteile werden durch Verwendung gezogener Läufe vermieden. In ihnen erhält das Geschoß durch Einpressen in die Züge eine Drehung um seine Längsachse. Diese Drehung nennt man Drall. Seine Größe bestimmt der Winkel, den die Kante eines Zuges mit einer der Seelenachse gleichlaufenden Linie bildet (Drallwinkel) oder die Strecke, auf der sich ein Zug einmal um die Seelenachse dreht (Dralllänge). Beim Gewehr, Karabiner und M. G. beträgt der Drallwinkel 5° 54′, die Dralllänge 24 cm. Durch die Drehung des Geschosses wird erreicht, daß seine Spitze im Fluge nach vorn gerichtet bleibt und zuerst das Ziel trifft.

Unter der Einwirkung der Drehung um die Längsachse und des Luftwiderstandes ändert die Geschoßachse ständig in mehr oder minder regelmäßigen Bewegungen ihre Lage zur jeweiligen Bewegungsrichtung. Zu diesem „kegelförmigen Pendeln" können aus verschiedenen anderen Ursachen noch gewisse Flatterbewegungen der Geschoßachse hinzukommen, die besonders ungünstig auf die Treffähigkeit wirken.

Die Drehung um die Längsachse läßt das Geschoß in der Regel nach der Seite abweichen, nach der die Drehung erfolgt; bei unseren Gewehren mit Rechtsdrall also nach rechts.

Dieses Abweichen ist aber auf den für Handfeuerwaffen in Frage kommenden Schußweiten so gering, daß es im allgemeinen nicht berücksichtigt zu werden braucht.

8. Bei Gewehren (Maschinengewehren), deren Geschoß-Anfangsgeschwindigkeit größer als die Schallgeschwindigkeit ist, hört man in einem bestimmten Bereich beiderseits der Flugbahn zwei Knalle (Doppelknall): den an der Laufmündung entstehenden Mündungsknall und den vom Geschoß während seines Fluges erzeugten Geschoßknall. Der Zeitunterschied zwischen den beiden Knallen (Knallabstand) ist dabei um so größer, je mehr man sich der Schußebene nähert.

Der Mündungsknall entsteht durch den Stoß der unter hohem Druck hinter dem Geschoß ausströmenden Pulvergase auf die Luft.

Der Geschoßknall rührt von der Luftverdichtung — der sogenannten Kopfwelle — her, die sich vor dem fliegenden Geschoß bildet (Bild 1), solange seine Geschwindigkeit größer als die des Schalles ist. Der Geschoßknall ist in der Regel weit stärker (und heller) als der Mündungsknall. Auf größeren Entfernungen hört man nur noch den Geschoßknall. Beim Dauerfeuer der Maschinengewehre übertönen die Geschoßknalle so sehr die Mündungsknalle, daß meist nur der vom letzten Schuß herrührende Mündungsknall — wenn überhaupt — dumpf und schwach gehört wird.

Bild 1.

Hinter dem Gewehr (Maschinengewehr) hört man nur einen Knall, der aus Mündungs- und Geschoßknall zusammengesetzt ist.

Eine genauere Erklärung der Entstehungsweise des Geschoßknalls würde hier zu weit führen. Wichtig ist, daß der Geschoßknall zu ganz groben Täuschungen über die Entfernung und besonders auch die Richtung des Abschusses führen kann. Eine seitlich der Schußrichtung befindliche Patrouille kann sich, besonders bei M. G.-Feuer, bei dem der Mündungsknall fast verschluckt wird, sehr erheblich über die Richtung, aus der das M. G. feuert, täuschen. Die Richtung, aus der geschossen wird (auch bei Geschützen*)), kann nur aus dem Mündungsknall beurteilt werden.

Erläuterungen.

9. Mündungswagerechte M—B (Bild 2) ist die gedachte wagerechte Ebene, in der die Mitte der

Bild 2.

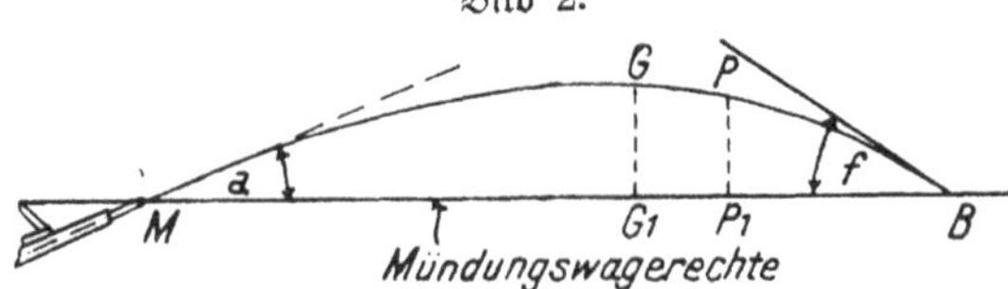

Mündung des Gewehrs in dem Augenblick liegt, in dem der Geschoßboden die Mündung verläßt. Die Angaben

*) Im Kriege wurden häufig Geschütze, die tatsächlich mehrere Kilometer hinter der feindlichen Stellung standen, von der vorderen eigenen Linie irrtümlich als unmittelbar „hinter dem ersten feindlichen Graben stehend" gemeldet.

der Schußtafeln beziehen sich auf die Mündungswagerechte.

Zielwagerechte (Bild 3a, b) heißt die gedachte wagerechte Ebene, in der der Zielpunkt liegt.

Bild 3a.

Mündungswagerechte und Zielwagerechte fallen demnach zusammen, wenn der Zielpunkt mit der Mündung auf gleicher Höhe liegt.

Bild 3b.

Visierlinie (Bild 4) ist die gedachte gerade Linie, welche die Mitte der Kimme und die Kornspitze verbindet.

Bild 4.

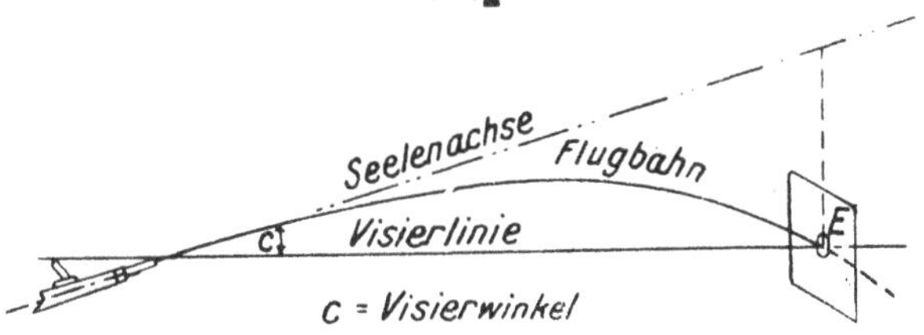

Visierwinkel c (Bild 4) ist der Winkel, den die Visierlinie mit der Seelenachse bildet.

Geländewinkel ist der Winkel, den die Visierlinie mit der Mündungswagerechten einschließt. Er ist positiv, $+ g_1$ (Bild 3a), wenn das Ziel über, negativ, $- g_2$ (Bild 3b), wenn das Ziel unter der Mündungswagerechten liegt.

Erhöhungswinkel e (Bild 5) ist der Winkel, den die Seelenachse des eingerichteten Gewehres vor Abgabe des Schusses mit der Wagerechten einschließt.

Abgangswinkel a (Bild 5) ist der Winkel zur Wagerechten, unter dem das Geschoß beim Schuß die Mündung verläßt.

Bild 5.

10. Erhöhungswinkel und Abgangswinkel sind oft um ein weniges, den Abgangsfehler d (Bild 5), verschieden. Diesen bewirken hauptsächlich die Schwingungen des Laufes beim Schuß, die bei jeder Waffenart und Munition und auch bei derselben Waffe verschieden sind. Der Abgangsfehler kann positiv oder negativ sein. Daher ist: Abgangswinkel = Erhöhungswinkel + oder — Abgangsfehler.

Beim Gewehr 98 und bei Verwendung von S-Munition beträgt der durchschnittliche Abgangsfehler — 3′.

11. In den folgenden Erklärungen der Flugbahn ist angenommen, daß Mündung und Ziel sich in derselben Wagerechten befinden.

Der Gipfel G (Bild 2) ist der höchste Punkt der Flugbahn. Der lotrechte Abstand des Gipfels von der Mündungswagerechten G—G_1 ist die Gipfelhöhe der Flugbahn.

Gipfelentfernung M—G_1 (Bild 2) ist der auf der Mündungswagerechten gemessene Abstand der Gipfelhöhe von der Mündung.

Aufsteigender Ast M—G (Bild 2) ist das Stück der Flugbahn von der Mündung bis zum Gipfel, absteigender Ast G—B (Bild 2) der Teil vom Gipfel bis zum zweiten Schnitt der Flugbahn mit der Mündungswagerechten.

Flughöhe P—P_1 (Bild 2) ist der lotrechte Abstand eines beliebigen Punktes der Flugbahn von der Mündungswagerechten.

Fallwinkel f (Bild 2) ist der Winkel, den die Flugrichtung des Geschosses am Ende des absteigenden Astes mit der Mündungswagerechten einschließt.

Auftreffwinkel w (Bild 6 a, b) ist der Neigungswinkel, den die Flugrichtung des Geschosses mit der Zieloberfläche bildet.

Endgeschwindigkeit ist die Geschwindigkeit des Geschosses an der Stelle, an der es die Mündungswagerechte zum zweiten Male schneidet.

Bild 6 a.

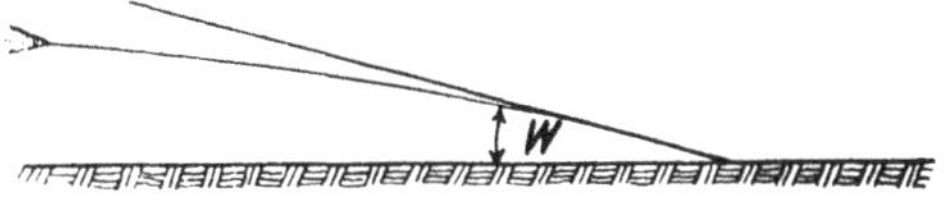

Auftreffgeschwindigkeit ist die Geschwindigkeit, mit der das Geschoß am Ziel oder im Gelände aufschlägt. Sie ist nur dann gleich der Endgeschwindigkeit, wenn der Aufschlag des Geschosses in der Mündungswagerechten liegt.

Flugzeit ist die Dauer der Geschoßbewegung in Sekunden von der Mündung bis zum Aufschlag. Die Schußtafeln enthalten die Flugzeiten von der Mündung bis zum zweiten Schnitt der Flugbahn mit der Mündungswagerechten (schußtafelmäßige Flugzeiten).

Bild 6 b.

Geschoßenergie ist die lebendige Kraft (Wucht) auf einer bestimmten Entfernung, ausgedrückt in mkg.

Auftreffenergie ist die Wucht des Geschosses beim Aufschlag am Ziel oder im Gelände.

Das Zielen.

12. Da das Geschoß nach dem Verlassen der Mündung durch Einwirken der Schwerkraft unter die verlängerte Seelenachse fällt, muß man den Lauf, um in bestimmter Entfernung ein Ziel zu treffen, um so viel über dieses richten, als das Geschoß bis dahin fällt.

Wenn bei wagerechter Lage des Laufs das Geschoß auf einer Zielentfernung M—A (Bild 7 a) um die Strecke A—Z fällt, muß man, um das Ziel A zu treffen, die Seelenachse auf den Punkt Z_1 (Bild 7 b), der um die Strecke A—Z über A liegt, richten.

Bild 7 a.

Der Haltepunkt muß aber zur Erleichterung des Zielens in oder dicht unter dem Ziel liegen. Deshalb ist das Gewehr mit einer *Visiereinrichtung* (Visier und Korn) versehen. Wenn man die Visierlinie mit dem Auge auf einen bestimmten Punkt einrichtet, zielt man.

Bild 7 b.

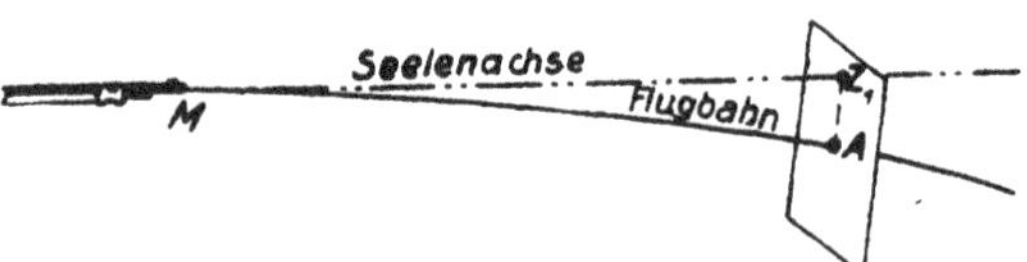

Der Punkt, auf den die Visierlinie gerichtet sein soll, heißt *Haltepunkt*; der Punkt, auf den sie beim Losgehen des Schusses tatsächlich gerichtet war, *Abkommen*; der Punkt, den das Geschoß beim Einschlagen trifft, *Treffpunkt*.

Bei Zielfernrohrgewehren wird die im Fernrohr angebrachte Zielmarke (Spitze des Stachels) — das „Abkommen" genannt — auf das Ziel eingerichtet.

13. Je weiter das Ziel entfernt ist, um so größer muß der *Visierwinkel* sein, d. h. mit einem um so höheren Visier muß geschossen werden.

Da die Kimme des Visiers höher als die Spitze des Korns über der Seelenachse liegt, schneidet die Geschoßbahn die Visierlinie unmittelbar vor der Mündung (Bild 4).

14. Die Entfernung bis zum zweiten Schnittpunkt der Geschoßbahn mit der Visierlinie E (Bild 4), wo also Haltepunkt und Treffpunkt zusammenfallen, nennt man **Visierschußweite** und den entsprechenden Schuß **Visierschuß**. Ist die Strecke bis zum Ziel kürzer als die betreffende Visierschußweite, so muß man um das Maß der Flughöhe (Tafel II a, b) unter den gewollten Treffpunkt halten.

Als solcher ist im allgemeinen der nach Höhe und Breite geeignetste Teil des Ziels (Mitte des Ziels) zu wählen.

Je nach Wahl des Haltepunkts im Ziel, an seinem unteren oder oberen Rand, sagt man

in das Ziel gehen,
Ziel aufsitzen lassen,
Ziel verschwinden lassen.

15. Die Gewehre 98, Karabiner 98 b und die l. M. G. sind teils mit S-, teils mit sS-Visieren versehen. Die in den Schußtafeln angegebenen Treffpunktlagen (Visierschußweite) beziehen sich stets auf die zugehörige Munition.

Auf den nahen und nächsten Entfernungen*), auf denen SmK-Munition in Frage kommt (Bekämpfung von Flugzeugen und Kampfwagen), genügt die gleiche Visierstellung wie für S- oder sS-Munition.

16. Liegt der Zielpunkt mit der Mündung auf gleicher Höhe, so fällt die Visierlinie in die Mündungswagerechte (Bild 2), und der Visierwinkel ist gleich dem Erhöhungswinkel.

Bei kleinem Höhenunterschied zwischen Ziel und Feuerstellung wird der Geländewinkel bei direktem Richten durch das Anvisieren des Ziels genau genug berücksichtigt. Hierbei ist der Erhöhungswinkel — vom Abgangsfehler a gesehen — bei positivem Geländewinkel (Bild 3 a) gleich der Summe, bei negativem (Bild 3 b) gleich dem Unterschied von Visierwinkel (c) und Geländewinkel (g_1 oder g_2).

Bei großen Geländewinkeln (Schießen in gebirgigem Gelände) muß im allgemeinen ein Visier gewählt werden, das kürzer als die Entfernung ist. Dieser Einfluß des Geländewinkels auf die Visierstellung tritt aber bei den für das Schießen mit Gewehr, Karabiner und l. M. G. in Frage kommenden Schußweiten erst bei Ge-

*) Im Kampf unterscheidet man: nächste Entfernung bis 100 m, nahe Entfernung bis 400 m, mittlere Entfernung bis 800 m und weite Entfernungen.

ländewinkeln über 30° in die Erscheinung. Das zutreffende Visier ist, wenn möglich, durch Einschießen zu ermitteln; es entspricht annähernd der Kartenentfernung.

Beim Schießen gegen Luftziele muß außer dem Geländewinkel die Auswanderung des Zieles infolge seiner Eigengeschwindigkeit berücksichtigt werden.

Da das Luftziel während der Flugzeit des Geschosses eine bestimmte Strecke zurücklegt, muß um ein entsprechendes Maß vorgehalten werden.

Das Vorhaltemaß wird außer von der Flugzeit des Geschosses, von der Geschwindigkeit des Luftzieles und von der Richtung, in der es sich zum Schützen bewegt, bestimmt.

Fliegt es in der Schußrichtung oder gegen die Schußrichtung, so kann der Auswanderung durch Wahl eines höheren oder kürzeren Visiers entsprochen werden.

Schießregeln für das Schießen mit Gewehr und Karabinern gegen Luftziele s. Nr. 269—275.

Beim l. M. G. wird das Vorhaltemaß mit Hilfe der Fliegervisiereinrichtung berücksichtigt (s. H. Dv. 462).

Witterungseinflüsse.

17. Unter Witterungseinflüssen versteht man die Einwirkung von Luftgewicht, Wind und Niederschlägen auf die Flugbahn.

18. Die Visierhöhen sind für ein mittleres Luftgewicht von 1,22 kg/cbm (entsprechend einer angenommenen Höhenlage von rund 150 m über N. N., einem Barometerstand von 745 mm, einer Lufttemperatur von + 10° C und 70 % Feuchtigkeit), Windstille und einer mittleren Anfangsgeschwindigkeit bestimmt; sie können daher nur unter diesen Verhältnissen Visierschuß ergeben.

Das Luftgewicht ist abhängig von dem Luftdruck, der Temperatur und dem Feuchtigkeitsgehalt der Luft. Der Einfluß des Feuchtigkeitsgehaltes ist so gering, daß die Annahme eines mittleren Feuchtigkeitsgehaltes von 70 % für alle Fälle genügt.

Das Luftgewicht ist um so geringer, je höher ein Ort liegt, und je größer die Luftwärme ist.

Geringeres Luftgewicht vergrößert, hohes verkürzt die Schußweite.

Starke Temperaturunterschiede können die Schußweite erheblich ändern. Im allgemeinen hat man bei warmer Witterung mit **W**eitschuß, bei kalter mit **K**urzschuß zu rechnen. Ein Wechsel der Lufttemperatur um 10° verschiebt auf 1000 m den mittleren Treffpunkt nach der Höhe um etwa 1 m, nach der Tiefe um etwa 30 m. 20° verlegen die Garbe um das doppelte Maß.

Der Einfluß der Luftdruckänderung macht sich erst bei großen Unterschieden in der Höhenlage bemerkbar; ein Unterschied von 300 m hat etwa den gleichen Einfluß auf die Treffpunktlage wie eine Temperaturänderung von 10°.

Die Schwankungen des Luftdrucks in der gleichen Höhenlage können bei den in Frage kommenden geringen Schußweiten des Gewehrs 98 und des l. M. G. unberücksichtigt bleiben.

Wind von vorn verkürzt, von rückwärts vergrößert die Schußweite.

Mittlerer Wind (4 m/sec) in der Schußrichtung verlegt die Geschoßgarbe (S-Munition) auf 1000 m um etwa 10 m nach der Tiefe; seitlicher Wind (4 m/sec) bewirkt auf 1000 m eine Seitenabweichung um 4 bis 5 m. Starker Wind (8 m/sec) verlegt die Garbe um das doppelte Maß.

Bei Verwendung von sS-Munition verlegt ein mittlerer Wind (4 m/sec) in der Schußrichtung die Geschoßgarbe auf 1000 m um etwa 10 m nach der Tiefe; seitlicher Wind (4 m/sec) bewirkt auf 1000 m eine Seitenabweichung um 2 bis 3 m. Starker Wind (8 m/sec) verlegt die Garbe um das doppelte Maß.

Wenn Luftgewicht und Wind in demselben Sinne wirken, kann auf mittleren Entfernungen eine Visieränderung bis zu 100 m, auf weiteren Entfernungen bis zu 150 m notwendig werden.

19. Ein von oben hell beleuchtetes Korn erscheint durch Strahlung dem Auge größer als sonst. Man wird daher unwillkürlich das Korn nicht so hoch, wie nötig, in die Kimme bringen und zu tief oder zu kurz schießen. Umgekehrt werden trübe Witterung, Waldlicht, Dämmerung leicht dazu verleiten, das Korn zu hoch in die Kimme zu nehmen, das ergibt einen Hoch- oder Weitschuß.

Wird das Korn stark von einer Seite beschienen, so erscheint die hell beleuchtete größer als die dunkle. Man ist daher geneigt, nicht die Kornspitze, sondern den heller beleuchteten Teil des Korns in die Mitte der Visierkimme zu bringen, das bewirkt ein Abweichen des Geschosses nach der dunklen Seite.

Schußleistungen.

20. Die Schußleistung einer Waffe und ihrer Munition ist gekennzeichnet durch

die Gestalt der Flugbahn (Rasanz),
die Streuung und
die Geschoßwirkung.

21. Für das Beschießen sichtbarer Ziele ist die Rasanz der Flugbahn von ausschlaggebender Bedeutung. Je größer die Rasanz, je gestreckter also die Flugbahn ist, desto mehr werden die Folgen der unvermeidlichen Schätzungsfehler und Witterungseinflüsse ausgeglichen.

Streuung.

22. Gibt man aus einer Waffe unter möglichst gleichbleibenden Bedingungen eine größere Anzahl von Schüssen nacheinander ab, so treffen die Geschosse nicht ein und denselben Punkt, sondern verteilen sich über eine mehr oder weniger große Fläche. Man nennt dies Streuung (Streuung der einzelnen Waffe).

Die Ursachen der Streuung sind:

Schwingungen des Laufes der Waffe (Nr. 10), Schwankungen der Witterungseinflüsse, kleine nicht zu vermeidende Unterschiede in der Munition und in der Verbrennungsweise des Pulvers.

Vergrößert wird die Streuung durch die Fehler des einzelnen Schützen beim Zielen und Abkommen (Schützenstreuung).

23. Das auf einer senkrechten Fläche aufgefangene Streuungsbild ist meist höher als breit (Höhenstreuung also größer als Breitenstreuung) (Bild 8).

24. Zieht man durch das Trefferbild eine senkrechte und eine wagerechte Linie derart, daß ebenso viele Treffer rechts und links wie oberhalb und unterhalb dieser Striche liegen, so bildet ihr Schnittpunkt den mittleren Treffpunkt*).

*) Auf den mittleren Treffpunkt und die vom Gewehr zum mittleren Treffpunkt gedachte Flugbahn (mittlere Flugbahn) beziehen sich alle Betrachtungen der Nr. 2—19.

Dieser müßte bei Visierschuß eigentlich mit dem Haltepunkt zusammenfallen. Das ist aber nie der Fall. Es ergeben sich immer Abweichungen nach oben, unten, rechts oder links. Aus diesem Grunde müssen die Schützen den Haltepunkt nach der Treffpunktlage ihrer Waffe wählen. Bei solchen, die eine ungewöhnlich hohe oder tiefe Treffpunktlage haben, ohne daß sich ein

Bild 8.

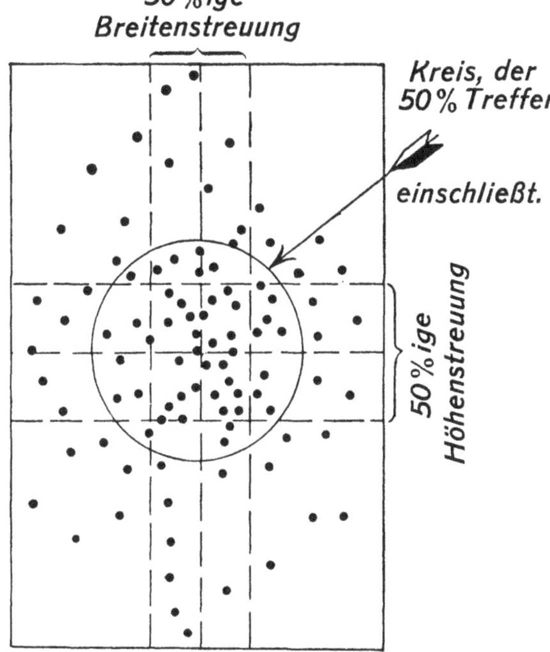

Waffenfehler feststellen läßt, empfiehlt es sich, auch auf den Schulschießentfernungen ein niedrigeres oder höheres Visier, als es der Entfernung entspricht, zu stellen. Je weniger bei der einzelnen Waffe der mittlere Treffpunkt vom Haltepunkt abbleibt, desto besser ist ihre Treffpunktlage.

Die Treffpunktlage bietet einen Maßstab für die Beurteilung der Leistung einer Waffe oder eines Schützen.

25. Die einzelnen Schüsse eines Streuungsbildes scheinen zunächst vollkommen regellos verteilt zu sein. Erst bei zahlreichen Schüssen läßt sich eine gewisse Gesetzmäßigkeit im Streuungsbild erkennen.

Um den mittleren Treffpunkt herum sitzen die Treffer am dichtesten, nach außen zu wird die Verteilung immer dünner; sie entspricht den Gesetzen der Wahrscheinlichkeit.

26. Zieht man im gleichen Abstande zur wagerechten Mittellinie (mittlere Trefferachse) des Trefferbildes zwei gleichlaufende Linien, so daß der entstehende Streifen die Hälfte der abgegebenen Schüsse in sich aufnimmt, so nennt man die Höhe dieses wagerechten Streifens die mittlere oder 50 %ige Höhenstreuung, die Breite eines entsprechenden senkrechten Streifens die mittlere oder 50 %ige Breitenstreuung (Bild 8).

Die mittlere oder 50 %ige Streuung bietet einen weiteren Maßstab für die Beurteilung der Leistung einer Waffe oder eines Schützen.

27. Auf dem Erdboden verteilen sich die Schüsse in einer Fläche, der wagerechten Trefffläche (Bild 9), deren Breite mit der Entfernung zunimmt, und deren Länge von der Größe der Höhenstreuung und dem Einfallwinkel abhängt (Längenstreuung).

28. Für kleine Entfernungen, auf denen Höhen- und Breitenstreuung nicht sehr verschieden sind, gibt der Radius des Kreises, welcher 50 % Treffer einschließt (Bild 8), ein besonderes, für kreisförmige Ziele geeignetes Maß zur Beurteilung der Treffähigkeit.

Der mit diesem Radius um den mittleren Treffpunkt geschlagene Kreis schließt die innere Hälfte, der Kreis mit dem doppelten Radius etwa 94 % Treffer ein*).

Die Streuung nimmt mit wachsender Schußzahl zu und erreicht erst bei hohen Schußzahlen eine gewisse Höchstgrenze. Bei beschränkter Schußzahl, mit der meist zu rechnen ist, schwanken die Abweichungen zwischen

---

*) Die Angaben über die Streuungen (Tafel III a, b) sind Durchschnittswerte aus einer größeren Zahl tatsächlicher Schießergebnisse, die unter möglichster Ausschaltung störender äußerer Einflüsse mit je einem einzelnen Gewehr gewonnen worden sind. Alle Streuungsangaben können nur eine Wahrscheinlichkeit, keine Gewißheit geben. Sie dürfen daher nie als feststehende Vergleichszahlen angesehen werden.

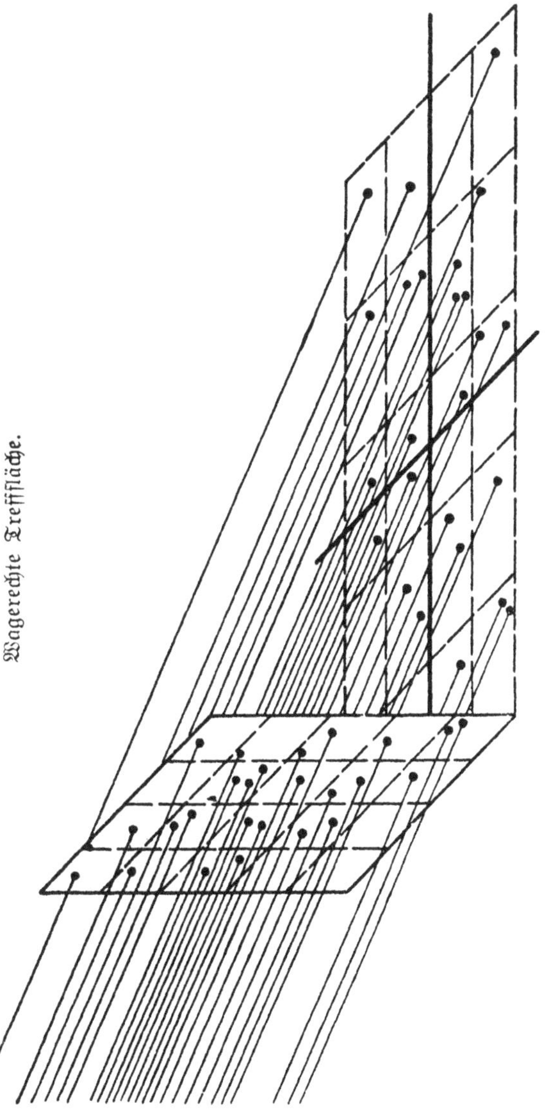

Bild 9.
Wagerechte Treffläche.

dem höchsten und dem tiefsten Schuß und zwischen dem am weitesten rechts und dem am weitesten links meist sehr erheblich. Deshalb eignet sich das Maß der „größten Abweichungen"*) nicht für Versuchszwecke.

Man benutzt hierfür die 50%ige Höhen- oder Breitenstreuung, die selbst bei kleiner Schußzahl gleichbleibendere Werte liefert. In Tafel III a sind die Abmessungen der 50%igen Streuung des S-Geschosses, in Tafel III b die des sS-Geschosses beim Gewehr 98 (Karabiner 98 b) angegeben.

Zusammenwirken mehrerer Waffen.

29. Wegen der unvermeidlichen Verschiedenheiten im Bau der Waffen weichen die mittleren Treffpunkte der einzelnen voneinander ab, und die Treffer verteilen sich beim Schießen mit mehreren Waffen der gleichen Art (Abteilungsfeuer) über eine erheblich größere Fläche als beim Schießen mit der einzelnen Waffe (*Einzelfeuer*). Die Flugbahnen der Geschosse aus mehreren Waffen bilden eine *Geschoßgarbe*.

Bild 10.

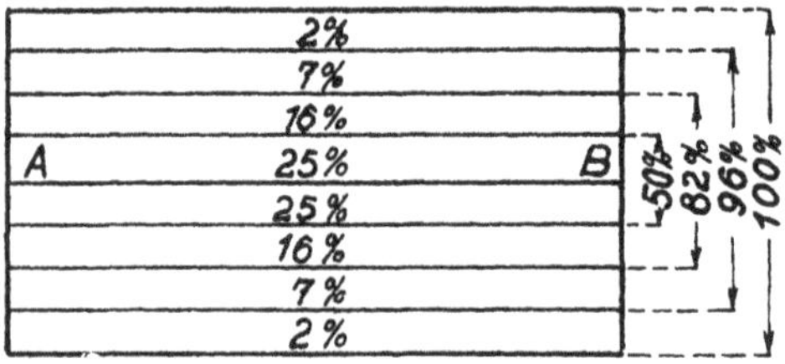

2%
7%
16%
A 25% B
25%
16%
7%
2%
50% 82% 96% 100%

A-B = Mittlere Trefferachse.

Ihre Dichtigkeit nimmt, ebenso wie die Streuung beim Schießen aus der einzelnen Waffe, von der Mitte der Trefffläche nach dem Rande zu allmählich ab.

Je mehr Schüsse gegen ein Ziel gerichtet werden, um so gesetzmäßiger verteilen sich die Treffer, und zwar derart, daß sich etwa die Hälfte (50%) im mittleren Viertel, etwa vier Fünftel (82%) in der mittleren Hälfte der ganzen Trefffläche befinden (Bild 10).

*) Bei kleinen Schußzahlen ist es nicht zulässig, von 100%iger oder „ganzer Streuung" zu sprechen; man verwendet dafür den Ausdruck „größte Abweichung nach der Höhe oder Breite".

Die Tiefenausdehnung (Längenstreuung) der Geschoßgarbe hängt von der Größe der Höhenstreuung und des Einfallwinkels ab. Beide Einflüsse wirken entgegengesetzt. Wachsende Höhenstreuung vergrößert, steiler werdender Einfallwinkel verringert die Länge der Garbe. Da der Einfallwinkel im Verhältnis schneller wächst als die Höhenstreuung, macht sich sein Einfluß auf den größeren Schußweiten stärker bemerkbar, so daß allmählich die Längenstreuung der Geschoßgarbe abnimmt.

30. Die von der Verschiedenheit der Waffe und Munition herrührende Tiefe der Garbe wird durch Witterungseinflüsse und Fehler des Schützen erweitert. Hierbei sprechen so mannigfache Einflüsse, Ausbildungsgrad, Sichtbarkeit des Ziels, Feuergeschwindigkeit usw., vor allem die körperliche und seelische Verfassung des Schützen mit, daß sich feste Zahlen für die verschiedenen Entfernungen nicht geben lassen.

Für die Wirkung im Ziel kommt nur der innere Teil der Garbe, der etwa 75 % Treffer enthält (die Kerngarbe), in Betracht. Die Ausläufer der Garbe, von denen jeder etwa 13 % Treffer aufnimmt, sind für die Wirkung weniger wichtig.

Der Visierbereich beim Einzelschießen.

31. Jedes Visier beherrscht für eine gegebene Zielhöhe einen bestimmten Raum, den man Visierbereich nennt. Man versteht darunter den Raum, in dem sich die Flugbahn bei gleichbleibendem Haltepunkt nicht über den höchsten Punkt des Ziels erhebt oder unter den tiefsten senkt.

Erhebt sich die Flugbahn über Zielhöhe, so liegt nur der unter Zielhöhe liegende Teil des absteigenden Astes im Visierbereich.

Angenommen, das Ziel (Bild 11) geht auf den Schützen zu, und die Visierlinie ist auf die Mitte des Ziels gerichtet, dann tritt es in den Visierbereich, wenn die Flugbahn seinen untersten Punkt erreicht, und bleibt darin, bis die Flugbahn gerade noch den Kopf trifft. Die Visierlinie folgt dem Ziele, deshalb sind Anschlaghöhe und Geländegestaltung ohne Einfluß auf den Visierbereich, wenn die Zielgröße nicht durch sie verändert wird (Kolonnenziele, Nr. 32). Der Visier-

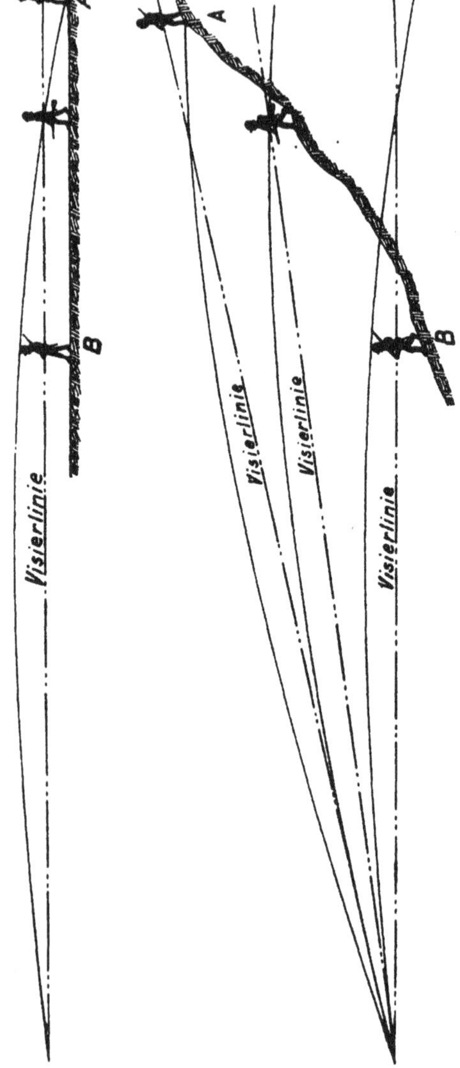

Bild 11.

bereich ist abhängig von der Neigung der Flugbahn zur Visierlinie und der Zielhöhe.

Je größer er ist, um so mehr erhöht sich auch bei nicht richtigem Visier die Aussicht, das Ziel zu treffen.

Aus diesem Grunde ist für Handfeuerwaffen und M. G. eine Munition mit sehr gestreckter Flugbahn (großer Rasanz) besonders wichtig (Nr. 21).

Der Visierbereich beim Abteilungsschießen.

32. Die Geschoßgarbe (Kerngarbe) vergrößert den Visierbereich erheblich; Fehler im Entfernungsschätzen werden deshalb weniger fühlbar.

Beim Abteilungsschießen bezeichnet man als Visierbereich den Raum, in dem sich weder der untere Rand der Kerngarbe über das Ziel erhebt, noch der obere sich unter den Fußpunkt des Ziels senkt.

Ein Ziel (Bild 12), das sich der schießenden Abteilung nähert und mit Haltepunkt „Mitte des Ziels" beschossen wird, betritt den Visierbereich, sobald der obere Rand der Kerngarbe seinen Fuß trifft, und bleibt in ihm, solange die unterste Flugbahn der Kerngarbe den Kopf gerade noch faßt.

Der Visierbereich beim Abteilungsschießen wird also gebildet

a) durch die Längenstreuung der Kerngarbe (A C); sie ist unabhängig von der Zielgröße;

b) durch den Visierbereich der kürzesten Flugbahn (B C); die Größe dieses Teiles wird durch die Zielhöhe bestimmt; sie spielt jedoch auf mittleren Entfernungen bei niedrigen Zielen und auf großen Entfernungen selbst für mannshohe Ziele keine Rolle.

Der Visierbereich beim Abteilungsschießen ist somit gleich der Längenstreuung der Kerngarbe, vermehrt um den Visierbereich der kürzesten Geschoßbahn (Nr. 31).

Von der Geländegestaltung ist er unabhängig, wenn nicht die Zielhöhe dadurch verändert wird.

Für Tiefenziele (Kolonnen, tiefgegliederte Schützengruppen) in der Ebene ist der Visierbereich größer als für gleich hohe Linienziele. Auf den Visierbereich hat die Geländegestaltung nur dann Einfluß, wenn solche Tiefenziele aus überhöhter Stellung beschossen werden

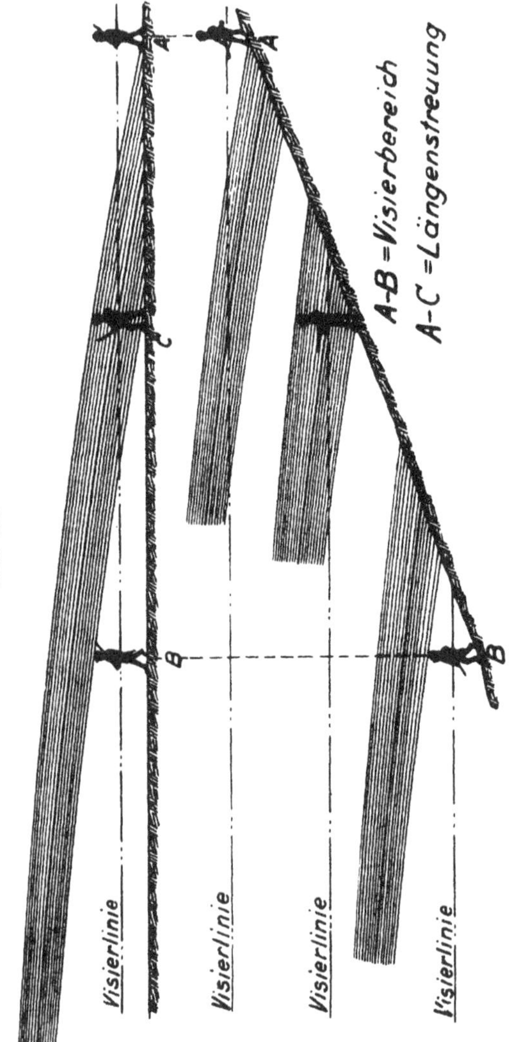
A-B = Visierbereich
A-C = Längenstreuung
Visierlinie
Visierlinie
Visierlinie
Visierlinie
A
A
B
B
C

Bild 12.

oder sich an einem in der Schußrichtung ansteigenden Hang befinden, weil hierbei ihre Zielhöhe bedeutend vergrößert wird.

Der bestrichene Raum.

33. Die auf ein bestimmtes Ziel gerichtete Geschoßgarbe gefährdet in dem Raum vor und hinter dem Ziel auch andere, auf die nicht geschossen wird. Den gefährdeten Teil nennt man bestrichenen Raum (Bild 13).

Darunter versteht man also den Raum, in dem sich die Geschoßgarbe nicht mehr als Zielhöhe über das Gelände erhebt. In Wirklichkeit kommt meist nur der bestrichene Raum hinter dem Ziel in Betracht.

In der Schußrichtung hinter dem Ziel ansteigendes Gelände verringert, abfallendes vergrößert den bestrichenen Raum. Auch der Höhenunterschied zwischen der eigenen Feuerstellung und dem Ziel beeinflußt seine Größe. Wird aus überhöhender Stellung geschossen, verkleinert sich im allgemeinen der bestrichene Raum beim Gegner.

Je größer der bestrichene Raum ist, desto mehr sind die hinter dem beschossenen Ziele befindlichen Unterstützungen gefährdet. Große bestrichene Räume erschweren deshalb das Vorgehen der Verstärkungen und das Heranbringen von Munition.

Der gedeckte Winkel*).

34. Den Raum hinter einer Deckung, in dem eine Abteilung gegen das feindliche Feuer geschützt ist, nennt man „gedeckten Winkel“ (Bild 14). Er hängt ab von der Höhe der Deckung, der Größe des Auftreffwinkels, der tiefsten Flugbahn und von der Zielhöhe.

Abpraller.

35. Geschosse, die im Aufschlag abprallen, fliegen meist als Querschläger weiter. Abpraller von Kurzschüssen können die Wirkung im Ziel und den bestrichenen Raum vergrößern. Abpraller treten besonders auf, wenn die Geschosse bei kleinen Auftreffwinkeln auf hartem, steinigem oder mit fester Grasnarbe bewachsenem Boden oder auf Wasser aufschlagen; bei großem Auftreffwinkel prallen sie seltener ab. Durch Anstreichen an Gräser, Gestrüpp usw. können die Geschosse auch abweichen.

*) Zum Unterschied vom „toten Winkel“ = „Deckung gegen Sicht“.

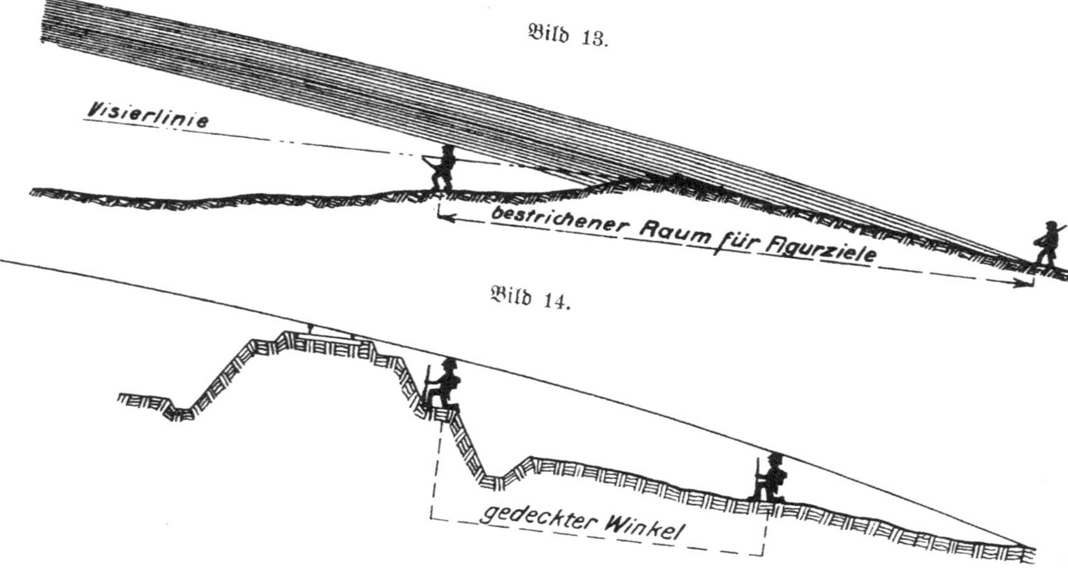

Bild 13.

Bild 14.

Schußleistungen.

36. Tafel I a und I b enthalten die Schußtafeln, Tafel II a und II b die Flughöhentafeln für S= und sS=Munition für Gewehr 98.

Geschoßwirkung.

37. Die Geschoßwirkung ist, abgesehen von der Widerstandsfähigkeit des Zieles, abhängig von:
dem Durchmesser,
der Form,
dem Gewicht,
dem Material des Geschosses und von seiner Auftreffgeschwindigkeit am Ziel.

Durchschlagswirkung gegen verschiedene Deckungsmittel.

Gegen Holz.

38. Es wird durchschlagen

	von S=	von sS=Munition	
auf 100 m:	60 cm,	65 cm	starkes trockenes Kiefernholz
400 m:	80 cm,	85 cm	= = =
800 m:	35 cm,	45 cm	= = =
1800 m:	10 cm,	20 cm	= = =

Gegen Eisen= und Stahlplatten.
(Bei senkrechtem Auftreffen.)

Es werden durchschlagen	von S=	sS=Munition
7 mm starke Eisenplatten bis etwa	450 m,	bis etwa 550 m
10 mm = = = =	200 m,	= = 300 m
3 mm = Stahlplatten = =	400 m,	= = 600 m
5 mm = = = =	100 m,	= = 100 m

3 mm starke Stahlplatten bieten auf 700 m sicheren Schutz gegen S=Munition, auf 800 m auch gegen sS=Munition.

SmK=Munition durchschlägt 8,5 mm starke Stahlplatten bester Fertigung auf 400 m, 10 mm Stahlplatten gleicher Art noch auf 100 m.

Gegen Sand.

S= und sS=Geschosse dringen bis 90 cm ein.

Gegen Ziegelmauern.

Ziegelmauern von der Stärke eines ganzen Steines (25 cm) können von einzelnen S= und sS=Geschossen nur durchschlagen werden, wenn sie zufällig die Fugen treffen.

Bei längerer Beschießung bieten auch stärkere Mauern, zumal wenn dieselbe Stelle häufig getroffen wird, keinen sicheren Schutz.

Tafel Ia.

Schußtafel für S-Munition (Gewehr 98).

Entfernung in m	Abgangswinkel	Fallwinkel	Gipfel-entfernung in m	Gipfel-höhe in m	Flugzeit in sec	Endgeschwindigkeit in m/sec	Geschoßenergie in m/kg
100	2′ 20″	3′ 26″	50	0,02	0,12	806	331
200	4′ 50″	6′ 52″	102	0,1	0,25	724	267
300	7′ 38″	10′ 40″	157	0,2	0,39	649	215
400	11′ 0″	15′ 30″	215	0,4	0,56	578	170
500	15′ 30″	23′ 0″	274	0,7	0,74	511	133
600	20′ 20″	32′ 40″	338	1,1	0,95	449	103
700	26′ 10″	45′ 20″	405	1,8	1,19	394	79
800	33′ 20″	1° 1′ 30″	468	2,6	1,46	352	63
900	41′ 40″	1° 21′ 50″	530	3,8	1,76	323	53
1000	51′ 30″	1° 46′ 50″	592	5,4	2,08	299	46
1100	1° 2′ 50″	2° 17′ 30″	650	7,5	2,42	279	40
1200	1° 16′ 20″	2° 51′ 40″	714	10	2,79	261	35
1300	1° 31′ 50″	3° 30′ 10″	778	14	3,19	245	31
1400	1° 49′ 40″	4° 14′ 20″	840	18	3,61	231	27
1500	2° 9′ 10″	5° 6′ 10″	900	23	4,06	217	24
1600	2° 31′ 10″	6° 7′ 30″	965	30	4,53	203	21
1700	2° 55′ 50″	7° 19′ 20″	1030	36	5,04	190	18
1800	3° 22′ 40″	8° 49′ 20″	1096	45	5,58	177	16
1900	3° 53′ 20″	10° 41′ 10″	1160	56	6,17	165	14
2000	4° 30′ 20″	13° 2′ 20″	1230	72	6,80	153	12

Geschoßgewicht: 10 g. Ladung: 3,2 g. v_0: 895 m/sec.

Abgangsfehlerwinkel: — 3′. Querschnittsbelastung: 20,4 g/qcm.

Tafel Ib.

Schußtafel für sS-Munition (Gewehr 98 [Karabiner 98b]).

Entfernung in m	Abgangswinkel	Fallwinkel	Gipfel- entfernung in m	Gipfel- höhe in m	Flugzeit in sec	Endgeschwindigkeit in m/sec	Geschoßenergie in m/kg
100	2′ 55″	3′ 5″	51	0,02	0,13	737	354
200	6′ 0″	6′ 30″	102	0,1	0,27	688	309
300	9′ 10″	10′ 15″	154	0,2	0,42	642	269
400	12′ 30″	14′ 15″	207	0,4	0,58	599	234
500	16′ 20″	19′ 30″	261	0,7	0,75	558	203
600	20′ 30″	25′ 30″	316	1,0	0,94	518	175
700	25′ 40″	34′ 0″	375	1,5	1,14	481	151
800	31′ 30″	44′ 30″	435	2,2	1,36	446	130
900	38′ 0″	57′ 20″	496	3,0	1,60	414	112
1000	46′ 0″	1° 13′ 30″	559	4,2	1,86	385	97
1100	54′ 30″	1° 31′ 40″	623	5,7	2,15	357	83
1200	1° 4′ 30″	1° 54′ 0″	687	7,5	2,45	335	73
1300	1° 15′ 30″	2° 18′ 10″	751	10	2,77	315	65
1400	1° 27′ 30″	2° 45′ 10″	814	13	3,10	300	59
1500	1° 40′ 10″	3° 12′ 40″	877	16	3,44	289	54
1600	1° 54′ 0″	3° 42′ 10″	940	20	3,80	279	51
1700	2° 8′ 20″	4° 12′ 30″	999	24	4,16	271	48
1800	2° 23′ 30″	4° 44′ 10″	1058	28	4,54	263	45
1900	2° 39′ 40″	5° 18′ 0″	1117	33	4,93	256	43
2000	2° 56′ 50″	5° 53′ 40″	1175	39	5,34	249	40
2100	3° 15′ 0″	6° 31′ 40″	1232	45	5,76	242	38
2200	3° 34′ 0″	7° 11′ 20″	1290	52	6,20	236	36
2300	3° 53′ 20″	7° 52′ 10″	1347	60	6,64	230	35
2400	4° 13′ 40″	8° 34′ 50″	1404	68	7,10	225	33
2500	4° 34′ 20″	9° 19′ 10″	1462	77	7,59	219	31

Geschoßgewicht: 12,8 g. Ladung: 2,85 g. v_0: 785 m/sec.
Abgangsfehlerwinkel: + 5′ 6″. Querschnittsbelastung: 26,2 g/qcm.

Tafel IIa und **IIb** siehe nebenstehende Einschlagseite.

Tafel IIIa.

50 %ige Streuung des S-Geschosses in Zentimetern beim Gewehr 98 (im Einzelfeuer).

Beachte Bild 10.

	100	200	300	400	500	600	700	800	900	1000	1100	1200
Höhe . .	5	10	16	22	28	34	41	47	55	63	73	85
Breite . .	4	8	12	16	21	26	31	37	43	50	59	70
Radius .	4	8	12	16	21	—	—	—	—	—	—	—

Tafel IIIb.

50 %ige Streuung des sS-Geschosses in Zentimetern beim Gewehr 98 (Karabiner 98b) (im Einzelfeuer)

	100	200	300	400	500	600	700	800	900	1000	1100	1200	1300	1400	1500
Höhe . . .	4	8	12	16	22	28	34	40	50	60	70	82	95	110	125
Breite . .	3	6	10	14	18	23	27	32	39	45	52	60	69	79	90
Radius. .	3	6	10	14	18	—	—	—	—	—	—	—	—	—	—

Tafel IVa.

Während der Flugzeit (S-Munition) von marschierenden Truppen zurückgelegte Entfernungen in Metern (abgerundete Werte).

Entfernung in m	I. Fußtruppen		II. Berittene Truppen	
	Im Schritt in 1 Minute 100 m	Im Laufschritt in 1 Minute 150 m	Im Trabe in 1 Minute 250 m	Im Galopp in 1 Minute 400 m
300	1	1	2	3
600	2	3	4	6
900	3	5	7	12
1200	5	7	12	20
1500	7	10	15	30
1800	10	15	25	40
2000	12	20	30	45

Zu Seite 26.

Tafel IIa.

Mittlere Flughöhen

des S-Geschosses in Metern über und unter der Mündungswagerechten beim Gewehr 98.

a) Für die Visiere 100 bis 300.

Bei Anwendung des Visiers	Auf den Entfernungen													
	25	50	75	100	125	150	175	200	225	250	275	300	325	350
100	0,01	0,02	0,01	0	—0,02	—0,05								
200	0,03	0,05	0,07	0,07	0,07	0,06	0,03	0	—0,04	—0,10				
300	0,05	0,09	0,13	0,15	0,17	0,18	0,17	0,16	0,13	0,10	0,05	0	—0,08	—0,17

b) Für die Visiere 400 bis 1600.

Bei Anwendung des Visiers	Auf den Entfernungen																																
	50	100	150	200	250	300	350	400	450	500	550	600	650	700	750	800	850	900	950	1000	1050	1100	1150	1200	1250	1300	1350	1400	1450	1500	1550	1600	1650	1700
400	0,15	0,25	0,35	0,35	0,35	0,30	0,20	0	—0,30	—0,65																								
500	0,2	0,4	0,5	0,6	0,7	0,7	0,6	0,5	0,3	0	—0,4	—0,8																						
600	0,3	0,5	0,7	0,9	1,0	1,1	1,1	1,1	0,9	0,7	0,4	0	—0,5	—1,2																				
700	0,3	0,7	1,0	1,2	1,4	1,6	1,7	1,7	1,7	1,5	1,3	1,0	0,5	0	—0,8	—1,7																		
750	0,4	0,8	1,1	1,4	1,7	1,9	2,0	2,1	2,1	2,0	1,9	1,6	1,2	0,6	0	—0,9	—1,9																	
800	0,4	0,9	1,3	1,6	2,0	2,2	2,4	2,6	2,6	2,6	2,5	2,2	1,9	1,4	0,8	0	—1,0	—2,2																
850	0,5	1,0	1,4	1,9	2,2	2,6	2,8	3,0	3,1	3,1	3,1	2,9	2,6	2,2	1,6	0,9	0	—1,2	—2,3															
900	0,6	1,1	1,6	2,1	2,6	2,9	3,3	3,5	3,7	3,8	3,8	3,7	3,5	3,1	2,6	1,9	1,0	0	—1,3	—2,9														
950	0,6	1,3	1,8	2,4	2,9	3,4	3,8	4,1	4,3	4,5	4,5	4,5	4,4	4,1	3,7	3,0	2,2	1,2	0	—1,5	—3,2													
1000	0,7	1,4	2,0	2,7	3,3	3,8	4,3	4,7	5,0	5,2	5,4	5,4	5,4	5,2	4,8	4,2	3,5	2,6	1,4	0	—1,7	—3,6												
1050	0,8	1,6	2,3	3,1	3,7	4,3	4,9	5,4	5,8	6,1	6,3	6,4	6,4	6,3	6,0	5,5	4,9	4,0	2,9	1,6	0	—1,9	—4,1											
1100	0,9	1,8	2,6	3,4	4,2	4,8	5,5	6,0	6,6	6,9	7,2	7,5	7,5	7,5	7,3	7,0	6,4	5,6	4,6	3,3	1,8	0	—2,2	—4,7										
1150	1,0	2,0	2,9	3,8	4,7	5,4	6,2	6,8	7,4	7,9	8,3	8,6	8,8	8,8	8,7	8,4	8,0	7,3	6,4	5,2	3,8	2,0	0	—2,4	—5,3									
1200	1,1	2,2	3,3	4,2	5,2	6,0	6,8	7,6	8,3	9,0	9,5	9,8	10	10	10	10	9,7	9,1	8,3	7,2	5,9	4,3	2,3	0	—2,7	—5,9								
1250	1,2	2,4	3,6	4,6	5,7	6,7	7,6	8,5	9,3	10	11	11	12	12	12	12	12	11	10	9,4	8,2	6,7	4,9	2,6	0	—3,0	—6,5							
1300	1,3	2,6	3,9	5,1	6,3	7,4	8,4	9,4	10	11	12	12	13	13	14	14	14	13	13	12	11	9,2	7,5	5,4	2,9	0	—3,4	—7,3						
1350	1,5	2,9	4,3	5,6	6,9	8,1	9,3	10	11	12	13	14	15	15	15	16	16	15	15	14	13	12	10	8,5	6,1	3,3	0	—3,8	—8,0					
1400	1,6	3,1	4,7	6,1	7,6	8,9	10	12	13	14	15	16	16	17	17	18	18	18	17	17	16	15	14	12	9,4	6,8	3,6	0	—4,1	—8,6				
1450	1,7	3,4	5,1	6,7	8,3	9,7	11	13	14	15	16	17	18	19	20	20	20	20	20	20	19	18	17	15	13	10	7,4	3,9	0	—4,4	—9,3			
1500	1,8	3,7	5,5	7,3	9,0	11	12	14	15	17	18	19	20	21	22	22	23	23	23	23	22	21	20	19	17	14	11	8,0	4,2	0	—4,8	—10		
1550	2,0	4,0	6,0	7,9	9,7	12	13	15	17	18	20	21	22	23	24	25	25	26	26	26	25	25	24	22	20	18	15	12	8,7	4,6	0	— 5,3	—11	
1600	2,2	4,3	6,5	8,6	10	13	14	16	18	20	21	23	24	25	27	28	28	29	29	29	29	28	27	26	24	22	20	17	13	9,5	5,1	0	— 5,8	—12

Zu Seite 26.

Tafel IIb.

Mittlere Flughöhen

des sS-Geschosses in Metern über und unter der Mündungswagerechten beim Gewehr 98 (Karabiner 98b).

a) Für die Visiere 100 bis 300.

Bei Anwendung des Visiers	Auf den Entfernungen													
	25	50	75	100	125	150	175	200	225	250	275	300	325	350
100	0,01	0,02	0,02	0	—0,03	—0,07								
200	0,04	0,07	0,08	0,09	0,09	0,07	0,04	0	—0,05	—0,12				
300	0,06	0,11	0,15	0,18	0,20	0,21	0,20	0,19	0,16	0,12	0,07	0	—0,08	—0,18

b) Für die Visiere 400 bis 2000.

Bei Anwendung des Visiers	Auf den Entfernungen																																							
	50	100	150	200	250	300	350	400	450	500	550	600	650	700	750	800	850	900	950	1000	1050	1100	1150	1200	1250	1300	1350	1400	1450	1500	1550	1600	1650	1700	1750	1800	1850	1900	1950	2000
100	0,02	0	-0,07																																					
200	0 07	0,09	0,07	0	-0,12																																			
300	0,11	0,18	0,21	0,19	0.12	0	-0,18																																	
400	0,15	0,30	0,35	0,40	0,35	0,30	0,20	0	-0,25	-0,55																														
500	0,2	0,4	0,5	0,6	0,65	0,6	0,6	0,4	0,3	0	-0,3	-0,7																												
600	0,3	0,5	0,7	0,8	0,9	1,0	1,0	0,9	0,8	0,6	0,3	0	-0,5	-1,0																										
700	0,4	0,7	0,9	1,1	1,3	1,4	1,5	1,5	1,5	1,4	1,2	0,9	0,5	0	-0,6	-1,3																								
800	0,4	0,8	1,2	1,5	1,7	2,0	2,1	2,2	2,3	2,2	2,1	1,9	1,6	1,2	0,7	0	-0,8	-1,7																						
900	0,5	1,0	1,5	1,9	2,2	2,5	2,8	3,0	3,1	3,2	3,1	3,1	2,9	2,5	2,1	1,5	0,8	0	-1,0	-2,2																				
1000	0,6	1,3	1,8	2,3	2,8	3,2	3,6	3,9	4,1	4,3	4,4	4,4	4,4	4,1	3,8	3,4	2,8	2,1	1,1	0	-1,3	-2,8																		
1100	0,8	1,5	2,2	2,8	3,4	4,0	4,5	4,9	5,2	5,5	5,8	5,9	6,0	5,9	5,7	5,4	4,9	4.3	3,5	2,5	1,4	0	-1,6	-3,5																
1200	0,9	1,8	2,6	3,4	4,2	4,9	5,5	6,1	6,6	7,0	7,4	7,7	7,9	7,9	7,9	7,7	7,4	6,9	6,3	5,4	4,4	3,2	1,7	0	-2,0	-4,2														
1300	1,1	2,1	3,1	4,1	5,0	5,8	6,6	7,3	8,0	8,6	9,1	9,6	10	10	10	10	10	9,8	9,3	8,6	7,8	6,7	5,4	3,8	2,0	0	-2,3	-4,9												
1400	1,3	2,5	3,6	4,8	5,8	6,8	7,8	8,7	9,6	10	11	12	12	13	13	13	13	13	13	12	11	10	9,4	8,0	6,4	4,6	2 4	0	-2,6	-5,6										
1500	1,4	2,8	4,2	5,5	6,8	8,0	9,1	10	11	12	13	14	15	15	16	16	16	16	16	16	15	15	14	13	11	9,3	7,4	5,2	2,8	0	-3,1	-6,4								
1600	1,6	3,2	4,8	6,3	7,8	9,2	10	12	13	14	15	16	17	18	19	19	20	20	20	20	20	19	18	17	17	15	13	11	8,6	6,0	3,1	0	-3,4	-7,1						
1700	1,9	3,7	5,4	7,1	8,8	10	12	13	15	16	18	19	20	21	22	23	23	24	24	24	24	24	23	22	21	20	18	17	15	12	9,6	6,7	3,5	0	-3,8	-7,9				
1800	2,1	4,1	6,1	8,0	9,9	12	13	15	17	18	20	22	23	24	25	26	27	28	28	28	29	29	28	28	27	26	24	23	21	19	16	14	11	7,5	3,9	0	-4,3	-8,9		
1900	2,3	4,6	6,8	9,0	11	13	15	17	19	21	23	24	26	27	29	30	31	32	33	33	34	34	34	33	33	32	31	29	28	26	24	21	18	15	12	8,5	4.5	0	-4 9	-10
2000	2,6	5,1	7,6	10	12	15	17	19	21	23	25	27	29	31	32	34	35	36	37	38	39	39	39	39	39	38	37	36	35	33	31	29	27	24	21	17	14	9,5	4,9	0

Tafel IVb.

Während der Flugzeit (sS-Munition) von marschierenden Truppen zurückgelegte Entfernungen in Metern (abgerundete Werte).

Entfernung in m	I. Fußtruppen		II. Berittene Truppen	
	Im Schritt in 1 Minute 100 m	Im Laufschritt in 1 Minute 150 m	Im Trabe in 1 Minute 250 m	Im Galopp in 1 Minute 400 m
300	1	1	2	3
600	2	2	4	6
900	3	4	7	11
1200	4	6	10	16
1500	6	9	14	23
1800	8	11	19	31
2000	9	14	23	36

II. Schießausbildung.

Allgemeines.

39. Das Gewehr*) ist die Hauptwaffe des Schützen. Das Endziel der Schießausbildung ist, den Mann zu einem sicheren und schnellen Schützen zu erziehen.

Neben gründlicher Ausbildung des einzelnen Schützen ist planmäßige Schulung aller Unterführer in der Feuerleitung und der ganzen Kompanie im Zusammenwirken zu gemeinschaftlichem Gefechtszweck nötig.

Die Ausbildung ist nach richtigen Gesichtspunkten erfolgt, wenn die Truppe das kann, was der Krieg erfordert, und wenn sie auf dem Gefechtsfelde nichts von dem abzustreifen hat, was sie im Frieden erlernte.

40. Für die Ausbildung der Kompanie usw. im Schießen ist der Kompanie- usw. Chef verantwortlich.

Die Vorgesetzten haben unter voller Wahrung der Selbständigkeit des Kompanie- usw. Chefs das Recht, den Schießdienst zu prüfen und einzugreifen, sobald sie eine falsche Handhabung bemerken.

Die Regiments- und Bataillons- usw. Kommandeure können besondere Übungen ansetzen. Jedem Kom-

*) Unter Gewehr ist stets auch Karabiner zu verstehen.

mandeur stehen drei Patronen für den einzelnen Schützen von der für das Schulschießen bestimmten Munition zur Verfügung. Für die Beurteilung der Leistungen kommt nicht allein die zahlenmäßige Zusammenstellung der Treffergebnisse — die durch Verschiedenheiten der Schießstände, Witterung, Tageszeiten usw. erheblich beeinflußt werden können — in Betracht, sondern ebensosehr das Verhalten der Schützen. Deshalb muß der Vorgesetzte diesen Übungen persönlich beiwohnen.

Der Schießlehrer.

41. Der Kompanie- usw. Chef muß mit größter Sorgfalt und ohne Rücksicht auf den Dienstgrad die Schießlehrer auswählen und sie für ihre wichtige Aufgabe vorbilden.

Das Verständnis des Lehrers, sein geduldiges Eingehen auf die Eigenart des Schülers, seine unermüdliche Tätigkeit und schließlich die eigene Schießfertigkeit fördern die sachgemäße Schulung der Mannschaft wesentlich. Dabei sei betont, daß nicht jeder treffliche Schütze auch ein guter Schießlehrer ist.

42. Der Schießlehrer soll während des Schießjahres möglichst wenig wechseln. Auch empfiehlt es sich nicht, den einen mit den vorbereitenden Übungen, einen anderen mit dem Schulschießen zu beauftragen. Die Durchbildung bleibt besser in einer Hand.

43. Der Lehrer, der den Rekruten von Anfang an im Schießdienst unterrichtet, kann auch beim Scharfschießen auf Fehler aufmerksam machen, ohne ihn zu stören und dadurch die Leistungen zu beeinträchtigen. Nur beim Schießen mit scharfen Patronen kann man wirklich überzeugend einwirken. Der Lehrer beobachtet das Auge oder Abkrümmen des Mannes scharf und sagt hin und wieder, wenn er seiner Sache sicher ist, vor dem Anzeigen, der Schuß ist wahrscheinlich gut, mittel oder schlecht. Durch zutreffende Voraussage wird er den Schüler davon überzeugen, daß ruhiges, aber entschlossenes Abkrümmen ohne Mucken und Reißen bessere Ergebnisse bringt als langes Zielen.

44. Das gemeldete Abkommen oder der angesagte Sitz des Schusses ist mit dem angezeigten Ergebnis zu vergleichen und sofort die Folgerung zu ziehen. Dabei muß der Lehrer die Möglichkeit der Streuung berücksichtigen. Glaubt er, daß ein anderer Haltepunkt oder ein anderes Visier zu wählen ist, wird er den Schützen dazu veranlassen. Sollte dieser Zweifel hegen, beweist der Lehrer durch Probeschüsse, daß man auch mit einem nicht ganz regelrecht schießenden Gewehr bei richtiger Wahl des Haltepunktes treffen kann.

45. Wird jeder Schuß so ausgewertet, kann es kaum vorkommen, daß der Mann nur Tief- oder nur Hochschüsse usw. abgibt, das Vertrauen zur Waffe verliert und unbefriedigt den Schießstand verläßt. Der Lehrer muß die Ergebnisse des Scharfschießens bei den vorbereitenden Übungen weiter verwerten.

46. Der Schießlehrer hat also die wichtige Aufgabe, durch seelische Einwirkung in dem Manne das Gefühl zu erwecken, daß er bei festem W o l l e n auch ein brauchbarer Schütze werden k a n n. Den meist vorhandenen guten Willen wird der Lehrer stärken und mit allen Mitteln (Belehrung, Wettbewerb, sportlichem Betrieb) beleben. Alle Vorgesetzten sollen diese Bemühungen unterstützen und bei jeder Gelegenheit ihre Anteilnahme an den Fortschritten bekunden.

Schulschießen.

47. Das Schulschießen ist ein wichtiger Teil der Schießausbildung und die Vorschule für das Gefechtsschießen. Offiziere, Unteroffiziere und Mannschaften sollen durch das Schulschießen einen möglichst hohen Grad von Schießfertigkeit in allen Anschlagsarten erlangen, Leistung und Eigenart (Streuung und Treffpunktlage) der ihnen zugewiesenen Waffen kennenlernen und volles Vertrauen zu ihrer Leistungsfähigkeit gewinnen.

Durch die Möglichkeit, den Schützen bei jedem Schuß zu beobachten, jeden Schuß anzuzeigen und darüber zu sprechen, bietet das Schulschießen das sicherste Mittel, den Schützen zur Sorgfalt und Gewissenhaftigkeit bei der Abgabe des Schusses zu erziehen.

Ausbildungsgang.

48. Die Ausbildung des Mannes muß allmählich entwickelt werden. Die einzelnen Tätigkeiten sind jede für sich zu erlernen und erst bei fortschreitender Sicherheit zusammenzufassen. Bei allen Ausführungen ist die körperliche und geistige Eigenart des Schülers zu berücksichtigen. Genauigkeit ist bei jedem einzelnen anzustreben, auf Gleichmäßigkeit bei allen ist weniger zu sehen.

Jede Einschüchterung ist zu vermeiden. Schlechtes Schießen wird nur in seltenen Fällen auf grobe Nachlässigkeit oder Trägheit des Schützen zurückzuführen sein.

49. Die Gymnastik mit und ohne Gerät soll die beim Schießen in Tätigkeit kommenden Gelenke lose machen, die Atmung vertiefen und die Arm- und Fingermuskeln stärken.

50. Die eigentliche Ausbildung beginnt damit, daß der Lehrer den Rekruten in leicht verständlicher Weise den Vorgang in der Waffe beim Schuß, die Visiereinrichtung und den Begriff Zielen (Nr. 56 und 57) erklärt. Gleichzeitig wird die Einrichtung der Scheiben besprochen (Nr. 338 bis 344).

Hieran schließt sich der Unterricht im Zielen (Nr. 58 bis 65) und Abkrümmen (Nr. 66 bis 73). Daneben werden die verschiedenen Anschlagsarten (Nr. 74 bis 79) anfänglich im kleinen Schießanzug (Nr. 145) geübt.

51. Hat der Rekrut im Zielen, Abkrümmen und Anschlag hinreichende Sicherheit erlangt, folgen Übungen mit Platzpatronen und Zielmunition.

Dann erst wird zum Schießen mit scharfen Patronen übergegangen.

52. Fehler, die der Schütze im Anschlag begeht, müssen bei Zielübungen oft besprochen werden, ohne den Mann absetzen zu lassen, um überzeugend und verständlich zu wirken. Solche Belehrungen sind ruhig und kurz zu geben, damit der Mann nicht müde wird.

Wird der Schütze unruhig, läßt man ihn absetzen oder auch sichern und Gewehr abnehmen.

53. Der Sehschärfe der Rekruten ist besondere Aufmerksamkeit zuzuwenden. Hervortretende Mängel sind bald zur Sprache zu bringen, damit der Truppenarzt die Augen der Leute untersucht und erforderlichenfalls die zum Schießen nötige Brille verordnet. Da nach den Tauglichkeitsbedingungen auf dem rechten Auge volle Sehschärfe (mit Glas) verlangt wird, und Brillenträger im allgemeinen nicht eingestellt werden sollen, darf Linksanschlag nur nach schriftlicher Begründung durch den Arzt gestattet werden.

54. Von der Einstellung an muß die **Sehschärfe** durch häufige Übungen gehoben werden. Das Aufsuchen und die Bezeichnung kleiner feldmäßiger Ziele im Gelände entwickeln die Sehschärfe und das Gefühl für gründliche Beobachtung. Diese Übungen sind hauptsächlich im Liegen auf nahen und mittleren Entfernungen zu betreiben (s. Nr. 15, Fußnote).

55. Um schwer erkennbare Ziele zu finden und zu bezeichnen, benutzt man das **Fernglas mit Stricheinteilung.** Der Lehrer wählt einen gut sichtbaren Richtpunkt und gibt an, wieviel Striche das gesuchte Ziel seitlich davon liegt. Ohne Fernglas kann der Schütze, der auf beiden Augen regelrecht (ohne Brille) sieht, mit dem Daumen messen. Wenn er bei ausgestrecktem Arm den Daumen senkrecht hält und mit einem Auge an beiden Seiten vorbeisieht, deckt der Daumen 35 bis 40 Striche. Wenn er bei gestrecktem Arm erst mit dem rechten (linken) und geschlossenem linken (rechten) Auge über den Daumen sieht und dann plötzlich das geöffnete Auge schließt, das geschlossene öffnet, springt der Daumen um etwa 100 Teilstriche nach rechts (links). (**Daumensprung.**) Geübte Leute können die Strichzahl mit der Daumengabel ablesen, sie entsteht, wenn man mit beiden Augen über den Daumen nach dem Ziel sieht. Die genauen Maße muß jeder Schütze für sich selbst ermitteln.

Zielen.

56. Beim Zielen richtet man das Gewehr nach der Höhe und Seite so ein, daß die Visierlinie auf den

Bild 15.

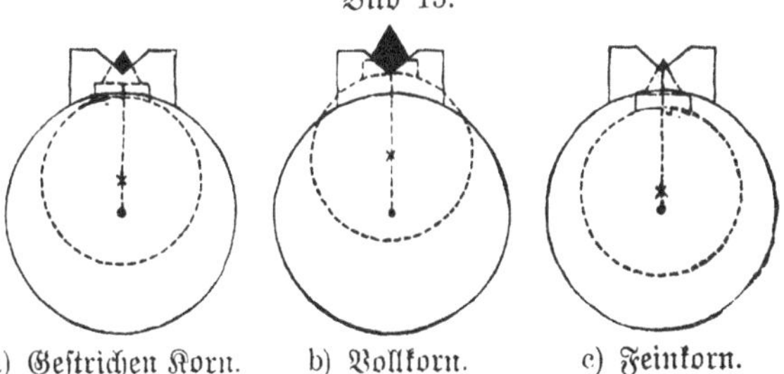

a) Gestrichen Korn. b) Vollkorn. c) Feinkorn.

Haltepunkt zeigt. Der Visierkamm steht wagerecht, das gestrichene Korn in der Mitte der Kimme (Bild 15 **a**).

57. Die häufigsten Zielfehler sind:

a) Voll- oder Feinkornnehmen. Sie entstehen, wenn das Korn zu viel oder zu wenig in die Kimme gebracht wird (Bild 15 b und c) und veranlassen Hoch- (Weit-) oder Tief- (Kurz-) Schuß.

b) Gewehrverdrehen. Es geschieht, wenn der Visierkamm nicht wagerecht, sondern nach der einen oder anderen Seite geneigt, d. h. verkantet wird (Bild 15 d). Das Geschoß weicht nach der Seite ab, nach der das Gewehr verkantet wird und schlägt etwas zu tief (kurz) ein.

c) Korn klemmen. Es tritt ein, wenn man die Kornspitze nicht scharf in die Mitte der Kimme, sondern seitlich davon stellt. Links geklemmtes Korn (Bild 15 e) ergibt Links-, rechts geklemmtes Korn (Bild 15 f) Rechtsschuß.

Die Fehler sind dem Schützen an Holz- oder Pappgeräten, die Kimme und Korn darstellen, zu erläutern.

58. Die Zielübungen beginnen damit, daß der Lehrer das auf einem Sandsack (Zielbock) liegende Gewehr einrichtet und sich den Haltepunkt vom Manne angeben läßt. Dann richtet der Schüler unter Schließen des linken Auges die Visierlinie auf ein bestimmtes Ziel und achtet von vornherein darauf, daß der Visierkamm wagerecht und das Korn richtig in der Kimme steht. Leuten, die das linke Auge, oder (wenn sie links schießen) das rechte allein nicht schließen können oder lieber beide Augen benutzen, darf gestattet werden, beide offen zu lassen.

Bild 15.

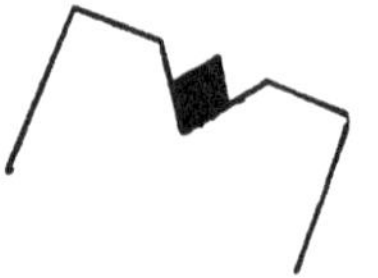

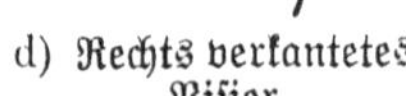

d) Rechts verkantetes Visier. e) Links f) Rechts geklemmtes Korn.

Zielübungen am Sandsack oder auf dem Tornister werden immer wieder, z. B. auch bei Exerzierübungen, betrieben, die Forderungen allmählich gesteigert und den zu schießenden Übungen angepaßt. Auch im Gelände sind die Gewehre auf nahen und mittleren Entfernungen auf kriegsmäßige Ziele einzurichten.

Auf Schnelligkeit ist besonderer Wert zu legen.

59. Dreieckzielen. Die Fertigkeit im Zielen prüft der Lehrer, indem er das auf einem Sandsack liegende Gewehr auf einen beliebigen Punkt einer 10 m entfernten Scheibe richtet. Dann läßt er den Rekruten zielen, ohne das Gewehr zu berühren, und eine kleine durchlochte Blechscheibe, die an einem Stabe befestigt ist, und von einem Manne gehalten wird, durch Zuruf oder Wink so lange auf der Scheibe hin und her bewegen, bis die Visierlinie den Mittelpunkt der Blechscheibe trifft.

Bild 16.

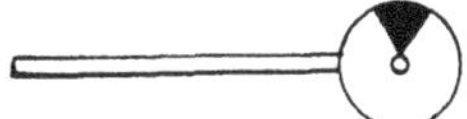

Wird der Haltepunkt auf der Scheibe mit einem Bleistiftpunkt bezeichnet und dieses Verfahren, ohne daß der Mann das Gewehr berührt, noch zweimal wiederholt, läßt sich aus der größeren oder geringeren Abweichung der Punkte die Fertigkeit im Zielen ersehen.

60. Um den Mann an der Scheibe zu sparen, kann auch der in Anlage 3 beschriebene Spiegelapparat benutzt werden. Er bietet noch die weiteren Vorteile, daß der Zielende die Scheibe selbst bewegt, und die Entfernung zwischen Spiegelhalter und Schützen auf die Hälfte verkürzt werden kann.

Das Gewehr wird auf einem Holzgestell oder Sandsack gelagert. Der Spiegel wird 5 m entfernt (entsprechend der oben angegebenen Entfernung von 10 m) gegenüber dem Gewehr aufgestellt. Es können auch andere Entfernungen gewählt werden. Das Zielgestell wird neben dem Gewehr mit einer Schraubzwinge auf einem Tisch festgeschraubt.

Auf der dem Spiegel zugekehrten Seite des Trägers für die Zielscheibe und die Zeichenvorrichtung wird eine Scheibe auf den hierfür vorgesehenen Stift aufgesteckt. Am günstigsten ist die Aufstellung, wenn die Zielscheibe hell beleuchtet wird.

Der Schütze setzt sich hinter das Gewehr; der Spiegel wird so weit gedreht, gehoben oder gesenkt, bis das Spiegelbild der Zielscheibe ungefähr in der Visierlinie erscheint. Dann richtet der Mann die Zielscheibe nach der Höhe und Seite genau in die Richtung der Visierlinie ein und bezeichnet diese Lage durch einen Druck auf den Nagel oder Bleistift. Durch zweimaliges

Wiederholen entsteht ein Dreieck, wenn der Mann nicht ganz genau zielt. Um dem Zielenden die erhaltenen Einstiche des Nagels zu verdecken, ist an der inneren Seite des Trägerarms, der den Nagel trägt, eine Papierscheibe angeleimt.

Es ist darauf zu achten, daß der Tisch mit dem Zielgestell feststeht und sich beim Zielen und beim Druck auf den Nagel nicht verschiebt.

61. Um prüfen zu können, ob der Schüler mit einem bestimmten Zielfehler (z. B. Feinkorn oder Vollkorn) zielt, muß der Schießlehrer den Punkt auf der Scheibe festlegen, auf den die Visierlinie des nicht aus seiner Lage gebrachten Gewehrs tatsächlich gerichtet ist.

Liegen die Punkte des Schützen höher als der festgelegte, hat er Feinkorn, liegen sie tiefer, Vollkorn, liegen sie rechts, hat er links, liegen sie links, hat er rechts geklemmtes Korn genommen.

62. Dieses Dreieckzielen ist in allen Stellungen, besonders liegend, auszuführen. In der Regel werden verkürzte Entfernungen ($^1/_{10}$ der Entfernung beim Schulschießen) und entsprechend verkleinerte Zielbilder gewählt. Es ist aber lehrreich, das Dreieckzielen auch auf weitere Entfernung abzuhalten.

63. Das Zielen am Tisch sitzend ohne Abkrümmen. Die dem Gewehr durch den Sandsack gewährte Unterstützung, die sich jeder Schütze passend herrichtet, bewahrt ihn vor Ermüdung und ermöglicht dem Lehrer, sein Verhalten zu überwachen. Zielprüfungsgeräte sind zu verwenden. Doch darf nicht vergessen werden, daß Abkommen, rechts und links geklemmtes Korn, infolge der Spiegelung umgekehrt erscheinen.

Der Schütze stützt beide Ellenbogen auf, nimmt die rechte Schulter etwas zurück und umfaßt, bei leichter Anlehnung der linken Körperseite an den Tisch, mit der rechten Hand den Kolbenhals, mit der linken den Kolben von unten. Nun wird unter tiefem und ruhigem Ein- und Ausatmen der Kolben gehoben und durch die rechte Hand in die zwischen Kragen- und Muskelwulst der Achsel gebildete Höhlung fest eingezogen, nicht aber die Schulter gegen den Kolben vorgebracht oder gar gehoben. Gleichzeitig wird der Kopf zum Erfassen der Visierlinie leicht nach rechts vorwärts geneigt und diese auf das Ziel gerichtet. Fehlerhaft ist, den Kolben nahe am Halse auf das Schlüsselbein oder auf den Muskelwulst des Oberarms zu setzen. Lockern oder Nachgreifen der rechten Hand im Anschlag ist nicht statthaft.

Nach dem Einziehen wird genau gezielt. Um die richtige Höhe der Visierlinie zu bekommen, verschiebt man den Auflagepunkt oder stellt die Ellenbogen enger oder breiter; rückt man sie rechts oder links, ändert sich die Richtung nach der Seite. Falsch wäre es, das Gewehr durch Anheben eines Ellenbogens höher einzurichten.

64. Zielfehlern und schlechten Gewohnheiten beim Zielen, z. B. zu langem Zielen, ist von Anfang an nachdrücklich entgegenzuwirken; später sind sie schwer zu beseitigen.

65. Mit dem Unterricht im Zielen wird der Mann über das Umfassen des Kolbenhalses zunächst am festliegenden Gewehr belehrt. Der Kolbenhals wird mit der rechten Hand so weit vorn umfaßt, daß der ausgestreckte Zeigefinger auf der inneren unteren Seite des Abzugsbügels liegt und später beim Abkrümmen mit der Wurzel des ersten Gliedes oder mit dem zweiten Gliede den Abzug berühren kann. Die übrigen Finger umfassen den Kolbenhals fest, gleichmäßig, möglichst so, daß der Daumen dicht neben dem vorderen Gliede des Mittelfingers liegt. Der Handteller paßt sich bis zur Handwurzel dem Kolbenhalse an.

Vorübungen: Gymnastik zum Lockern und Kräftigen des Handgelenks und der Finger. Atemgymnastik.

Abkrümmen.

66. Die Art des Zurückführens des Abzuges bis zur Schußabgabe (Abkrümmen) hat großen Einfluß auf das Treffen und muß deshalb eingehend besprochen und geübt werden.

Das Abkrümmen wird zuerst an dem nach rechts herum gelegten Gewehr geübt. Der Zeigefinger nimmt mit der Wurzel des ersten Gliedes oder mit dem zweiten Gliede Fühlung am Abzug und führt ihn durch Krümmen der beiden vorderen Glieder in einem Zuge zurück, bis Widerstand verspürt wird, d. h. man nimmt „Druckpunkt“; dann wird sofort gleichmäßig weiter gekrümmt.

Durch ruckartiges Abziehen wird die Viserlinie aus der genauen Schußrichtung gerissen. Ein schlechter Schuß ist die Folge.

Die rechte Hand muß bis zur Handwurzel fest am Kolbenhalse verbleiben und die Bewegung des Zeigefingers in seinem Wurzelgelenk ihren Abschluß finden, damit sie sich nicht auf Hand und Arm überträgt.

Nach dem Vorschnellen des Schlagbolzens wird der Zeigefinger noch einen Augenblick am völlig zurückgezogenen Abzuge behalten und dann langsam gestreckt.

67. Es empfiehlt sich, daß der Lehrer seinen Finger auf den des Rekruten legt, Druckpunkt nimmt und krümmt, um ihm das richtige Gefühl für das Abkrümmen zu geben, und dann umgekehrt den eigenen Zeigefinger durch den des Schülers mit dem Abzuge zurückführen läßt.

Zielen und Abkrümmen.

68. Hat der Rekrut im Zielen und Abkrümmen Sicherheit erlangt, wird beides miteinander verbunden, und zwar zunächst im Anschlag am Tisch sitzend.

Vom Einziehen des Gewehrs bis zur Schußabgabe wird der Atem angehalten.

Beim Einziehen wird die Visierlinie sogleich auf den Haltepunkt gerichtet, das linke Auge geschlossen, gleichzeitig Druckpunkt genommen und sofort unter Festhalten oder Berichtigen des Haltepunktes gleichmäßig abgekrümmt.

Selbst wenn die Visierlinie etwas schwankt, darf das gleichmäßige Abkrümmen nicht unterbrochen werden. Bei erheblicher Abweichung setzt der Schütze ab; ebenso wenn er erneut atmen muß oder glaubt, das gleichmäßige Abkrümmen nicht bis zur Schußabgabe durchführen zu können.

Absetzen darf nicht zur Gewohnheit werden. Der Schütze muß von Anfang an mit Nachdruck angehalten werden, entschlossen und ohne Scheu abzudrücken.

69. Nach Abgabe des Schusses öffnet er das geschlossene Auge, streckt langsam den Zeigefinger, hebt den Kopf und setzt ruhig ab. Nun überlegt der Mann einen Augenblick und meldet dann sein „Abkommen", d. h. er gibt den Punkt an, auf den die Visierlinie im Augenblick der Schußabgabe gerichtet war.

70. Alle Bewegungen des Schützen in der vorgeschriebenen Reihenfolge müssen genau überwacht werden. Stellung, Haltung, Lage des Gewehrs, Druckpunktnehmen, Abkrümmen beobachtet der Lehrer am besten, wenn er links vorwärts, das Auge, wenn er rechts von dem Schützen steht.

Nach Abgabe des Schusses bespricht er etwaige Fehler, und wie sie vermieden werden.

71. Dem richtigen Melden des Abkommens ist hoher Wert beizulegen. Und zwar soll der Mann in erster Linie sagen, ob er hoch, tief, rechts, links, hochrechts, tieflinks usw. vom Spiegel abgekommen ist und nur, wenn er sicher ist, auch einen Ring angeben.

Vom Eintritt in die erste Schießklasse ab ist nicht mehr das Abkommen zu melden, sondern der Sitz des Schusses anzusagen.

72. Beim Schießen mit Platz- und scharfen Patronen, ja selbst mit Zielmunition treten die Fehler des „Reißens" und „Muckens" auf.

Wenn der Schütze den Haltepunkt richtig erfaßt hat, dann aber aus Besorgnis, den günstigen Augenblick für die Schußabgabe zu versäumen, übereilt und ruckweise abzieht, „reißt" er. Neigt er in Erwartung des Knalles und Rückstoßes den Kopf nach vorn, schließt er das zielende Auge, und bringt er die rechte Schulter vor, dann „muckt" er.

In beiden Fällen gibt er keinen sicheren und bewußten Schuß ab.

73. Die Fehler des Reißens und Muckens treten meist deutlich hervor, wenn wider Erwarten der Schuß versagt. Ein bewährtes Mittel gegen diese Fehler ist, den Mann mit einem ohne sein Wissen mit Exerzier-, Platz- oder scharfen Patronen geladenen Gewehr schießen zu lassen. Auch bei Zielübungen soll man entsprechend verfahren.

Anschlagsarten.

74. Alle Arten des Anschlags sind zunächst ohne Ziel zu üben; dann erst wird der Anschlag auf das Ziel erlernt.

Beim Anschlage bleibt der Blick geradeaus oder auf das Ziel gerichtet; der Körper wird fest, aber frei und ungezwungen gehalten und das Gewehr kräftig in die Schulter gezogen, nicht aber die Schulter vorgebracht oder gar gehoben. Während des Hebens und Einziehens des Gewehrs bewegt sich das Korn in der Linie Auge—Haltepunkt vor und zurück; hierbei wird ruhig und tief ein- und ausgeatmet und dann bis zur Schußabgabe der Atem angehalten.

Jedes unnatürliche Verdrehen des Körpers und übermäßiger Kraftaufwand stören die ruhige Lage des Gewehrs oder erschweren dem Auge das Zielen. Auch schlecht angepaßte Bekleidungs- und Ausrüstungsstücke behindern den freien Gebrauch der Waffe.

75. Beim Anschlag liegend aufgelegt oder freihändig (Bild 17, 18)*) liegt der Körper, etwas schräg zum Ziele, in sich gerade ohne Biegung der Hüften, beide Beine mit der Innenseite des Ober- und Unterschenkels am Boden, sind ein wenig auseinandergenommen und ausgestreckt. Die Beine dürfen nicht gekreuzt, die Absätze nicht hochgestellt werden. Der Körper ruht fest auf beiden Ellenbogen. Je enger sie zusammenstehen, desto ruhiger liegt das Gewehr. Die rechte Hand umfaßt den Kolbenhals und drückt mit dem Daumen kräftig von oben. Die linke Hand, der Daumen längs des Schaftes ausgestreckt, die vier anderen Finger gekrümmt und lose angelegt, unterstützt das Gewehr mit der vollen Handfläche vor dem Abzugsbügel. Beide Arme richten das Gewehr, das die rechte Hand kräftig in die Schulter zieht, auf den Haltepunkt.

Beim Anschlag liegend aufgelegt (Bild 19) ist es vorteilhaft, den Kolben mit der linken Hand von unten zu erfassen.

Beim Schießen mit hohen Visieren muß der Kolben tiefer eingesetzt werden.

76. Zum Anschlag kniend (Bild 20, 21) setzt der Schütze den linken Fuß unter gleichzeitiger Drehung etwa einen Schritt vor die rechte Fußspitze und läßt sich auf das rechte Knie mit dem Gesäß bis auf den Hacken herunter. Der rechte Fuß kann dabei ausgestreckt, angezogen oder flach auf den Boden gelegt

---

*) Bei Benutzung tragbarer Lager, die etwas schräg zur Scheibe aufzustellen sind, ist von vorschriftsmäßiger Ausführung des Hinlegens abzusehen.

werden. Es bleibt dem Schützen überlassen, wie er durch Vor- oder Zurücksetzen des linken Fußes das Gewicht des Oberkörpers verteilt.

Vorübungen: Gymnastik zum Lockern und Dehnen der Bein- und Fußgelenke.

Das Gewehr wird mit dem Kolben an die rechte Seite auf die rechte Patronentasche gebracht, Mündung in Augenhöhe. Die rechte Hand umfaßt den Kolbenhals, der rechte Arm liegt leicht an der äußeren Seite des Kolbens. Die linke Hand unterstützt das Gewehr mit der vollen Handfläche ungefähr im Schwerpunkt. Der linke Arm stützt sich auf das linke Knie, wobei er entweder mit dem Ellenbogen auf das dicke Muskelfleisch des Oberschenkels dicht am Knie oder etwas oberhalb des Ellenbogengelenks auf das Knie gesetzt wird. Jetzt wird das Gewehr so weit vorgebracht, daß der Kolben beim Heben nicht unter dem Arme anstößt, und auf den Haltepunkt gerichtet, während die rechte Hand es gleichzeitig fest in die Schulter zieht, ohne den Ellenbogen über Schulterhöhe zu heben. Der Kopf, ein wenig nach vorn geneigt, liegt ganz leicht am Kolben, die Halsmuskeln sind nicht angespannt. Übermäßiger Kraftaufwand stört die richtige Lage des Gewehrs.

Vorübungen: Entspannungsübungen, Gymnastik zum Lockern und Dehnen der Rücken-, Brust- und Halsmuskeln.

Die Höhenrichtung wird durch Anziehen oder Ausstrecken der rechten Fußspitze, durch Vor- oder Zurückschieben des linken Fußes oder des Ellenbogens auf dem linken Knie geändert. Fehlerhaft wäre es, zu diesem Zweck die linke Fußspitze, die Ferse oder die linke Hand zu heben.

Bei hohen Visierstellungen muß der Kolben etwas tiefer eingesetzt werden.

Gegen schnell sich seitwärts bewegende Ziele muß der Schütze kniend freihändig, d. h. ohne Aufstützen des linken Armes anschlagen.

Ein längeres Verweilen im Anschlag kniend bei den Zielübungen ist notwendig, um den Schützen an ruhiges und bequemes Sitzen zu gewöhnen.

77. Statt des Anschlags kniend kann oft ein Anschlag sitzend (Bild 22, 23, 24, 25) gewählt werden.

Es empfiehlt sich, den Rücken anzulehnen, das Gewehr aufzulegen oder anzustreichen.

Der Schütze ermüdet in diesem Anschlage weniger und bietet ein kleineres Ziel. Er stützt den linken Ellenbogen auf das linke Knie wie beim Anschlag kniend. Das rechte Bein kann mit seinem Knie dem rechten Arm als Stütze dienen, aber auch ausgestreckt werden oder dem linken Fuß einen Halt geben. Schließlich können beide Ellenbogen auf den Knien ruhen.

78. Zum Anschlag stehend freihändig (Bild 26) wendet sich der Schütze unter Anheben des Gewehrs halbrechts, setzt den rechten Fuß in der neugewonnenen Linie etwa einen Schritt nach rechts und stellt das Gewehr, Abzugsbügel nach vorn, an die innere Seite des rechten Fußes.

Vorübungen: Gymnastik zum Lockern und Dehnen der Beine und Hüften.

Die Knie sind leicht durchgedrückt. Die Hüften und Schultern machen die gleiche Wendung wie die Füße.

Das Gewicht des Körpers ruht gleichmäßig auf Hacken und Ballen beider Füße.

Das Gewehr wird wie beim Anschlag kniend an die rechte Brustseite gebracht, dann mit beiden Händen auf den Haltepunkt gerichtet und mit der rechten Hand fest in die Schulter gezogen. Der rechte Ellenbogen wird etwa bis zur Schulterhöhe gehoben. Der linke Arm, Ellenbogen möglichst senkrecht unter dem Gewehr, dient als Stütze. Das Gewehr ruht in der vollen Handfläche.

Der Kopf, mäßig nach vorn geneigt, liegt ganz leicht am Kolben, die Halsmuskeln sind nicht angespannt.

Vorübungen: wie beim Anschlag kniend.

79. Beim Anschlag hinter einer Brustwehr wird die Vorderseite des Körpers an die Böschung gelehnt; beide Ellenbogen werden aufgestützt. Der Anschlag wird nach Nr. 75 ausgeführt.

80. Wenn die Anschlagsbewegungen sicher beherrscht werden, sind sie bis zur Schußabgabe zu beschleunigen.

Es darf nicht gezielt werden, ohne daß Druckpunkt genommen und weiter gekrümmt wird.

Bild 17.

Bild 18.

Bild 19.

Bild 20.

Bild 21.

Bild 22.

Bild 23.

Bild 24.

Bild 25.

Bild 26.

Bild 27.

Bild 28.

Bild 29.

Bild 30.

Bild 31.

81. Dem Gewehrschützen bieten sich meist nur kurze Zeit sichtbare Einzelziele. Für ihn kommt es also darauf an, daß er nicht nur gut schießt, sondern auch schnell schußbereit ist und in kürzester Zeit mehrere gut gezielte Schüsse ruhig, d. h. ohne zu reißen, abgibt. Von zwei sich bekämpfenden Gegnern siegt, wer schneller anschlägt, zielt und in der gleichen Zeit die meisten sicheren Schüsse abgibt.

82. Der „Schnellschuß", d. h. der rasch angebrachte Schuß auf besonders bedrohliche oder nur kurze Zeit sichtbare, auf naher Entfernung auftauchende Ziele muß in allen Anschlagsarten schulmäßig erlernt werden.

Erfolgreiche Schnellschüsse werden erzielt, durch schnelle und sichere Anschlagsbewegungen mit sofortigem Druckpunktnehmen, dem unverzüglich ein ruhiges, aber entschlossenes Abkrümmen folgt. Der Schütze „sticht" beim Vorbringen des Gewehrs, während das Auge fest auf den Haltepunkt gerichtet ist, mit der Mündung das Ziel an und zieht den Kolben kurz ein, so daß sich das Korn in der Linie Auge—Haltepunkt schnell vor- und zurückbewegt. Gewohnheitsmäßiges richtiges Einsetzen des Kolbens ist hierbei besonders wichtig, es darf kein Verändern der Kolbenlage oder der Kopfhaltung mehr notwendig werden. Während des Einziehens ist Druckpunkt zu nehmen, dann muß sofort mit dem Suchen des Haltepunktes ein ruhiges, aber bestimmtes Abkrümmen den Schuß lösen. Es kann nicht genügend klar gemacht werden, daß die Schnelligkeit nur durch Beschleunigung aller Bewegungen bis zum Druckpunktnehmen einschließlich erreicht werden darf, während das Durchkrümmen zwar unverzüglich, aber ruhig zu erfolgen hat.

Ist dem Schützen das klar, wird der Schnellschuß nicht durch Reißen oder Mucken verdorben werden und der Schießausbildung schaden.

Der Schnellschuß ist auch zu üben gegen Ziele, die seitwärts des in Stellung befindlichen oder vorgehenden Schützen erscheinen. Dies ist schwierig, weil der Mann sich dem Ziele zuwenden und gleichzeitig anschlagen muß.

Der Schnellschuß ist beim Zielen auch sportmäßig zu üben. Besonders wertvoll für die Ausbildung ist das Schießen mit Zielmunition.

83. Die Zielübungen sollen abwechslungsreich sein und nicht nur auf dem bei der Kaserne gelegenen Übungsplatze, sondern vor allem im Gelände stattfinden. Z. B. hinter Steilabhängen, in Gräben, Erdlöchern, hinter Mauern, Hecken, Zäunen, Bäumen, hinter Getreide verschiedener Höhe, durch Schießscharten usw. (Bild 27, 28, 29, 30, 31).

Auch kann man Abteilungen einander gegenüberstellen und die eine auf die andere zielen lassen. Eine gute Vorübung für den Schnellschuß ist das Zielen auf vor-, seitwärts oder rückwärts laufende Schützen, Reiter und Radfahrer, hierbei ist entsprechend vorzuhalten.

84. Jede Schulübung mit scharfer Munition soll bei den Zielübungen auch mit Platzpatronen vorgeübt werden. Der Lehrer muß sich darum bemühen, daß er alle Schützen durch Zielübungen auf das Schießen mit scharfen Patronen vorbereiten kann.

Gliederung des Schulschießens.

85. Das Schießjahr beginnt mit dem 1. Oktober und endet mit dem 30. September des folgenden Jahres, nach dem es benannt wird.

Einteilung in Schießgruppen.

86. An die verschiedenen Waffengattungen können nicht die gleichen Anforderungen in der Schießausbildung gestellt werden, deshalb erfolgt eine Einteilung in drei Gruppen.

Gruppe A: Infanterie (außer Nachrichtenzügen und M. G.- und M. W.-Kompanie);

Gruppe B: Kavallerie (außer Nachrichten- und M. G.-Zügen usw.) und Kraftradfahrer;

Gruppe C: höhere Stäbe (vom Infanterie- usw. Führer aufwärts), Kommandanturen, Behörden, Artillerie, Pioniere, M. G.-Kompanien und -Züge, M. W.-Kompanien, Nachrichtenzüge der Infanterie, Nachrichten-, M. G.- usw. Züge der Kavallerie, Nachrichten-, Kraftfahr- (außer Kraftradfahrern), Fahrtruppen, Sanitäts-, Fahr- und Kraftfahrpersonal.

Einteilung der Gruppen in Schießklassen.

87. Nach den steigenden Anforderungen erfolgt innerhalb der Gruppen eine Einteilung in:

II. Schießklasse,
I. "

und bei Gruppe A und B außerdem in eine

Besondere und Scharfschützenklasse.

88. Die Mannschaften der jüngsten Jahresklasse und die nicht in die erste Schießklasse versetzten Schützen der älteren Jahrgänge bilden die II. Schießklasse.

89. Der Kompanie- usw. Chef darf den Schützen in die I. oder besondere Schießklasse versetzen, wenn er alle Übungen der II. oder I. Schießklasse in einem Schießjahre erfüllt und in der

II.	Schießklasse	der	Gruppe	A	nicht	mehr	als	16 Patronen,
II.	"	"	"	B	"	"	"	14 "
II.	"	"	"	C	"	"	"	10 "
I.	"	"	"	A	"	"	"	14 "
I.	"	"	"	B	"	"	"	12 "

zugesetzt hat.

90. Der Kompanie- usw. Chef entscheidet also, wenn vorstehende Bedingungen erfüllt sind, ob der Soldat nach seinem ganzen Verhalten beim Schießen in eine höhere Schießklasse versetzt werden soll. Aus den besten Schützen der besonderen Schießklasse ergänzt sich nach Auswahl des Kompanie- usw. Chefs die Scharfschützenklasse.

91. Stellt sich während des Schießjahres heraus, daß Scharfschützen, Schützen der besonderen und der I. Schießklasse den Anforderungen dieser Klassen nicht genügen, dürfen sie am Ende des Schießjahres auf Antrag des Kompanie- usw. Chefs vom Bataillons- usw. Kommandeur, bei der Kavallerie vom Regimentskommandeur, in die nächstniedere Schießklasse zurückversetzt werden.

Einteilung der Schießübungen.

92. In allen Schießklassen werden Vor- und Hauptübungen geschossen.

93. Die Rekruten

a) der Infanterie, Kraftfahr-, Fahr- und Nachrichtentruppen schießen bei den Ausbildungs-Bataillonen der Infanterie die Vorübungen der II. Schießklasse der Gruppe A,

b) der Kavallerie schießen bei der Ausbildungs-Eskadron drei Vorübungen der II. Schießklasse der Gruppe B,

c) der Artillerie schießen bei der Ausbildungs-Batterie drei Vorübungen der II. Schießklasse der Gruppe C,

d) der Pioniere schießen während ihrer Ausbildung beim Pionier-Bataillon drei Vorübungen der II. Schießklasse der Gruppe C.

94. Werden Rekruten während des Schießjahres eingestellt, fangen sie am 1. Oktober noch einmal mit den Vorübungen der II. Schießklasse an.

95. Die Rekruten schießen nach dem Übertritt zu ihrem eigentlichen Truppenteil die für diesen vorgeschriebenen Übungen der II. Schießklasse weiter, z. B. schießt ein Rekrut der M. G.- oder Nachrichten-Kompanie die Hauptübungen der II. Schießklasse der Gruppe C.

96. Wird ein Mann während des Schießjahres versetzt, und ist ein Wechsel der Gruppe damit verbunden, schießt er die Übungen der nun zuständigen Gruppe weiter; mit welcher Übung er beginnt, bestimmt der Kompanie- usw. Chef oder der entsprechende Vorgesetzte.

Zu beachten ist aber, daß der Mann in die richtige Schießklasse eingegliedert wird. War er z. B. in der I. Schießklasse der Gruppe A, kommt er auch bei Gruppe C in diese, war er aber in Schießklasse I der Gruppe C, ohne vorher die Übungen der II. Schießklasse der Gruppe A oder B geschossen zu haben, gehört er in die II. Schießklasse der Gruppe A oder B, weil er erst die höheren Anforderungen dieser Gruppen erfüllen muß, bevor er in ihre I. Schießklasse kommt. War er schon in der besonderen Schießklasse der Gruppe C, entscheidet der neue Vorgesetzte nach seinen bisherigen Leistungen, ob er der I. oder II. Schießklasse der anderen Gruppen angehören soll.

Teilnahme am Schulschießen.

97. Am Schulschießen nehmen die Oberleutnante, Leutnante, Unteroffiziere und Mannschaften teil. Nur die dem Reichswehrministerium angehörenden oder dorthin kommandierten Soldaten können davon befreit werden.

98. Die in der Truppe stehenden Hauptleute und Rittmeister schießen die Übungen einer von ihnen selbst gewählten Schießklasse der Gruppe ihrer Waffengattung; die übrigen Hauptleute und Rittmeister der Stäbe usw. (außer Reichswehrministerium) erledigen die Übungen einer Schießklasse der Gruppe C. Nachgeben von Patronen oder Wiederholen nicht erfüllter Bedingungen werden nicht verlangt.

99. Die Regiments- und Bataillonsstäbe der Infanterie und Kavallerie und Pioniere, die Fahnenschmiede, Beschlagschmiede, Musiker der Kavallerie, Truppenanwärter für die Einheitslaufbahn, Waffenmeistergehilfen, Fahrer, Pferdewärter, Küchenmannschaften schießen nur die Übungen 1—4 bzw. 1—3 der betreffenden Gruppe und Schießklasse. Am Prüfungsschießen nehmen sie nicht teil.

Die Regiments- und Bataillonskommandeure können auf Antrag des Kompanie- usw. Chefs noch anderen, namentlich zu bestimmenden, in besonderen Dienststellen verwendeten Soldaten diese Erleichterung zuteil werden lassen, wenn sie es für dringend notwendig halten.

100. Die Kommandeure der Infanterie-, Kavallerie-, Artillerie- und Pionierschule sind zu sinngemäßen Anordnungen berechtigt.

101. Unterzahlmeister, Musikmeister, Verwaltungsunteroffiziere, Schirrmeister, Feuerwerker, Brieftaubenmeister, Funkmeister, Festungsbaufeldwebel, Wallmeister schießen nur drei Übungen der Gruppe, welche die Truppe schießt, der diese Unteroffiziere angehören oder zugeteilt sind. Ihr Kommandeur oder Chef bestimmt die Übungen. Wiederholen der Übungen ist nicht zu fordern. Am Prüfungsschießen nehmen sie nicht teil.

102. Sanitätsmannschaften schießen nur mit der Pistole.

103. Die Stäbe, Kommandanturen und Behörden beauftragen einen Offizier mit der Schießausbildung und lassen ihn das Schulschießen abhalten. Nur aus zwingenden Gründen darf ein Truppenteil des Standortes damit beauftragt werden. *Pflicht aller Stellen bleibt es, die von der Truppe abgegebenen Soldaten im Schießen weiter zu fördern.*

104. Offiziere, Unteroffiziere und Mannschaften, die nach dem 1. April vom Kommando oder aus dem Lazarett usw. zurückkehren und noch keine Übung in dem Schießjahre geschossen haben, schießen in Gruppe A vier, in Gruppe B drei, in Gruppe C zwei Übungen ihrer Schießklasse nach Auswahl des Kompanie- usw. Chefs. Erfolgt die Rückkehr nach dem 1. Juli, sind nur besondere vom Kompanie- usw. Chef anzusetzende Übungen zu erledigen. Am Gefechtsschießen nehmen sie, soweit irgend möglich, teil.

Ausführung des Schulschießens.

105. Jeder Schütze schießt grundsätzlich mit seinem Gewehr, ein anderes darf er nur benutzen, wenn das eigene voraussichtlich *längere* Zeit in der Truppen- oder Wehrkreiswaffenmeisterei ist. Reichen die Zielfernrohrgewehre nicht aus, können mehrere Scharfschützen das gleiche benutzen. Schießt ein Mann mit einem fremden Gewehr, so ist dies in der Schießkladde und in dem Schießbuche bei der Übung in Spalte „Bemerkungen“ mit der Gewehrnummer anzugeben. Die Treffpunktlage ist vorher durch einige Probeschüsse zu erschießen.

106. Leute mit ungenügender Sehleistung schießen mit Brille (Nr. 53).

107. Ungünstige Witterung beeinträchtigt das Schießen. Bei den ersten Übungen der Rekruten mit scharfen Patronen ist dies besonders zu bedenken.

Ein rasches Hindurchtreiben durch die Übungen ist ebenso schädlich wie eine längere Unterbrechung. Es kann sich aber empfehlen, mutlos gewordene Schützen, deren Leistungen auch durch Nachhilfeübungen nicht gebessert werden, einige Zeit nicht schießen zu lassen.

108. Bessere Erfolge durch Erleichterungen zu gewinnen, die die kriegsmäßige Ausbildung schädigen, z. B. durch Anbringen besonderer Merkmale an den Scheiben, ist verboten. Dagegen sind Dächer und Schirme zum Schutz gegen Sonne und Regen erlaubt. Auf das Schießlager dürfen Decken aus Kokos oder dgl., aber keine Matratzen, Armstützen und Kissen gelegt werden.

Bei Vorübungen, besonderen Übungen und Probeschüssen können unsichere Schützen mit Zielprüfungsgeräten überwacht werden, bei den Hauptübungen ist dies verboten.

109. Eine Bedingung wird nur erfüllt, wenn mit der vorgeschriebenen Schußzahl das geforderte Ergebnis an einem Tage erreicht wird.

110. Hat ein Schütze bei einer Schulübung zuerst schlecht geschossen, sich dann aber wesentlich verbessert, dürfen ihm 1—3 Patronen nachgegeben werden, damit er der Bedingung doch noch genügt.

Der Kompanie- usw. Chef trifft die näheren Bestimmungen für das Nachgeben, das bei Vor- und Hauptübungen zulässig ist.

Die nachgegebenen und für Probeschüsse bestimmten Patronen dürfen einzeln ohne Ladestreifen geladen, müssen aber in den Kasten gedrückt werden.

111. Es ist verboten, den Schützen an einem Tage mehr als zwei Bedingungen schießen oder eine nicht erfüllte Übung wiederholen zu lassen. Nur ausnahmsweise, bei auffallender Unruhe oder wenn festgestellt wird, daß ein Gewehr mangelhaft schießt (Nr. 150), darf eine begonnene Übung abgebrochen werden; sie wird nicht in das Schießbuch eingetragen. Die Patronen werden nur in der Munitionsübersicht unter „Schulschießen" gebucht. Der Mann darf aber während der Übung absetzen und auch wegtreten, um später weiter zu schießen.

Schlechte Schützen sind zu den vorbereitenden Übungen zurückzuführen. Wenn sie genügend gefördert worden sind, wovon sich der Kompanie- usw. Chef überzeugt, kann das Schulschießen fortgesetzt werden.

112. Durch diese sorgfältige Vorbereitung soll erreicht werden, daß jede Übung ohne mehrfache Wiederholung erfüllt wird. Gelingt dies doch nicht, kann der Kompanie- usw. Chef mit Rücksicht auf den Munitionsmangel anordnen, daß zu der nächsten Übung übergegangen und die mehrfach nicht erfüllte später noch einmal geschossen wird.

Die Mannschaften der jüngsten Jahresklasse dürfen aber nicht in die Hauptübung eintreten, bevor sie die Vorübungen erfüllt haben.

113. Bei den Vorübungen wird der kleine Schießanzug, und zwar bei der ersten Übung mit Mütze, bei den anderen mit Stahlhelm, bei den Hauptübungen der große Schießanzug angelegt (siehe Nr. 145).

114. Zu Beginn des Schießjahres geben die Schützen aller Schießklassen drei Schüsse am Anschußtisch sitzend auf 100 m und in der Gruppe A und B vor der ersten auf 200 m vorgeschriebenen Schulschießbedingung sechs Schuß auf dieser Entfernung gegen die Ringscheibe ab, um die Treffpunktlage ihres Gewehrs zu erschießen. Angezeigt wird erst nach dem dritten oder sechsten Schusse. Der beim ersten Schuß gewählte Haltepunkt ist bei den folgenden beizubehalten.

Ergibt sich ausnahmsweise bei einer Waffe eine ungewöhnlich hohe oder tiefe Treffpunktlage, so empfiehlt es sich, für die Schießübungen ein niedrigeres oder höheres Visier zu wählen. Die Treffpunktlage mit diesem Visier ist dann durch einen nochmaligen Beschuß, wie vorher angegeben, zu erschießen. Die Schützen der I. und II. Schießklasse der Gruppe C können auch die Treffpunktlage auf 200 m erschießen.

Die Patronen werden den für das Schulschießen bestimmten entnommen, aber nur in der Munitionsübersicht unter „Schulschießen" gebucht.

115. Besondere Aufmerksamkeit ist dem Schießen mit Gasmaske zu schenken. Der Schütze hat sie schon 10 Minuten lang am Kopfe zu tragen, ehe er schießt, darf sich keinerlei Erleichterung durch Lockern verschaffen und die Maske erst abnehmen, nachdem er alle Schüsse abgegeben hat (siehe Ziffer 243).

116. Schulschießbedingungen der Gruppe A.

Bedingungen für Infanterie (außer Nachrichtenzügen, M. G.- und M. W.-Kompanie).

II. Schießklasse.

Nr.	Meter	Anschlag	Scheibe	Patronenzahl	Bedingungen
			Vorübungen.		
1	100	liegend aufgelegt	Kopfringscheibe	3	Kein Schuß unter 8 oder 3 Treffer, 27 Ringe
2	150	„ freihändig	„	3	„ „ „ 6 „ 3 „ 21 „
3	150	kniend	„	3	„ „ „ 5 „ 3 „ 18 „
4	100	stehend freihändig	Ringscheibe	3	„ „ „ 6 „ 3 „ 19 „
			Hauptübungen.		
5	200	liegend freihändig	Kopfringscheibe	5	5 Treffer, 30 Ringe
6	300	liegend aufgelegt	Bruftringscheibe	5	5 „ 30 „
7*)	100	a) lieg. freihändig	Knieringscheibe	2	1 Treffer in der Figur
		b) kniend	„	3	1 „ „ „ „
		c) steh. freihändig (Schnellschußübung)	„	3	1 „ „ „ „

*) Bemerkung zu Nr. 7:

Der Schütze hat die entsprechende Anschlagsstellung eingenommen, das Gewehr vorgebracht und entsichert. Die Scheibe erscheint auf das dem Schützen unsichtbar gegebene Zeichen — mehrfaches Hochstoßen der Flagge oder Fernsprechanruf — und bleibt 8 Sekunden stehen. Erst wenn die Scheibe steht, darf angeschlagen werden. Wird in der vorgeschriebenen Zeit kein Schuß abgegeben, gilt dies als Fehler und ist mit ⊕ zu vermerken. Nach jedem Schuß wird angezeigt. Ist die Figur getroffen worden, wird zunächst „Scheibe", dann werden Ring und Sitz des Schusses angezeigt. Ist die Figur nicht getroffen worden, werden Ring und Sitz des Schusses angezeigt.

Nur die nicht erfüllten Bedingungen der Übung werden 2- bis 3mal wiederholt.

Gruppe A.

I. Schießklasse.

Nr.	Meter	Anschlag	Scheibe	Patronenzahl	Bedingungen
			Vorübungen.		
1	100	liegend aufgelegt	Kopfringscheibe	3	Kein Schuß unter 9 oder 3 Treffer, 30 Ringe
2	150	„ freihändig	„	3	„ „ „ 7 „ 3 „ 24 „
3	150	kniend	„	3	„ „ „ 7 „ 3 „ 22 „
4	150	stehend freihändig	Ringscheibe	3	„ „ „ 6 „ 3 „ 21 „
			Hauptübungen.		
5*)	200	kniend (Schnellschußübung)	Brustringscheibe	5	5 Treffer, 30 Ringe
6	300	liegend freihändig	„	5	5 „ 30 „
7**)	100	a) lieg. freihändig	Knieringscheibe	2	2 Treffer in der Figur
		b) kniend	„	2	1 „ „ „ „
		c) steh. freihändig (Schnellschußübung)	„	2	1 „ „ „ „

Bemerkungen:

*) 1. Zu Nr. 5: Der Schütze hat die Anschlagsstellung eingenommen, das Gewehr vorgebracht und entsichert. Die Scheibe erscheint auf mehrfaches Hochstoßen der Flagge oder Fernsprechanruf und bleibt 8 Sekunden stehen. Erst wenn die Scheibe steht, darf angeschlagen werden. Wird in der vorgeschriebenen Zeit kein Schuß abgegeben, gilt dies als Fehler und ist mit ⊕ zu vermerken. Nach jedem Schuß wird angezeigt. Patronen können nachgegeben werden.

**) 2. Zu Nr. 7: Wie Bemerkung II. Schießklasse. Die Scheibe bleibt aber nur 7 Sek. stehen.

Gruppe A

Besondere Schießklasse.

Nr.	Meter	Anschlag	Scheibe	Patronenzahl	Bedingungen
			Vorübungen.		
1	200	liegend freihändig	Kopfringscheibe	3	Kein Schuß unter 7 oder 3 Treffer, 25 Ringe
2	200	kniend	Brustringscheibe	3	" " " 7 " 3 " 24 "
3	200	stehend freihändig	Ringscheibe	3	" " " 6 " 3 " 21 "
			Hauptübungen.		
4*)	300	liegend freihändig (Schnellschußübung)	Brustringscheibe	5	5 Treffer, 35 Ringe
5*)	300	kniend (Schnellschußübung)	"	5	5 " 30 "
6**)	150	stehend freihändig (Schnellschußübung)	"	3	1 Treffer in der Figur

Bemerkungen:

*) 1. Zu Nr. 4 und 5: Wie Bemerkung 1. I. Schießklasse. Die Scheibe bleibt aber nur 7 Sekunden stehen.
**) 2. Zu Nr. 6: Wie Bemerkung II. Schießklasse. Die Scheibe bleibt aber nur 6 Sekunden stehen.

Gruppe A.

Scharfschützenklasse.

Nr.	Meter	Anschlag	Scheibe	Patronenzahl	Bedingungen
Vorübungen.					
1	200	stehend freihändig	Ringscheibe	3	Kein Schuß unter 7 oder 3 Treffer, 24 Ringe
Hauptübungen.					
2*)	300	kniend (Schnellschußübung)	Bruſtringscheibe	3	Kein Schuß unter 6 oder 3 Treffer, 21 Ringe
3**)	150	stehend freihändig (Schnellschußübung)	"	2	1 Treffer in der Figur
4***)	150	liegend aufgelegt (mit Zielfernrohr)	Kopfringscheibe	5	Kein Schuß unter 10 oder 5 Treffer, 52 Ringe
5	300	liegend freihändig (mit Zielfernrohr)	Bruſtscheibe	5	2 Treffer

Bemerkungen:

*) 1. Zu Nr. 2: Wie Bemerkung 1, I. Schießklasse. Die Scheibe bleibt aber nur 6 Sekunden stehen.
**) 2. Zu Nr. 3: Wie Bemerkung II. Schießklasse. Die Scheibe bleibt aber nur 5 Sekunden stehen.
***) Vor der ersten Übung mit Zielfernrohrgewehr darf der Schütze die Treffpunktlage durch 1 bis 3 Schüsse feststellen und regeln.

117. Schulschießbedingungen der Gruppe B.

Bedingungen für Kavallerie (außer Nachrichten-, M. G.- usw. Züge) und Kraftradfahrer.

II. Schießklasse.

Nr.	Meter	Anschlag	Scheibe	Patronenzahl	Bedingungen
			Vorübungen.		
1	100	liegend aufgelegt	Kopfringscheibe	3	Kein Schuß unter 8 oder 3 Treffer, 25 Ringe
2	150	" freihändig	"	3	" " " 6 " 3 " 19 "
3	150	kniend	Brustringscheibe	3	" " " 5 " 3 " 16 "
4	100	stehend freihändig	Ringscheibe	3	" " " 5 " 3 " 17 "
			Hauptübungen.		
5*)	100	a) lieg. freihändig	Knieringscheibe	2	1 Treffer in der Figur
		b) kniend	"	3	1 " " " "
		c) steh. freihändig (Schnellschußübung)	"	3	1 " " " "

Bemerkung

*) Zu Nr. 5: Der Schütze hat die entsprechende Anschlagsstellung eingenommen, das Gewehr vorgebracht und entsichert. Die Scheibe erscheint auf das dem Schützen unsichtbar gegebene Zeichen — mehrfaches Hochstoßen der Flagge oder Fernsprechanruf — und bleibt 8 Sekunden stehen. Erst wenn die Scheibe steht, darf angeschlagen werden. Wird in der vorgeschriebenen Zeit kein Schuß abgegeben, gilt dies als Fehler und ist mit ⊕ zu vermerken. Nach jedem Schuß wird angezeigt. Ist die Figur getroffen worden, wird zunächst „Scheibe", dann werden Ring und Sitz des Schusses angezeigt. Ist die Figur nicht getroffen worden, werden Ring und Sitz des Schusses angezeigt. Nur die nicht erfüllten Bedingungen der Übung werden 2- bis 3mal wiederholt.

Gruppe B.

I. Schießklasse.

Nr.	Meter	Anschlag	Scheibe	Patronenzahl	Bedingungen
			Vorübungen.		
1	100	liegend aufgelegt	Kopfringscheibe	3	Kein Schuß unter 9 oder 3 Treffer, 28 Ringe
2	150	= freihändig	=	3	= = = 7 = 3 = 22 =
3	150	stehend =	Ringscheibe	3	= = = 6 = 3 = 19 =
			Hauptübungen.		
4*)	200	kniend (Schnellschußübung)	Bruststringscheibe	5	5 Treffer, 25 Ringe
5	300	liegend freihändig	=	5	5 = 27 =
6**)	100	a) lieg. =	Knieringscheibe	2	2 Treffer in der Figur
		b) kniend	=	2	1 = = = =
		c) steh. freihändig (Schnellschußübung)	=	2	1 = = = =

Bemerkungen:

*) 1. Zu Nr. 4: Der Schütze hat die Anschlagsstellung eingenommen, das Gewehr vorgebracht und entsichert. Die Scheibe erscheint auf mehrfaches Hochstoßen der Flagge oder Fernsprechanruf und bleibt 8 Sekunden stehen. Erst wenn die Scheibe steht, darf angeschlagen werden. Wird in der vorgeschriebenen Zeit kein Schuß abgegeben, gilt dies als Fehler und ist mit ⊕ zu vermerken. Nach jedem Schuß wird angezeigt. Patronen können nachgegeben werden.

**) 2. Zu Nr. 6: Wie Bemerkung II. Schießklasse. Die Scheibe bleibt aber nur 7 Sekunden stehen.

Gruppe B.

Besondere Schießklasse.

Nr.	Meter	Anschlag	Scheibe	Patronenzahl	Bedingungen
			Vorübungen.		
1	200	liegend freihändig	Kopfringscheibe	3	Kein Schuß unter 7 oder 3 Treffer, 23 Ringe
2	200	stehend "	Ringscheibe	3	" " " 6 " 3 " 19 "
			Hauptübungen.		
3	300	liegend freihändig	Bruſtringscheibe	5	5 Treffer, 32 Ringe
4*)	300	kniend (Schnellschußübung)	"	5	5 " 25 "
5**)	100	stehend freihändig (Schnellschußübung)	"	3	1 Treffer in der Figur

Bemerkungen:

*) 1. Zu Nr. 4: Wie Bemerkung 1, I. Schießklasse. Die Scheibe bleibt aber nur 7 Sekunden stehen.
**) 2. Zu Nr. 5: Wie Bemerkung II. Schießklasse. Die Scheibe bleibt aber nur 6 Sekunden stehen.

Gruppe B.

Scharfschützenklasse.

Nr.	Meter	Anschlag	Scheibe	Patronen-zahl	Bedingungen
			Vorübungen.		
1	200	kniend	Bruſtringſcheibe	3	Kein Schuß unter 7 oder 3 Treffer, 24 Ringe
2	200	stehend freihändig	Ringscheibe	3	= = = 7 = 3 = 22 =
			Hauptübungen.		
3*)	300	liegend freihändig (Schnellschuß-übung)	Bruſtringſcheibe	5	5 Treffer, 35 Ringe
4*)	300	kniend (Schnellschuß-übung)	=	5	5 = 30 =
5**)	100	steh. freihändig (Schnellschuß-übung)	=	2	1 Treffer in der Figur

Bemerkungen:

*) 1. Zu Nr. 3 und 4: Wie Bemerkung 1, I. Schießklasse. Die Scheibe bleibt aber nur 6 Sekunden stehen.
**) 2. Zu Nr. 5 Wie Bemerkung II. Schießklasse. Die Scheibe bleibt aber nur 5 Sekunden stehen.

118. Schulschießbedingungen der Gruppe C.

Bedingungen für höhere Stäbe (vom Inf.- usw. Führer aufwärts), Kommandanturen, Behörden, Artillerie, Pioniere, Nachrichtenzüge der Infanterie, Nachrichten-, M. G.- usw. Züge der Kavallerie, M. G.- und M. W.-Kompanien, Nachrichten-, Kraftfahr- (außer Kraftradfahrern), Fahrtruppen, Sanitäts-, Fahr- und Kraftfahrpersonal.

II. Schießklasse.

Nr.	Meter	Anschlag	Scheibe	Patronenzahl	Bedingungen
			Vorübungen.		
1	100	liegend aufgelegt	Kopfringscheibe	3	Kein Schuß unter 6 oder 3 Treffer, 21 Ringe
2	150	„ freihändig	„	3	„ „ „ 5 „ 3 „ 17 „
3	100	stehend freihändig	Ringscheibe	3	„ „ „ 5 „ 3 „ 16 „
			Hauptübungen.		
4	150	knieend	Bruftringscheibe	4	4 Treffer, 18 Ringe

I. Schießklasse.

Nr.	Meter	Anschlag	Scheibe	Patronenzahl	Bedingungen
			Vorübungen.		
1	100	liegend aufgelegt	Kopfringscheibe	3	Kein Schuß unter 7 oder 3 Treffer, 24 Ringe
2	150	„ freihändig	„	3	„ „ „ 6 „ 3 „ 20 „
3	100	stehend „	Ringscheibe	3	„ „ „ 6 „ 3 „ 19 „
			Hauptübungen.		
4	150	knieend	Bruftringscheibe	4	4 Treffer, 24 Ringe

Schießordnung.

119. Alljährlich vor Beginn der Schießübungen belehrt der Kompanie- usw. Chef die ganze Kompanie usw. auf dem Schießstande

a) über den Schießbetrieb, die besonderen Aufgaben einzelner Personen und die Sicherheitsbestimmungen.

Diese Belehrung wird wiederholt, wenn es notwendig erscheint.

b) über die Strafbestimmungen des § 139 M. St.-G. B.*) für vorsätzlich falsches Anzeigen oder Aufschreiben der Treffergebnisse beim Schul- und Gefechtsschießen.

Eine entsprechende Belehrung der Anzeiger und Schreiber wird vom Leitenden vor jedem Schießen und bei jedem Wechsel der Personen wiederholt.

120. Die Vorbereitungen zum Schießen trifft der Schießunteroffizier.

Zu seinen Aufgaben gehören:

a) Bereitstellen des Geräts und der Munition vor Ziel- und Schießübungen,

b) Anfordern der Stände und der für den Betrieb notwendigen Personen für das Schulschießen, Aufbau der Stände,

c) Verteilen der Aufsichtspersonen, Schreiber, Anzeiger und der Schützen selbst auf die Stände,

d) Regeln der Ablösung, Bereithalten einer Schießvorschrift, einer kleinen Scheibe für Belehrungs-

---

*) § 139 M. St. G. B. lautet: Wer vorsätzlich ein unrichtiges Dienstzeugnis ausstellt oder eine dienstliche Meldung unrichtig abstattet oder weiterbefördert und dadurch vorsätzlich oder fahrlässig einen erheblichen Nachteil, eine Gefahr für Menschenleben oder in bedeutendem Umfange für fremdes Eigentum oder eine Gefahr für die Sicherheit des Reichs oder für die Schlagfertigkeit oder Ausbildung der Truppe herbeiführt, wird mit Gefängnis von sechs Monaten bis zu drei Jahren bestraft. Zugleich ist gegen Unteroffiziere und Mannschaften auf Dienstentlassung zu erkennen. In minder schweren Fällen tritt geschärfter Arrest oder Gefängnis oder Festungshaft bis zu sechs Monaten ein.

zwecke, eines Fernglases und einer Stoppuhr, wenn Schnellschußübungen erledigt werden, für jeden Stand,

e) Vorbereiten der Gefechtsschießen,
f) Waffenreinigen auf dem Stande,
g) Führung aller für den Schießdienst erforderlichen Listen usw.,
h) Munitionsverrechnung.

Sicherheitsbestimmungen.

121. Der persönliche Verkehr der schießenden Abteilung mit den Anzeigern findet auf den dafür bestimmten Verbindungswegen, sind keine vorhanden, auf der Schießbahn statt.

122. Die Anzeiger dürfen keinesfalls durch Zuruf verständigt werden. Es empfiehlt sich, den Stand der Schützen mit der Anzeigerdeckung durch Fernsprecher zu verbinden. Geschieht dies nicht, erfolgt die Verständigung durch die in Anlage 1 angegebenen Flaggenzeichen; ein Abdruck dieser Zeichentafel muß in der Anzeigerdeckung sein.

Nur auf Weisung des Leitenden dürfen Befehle durch Fernsprecher oder Zeichen gegeben werden. Sie müssen von den Anzeigern durch Herausschieben der Tafel 1, d. h. „Verstanden", erwidert werden.

123. Auf dem Stande müssen alle Gewehre, die nicht in der Hand der zum Schießen angetretenen Soldaten sind, geöffnete Kammern haben und dürfen keine Patronen enthalten.

Geladene Gewehre sind, auch wenn sie gesichert sind, nicht aus der Hand zu setzen. Soll dies geschehen, sind sie vorher zu entladen und zu öffnen.

Geladene Gewehre werden stets mit den Worten „ist geladen" übergeben.

124. Aus Sicherheitsgründen ist es verboten, auf den Ständen während des Schießens Anschlags- und Zielübungen abzuhalten oder auf einem Stande auf mehreren nicht getrennten Schußlinien gleichzeitig zu schießen. Der gerade schießende Schütze darf zwischendurch anschlagen und zielen, wenn es zweckmäßig erscheint. Der Schießlehrer ist berechtigt, ihm ein mit Exerzier- oder Platzpatronen geladenes Gewehr zu reichen.

125. Die Truppenteile prüfen gemeinsam mit den Standortältesten (Kommandanten) bei jedem einzelnen Stand, ob besondere Schutzmaßregeln (Ausstellen von Posten, Verbot des Schießens auf Nebenständen, Beschränkung des Geschoßsuchens auf gewisse Zeiten, Absperren von Durchgängen usw.) erforderlich sind (vgl. auch Schießstandsordnung). Notwendige Maßregeln werden auf einer Tafel am Eingang des Standes deutlich sichtbar bekanntgegeben.

Aufsicht.

126. Auf jedem Stande sind beim Schießen erforderlich:

- ein Offizier oder Portepeeunteroffizier als Leitender,
- ein Unteroffizier zur Aufsicht beim Schützen,
- ein Unteroffizier, Obergefreiter, Gefreiter oder Oberschütze usw. zur Ausgabe der Munition,
- ein Schreiber zum Eintragen der Treffergebnisse in die Schießkladde und Schießbücher.

Diese Personen müssen nach 2—2½ Stunden abgelöst werden.

127. Sind die vorgeschriebenen Dienstgrade nicht verfügbar, dürfen Vertreter bestimmt werden*).

128. Der Leitende ist für den gesamten Betrieb verantwortlich. Vor Beginn des Schießens prüft er den Stand, die Deckung, Scheiben und Geräte und läßt sich die Patronen vorzählen. Über den Befund, die Zahl der Patronen und die Verwarnung der Anzeiger und des Schreibers läßt er in der Schießkladde einen Vermerk aufnehmen, den er unterschreibt. Auch die Belehrung beim Wechsel der Anzeiger oder Schreiber muß bescheinigt werden. Bei Ablösung des Leitenden und des Soldaten, der die Munition ausgibt, werden die Patronen dem Nachfolger zahlenmäßig übergeben.

*) Siehe Erlaß: Der Chef der Heeresleitung TA Nr. 1.8.30 T 4 I a vom 1. 8. 30: „Richtlinien für die Ausbildung im Heere" Ziffer 36.

129. Erwünscht ist, daß den Schießlehrern die Leitung oder, wenn sie noch nicht Portepeeunteroffiziere sind, die Aufsicht beim Schießen der von ihnen auszubildenden Schützen übertragen wird. Falsch ist es, wenn der Leitende und der Unteroffizier beim Schützen auf diesen einwirken.

130. Während des Schießens belehrt der Leitende den Schützen, wenn er es nicht dem Unteroffizier überläßt, überwacht den Schreiber und den Anzeiger. Bei Schnellschußübungen prüft er hin und wieder mit der Stoppuhr, ob die Scheibe die vorgeschriebene Zeit sichtbar gemacht wird. Wird auf 300 m geschossen, muß bei unsichtigem Wetter das Anzeigen durch Fernglas beobachtet werden. Reicht auch dies nicht aus, wird das Schießen abgebrochen.

Nach beendetem Schießen vergleicht der Leitende durch Stichproben die Schußlöcher mit den Eintragungen in der Schießkladde. Er vermerkt dies, die Zahl der erfüllten Bedingungen (in Buchstaben), den Patronenverbrauch, die Zahl der Versager und unbrauchbaren Patronen und schließt mit seiner Unterschrift. Unstimmigkeiten sind aufzuklären oder, wenn dies nicht möglich ist, anzuführen, ebenso besondere Vorkommnisse, wie z. B. explosionsartige Erscheinungen (siehe Rw. Min. Nr. 342. 10. 24 Jn. 2 vom 24. 10. 24).

Es empfiehlt sich, daß der Kompanie- usw. Chef häufig unvermutet die Schußlöcher mit den Eintragungen in der Schießkladde vergleichen läßt, um die Anzeiger zu überwachen. Um das Nachsehen zu erleichtern, dürfen keine zu stark beschossenen Scheiben verwendet werden. Auf dem Stande müssen grundsätzlich runde Pflaster benutzt und diese in der Scheibenwerkstatt durch eckige ersetzt werden.

131. Der Unteroffizier zur Aufsicht beim Schützen überwacht das Laden, Sichern, Visierstellen, Entsichern, Entladen, achtet auf die Zeichen des Anzeigers und bedient die Zeichentafel (Flagge) oder den Fernsprecher auf Befehl des Leitenden.

Betätigt er sich gleichzeitig als Schießlehrer, oder prüft der Leitende die Eintragungen des Schreibers, ohne das Schießen zu unterbrechen, übernimmt der Unteroffizier die Anleitung des Schützen.

132. Der Unteroffizier, Obergefreite, Gefreite oder Oberschütze zur Ausgabe der Munition übernimmt vor dem Schießen die Patronen und gibt sie nach Bedarf aus. Nicht verschossene Patronen und die Hülsen werden an ihn zurückgegeben. Keine Patrone und keine Hülse dürfen verlorengehen.

133. Der Schreiber erhält in der Nähe des Leitenden einen Platz, von dem er die Zeichen des Anzeigers sehen kann. Er achtet genau auf sie und trägt nach Meldung des Schützen den angesagten Sitz des Schusses oder das Abkommen in einer besonderen Zeile und darunter den angezeigten Sitz des Schusses in die Schießkladde mit Tinte oder Tintenstift ein. In den Schießbüchern vermerkt er nur den Sitz des Schusses.

Vor dem Eintragen wiederholt der Schreiber laut den Namen des Schützen, das gemeldete Abkommen oder den angesagten Schuß, das Ergebnis und den Sitz des Schusses. Verschiedenheiten zwischen der Angabe des Schützen und den Zeichen der Anzeiger bringt er sofort zur Sprache.

Dienst an der Scheibe.

134. Zum Dienst an der Scheibe sind ein Unteroffizier, Obergefreiter oder Gefreiter, als Aufsichtführender, und drei Gehilfen erforderlich; sie sind je nach der Witterung nach 1—2½ Stunden abzulösen.

Der Aufsichtführende ist verantwortlich für sorgfältige Beachtung der Sicherheitsbestimmungen, für richtiges Aufstellen der Scheiben und der Spiegelvorrichtung, für gewissenhaftes Feststellen und Anzeigen der Treffergebnisse und für sorgsames Zukleben der Schußlöcher.

Er beobachtet die Schießbahn durch den Spiegel, bedient den Fernsprecher, bei Schnellschußübungen die Stoppuhr, bezeichnet die Schußlöcher mit einem Bleistiftstrich und zeigt den Sitz des Schusses mit der Stange, wenn kein Schußzeiger da ist.

135. Die Scheibe wird im Wagen oder Gestell lotrecht und rechtwinklig zur Schießbahn aufgestellt.

136. Das Treffergebnis wird durch die Anzeigetafeln mit der Nummer des Ringes gemeldet. Hat das Geschoß die zwischen zwei Ringen befindliche Linie berührt, so wird der höhere Ring angezeigt; ebenso gilt als getroffen, wenn der Scheibenrand gestreift ist.

Fehlschüsse und Querschläger werden durch Winken mit der Anzeigestange oder bei Deckungen, die mit Schußzeiger ausgestattet sind, durch die Fehlschußtafel angezeigt. Bei Querschlägern wird vorher das Schußloch gedeckt.

137. Sobald von der schießenden Abteilung der Befehl oder das Zeichen zum Beginn des Schießens gegeben, darauf die Scheibe sichtbar gemacht und von der Anzeigerdeckung die „1" als Verstandenzeichen gegeben worden sind, darf geschossen werden. Von jetzt an dürfen die Anzeiger weder die Schießbahn betreten noch einzelne Körperteile über die der Schießbahn zugekehrte Wand der Anzeigerdeckung herausstrecken. Scheibenwechsel während des Schießens darf nur in der Deckung vorgenommen werden.

138. Muß in besonderen Fällen das Schießen unterbrochen werden, ist dies durch Fernsprecher zu melden oder die Tafel „Scheibe" wird wiederholt herausgeschoben. Jedenfalls dürfen die Anzeiger die Schießbahn erst betreten, wenn ein Offizier, Unteroffizier, Obergefreiter oder Gefreiter der schießenden Abteilung in der Deckung erscheint.

Nach seiner Rückkehr entscheidet der Leitende, ob weitergeschossen werden soll. Es ist dann erneut durch Fernsprecher oder Tafel (Flagge) das Zeichen „Feuer" zu geben.

139. Nach beendetem Schießen wird der Befehl zum Abbau durch Fernsprecher übermittelt oder durch einen Mann der schießenden Abteilung nach der Anzeigerdeckung überbracht.

Soll nicht nach jedem Schuß angezeigt werden, müssen die Anzeiger hiervon benachrichtigt werden.

140. Von den Gehilfen sitzt der eine bei verdeckter Anzeigerdeckung hinter dem großen Rade und bewegt die Scheibenwagen; bei versenkter Deckung bedient er das Scheibengestell. Der zweite schiebt nach Weisung des Aufsichtführenden die Anzeigetafeln vor und zurück und bedient den Schußzeiger. Der dritte verklebt die Schußlöcher und tritt, sobald die Scheibe wieder sichtbar gemacht wird, an die Rückwand der Deckung.

141. Nach jedem Schuß wird die Scheibe in die Deckung gezogen, das Schußloch vom Aufsichtführenden gesucht und, nachdem das vorhergehende verklebt worden ist, mit einem Bleistiftstrich bezeichnet. Dann wird das Treffergebnis gemeldet, die Scheibe wieder sichtbar gemacht, das Schußloch mit der Anzeigestange gedeckt, wenn kein Schußzeiger vorhanden ist.

Stange und Anzeigetafel werden nach kurzer Zeit wieder eingezogen.

Der Schußzeiger wird nach Weisung des Aufsichtführenden gestellt und gleichzeitig mit den Anzeigetafeln bedient.

142. Verdeckte Anzeigerdeckungen sind nach der Schießbahn hin abgeschlossen; der Schlitz, den die Scheiben durchfahren, wird entweder durch eine Pendeltür oder, bei Doppel-Scheibenzugvorrichtungen, durch eine selbsttätige Drehtür verdeckt.

Vor Beginn des Schießens verschließt der Leitende die Deckung. Beim Wechsel der Anzeiger meldet ihm der abgelöste Aufsichtführende, bei Unterbrechungen des Schießens der zur Deckung entsandte Soldat, daß er die Deckung wieder verschlossen hat.

143. Werden zwei Scheiben abwechselnd beschossen, bleibt auf beiden das letzte Schußloch offen, das Kleben beginnt also erst nach dem dritten Schusse.

144. Bei den Schnellschußübungen benutzt der Aufsichtführende in der Deckung die Stoppuhr, um die vorgeschriebenen Zeiten genau einzuhalten.

Der Leitende ist dafür verantwortlich, daß die für die Zieldarstellung gestellten Bedingungen genau erfüllt werden.

Schießende Abteilung.

145. Anzug:

1. kleiner Schießanzug (Leibriemen, Patronentaschen, Mütze oder Stahlhelm);

2. großer Schießanzug:

für Infanterie (außer M.G.K. und M.W.K.) und Pioniere: Leibriemen, Patronentaschen, Stahlhelm, Tornister mit 4 kg beschwert, Mantel, Zeltbahn, Kochgeschirr, Brotbeutel, Feldflasche und Gasmaske;

für M.G.K. und M.W.K.: Leibriemen, Patronentaschen, Stahlhelm, Mantel, Zeltbahn mit Kochgeschirr auf dem Rücken, Brotbeutel, Feldflasche und Gasmaske;

für alle anderen Waffen der Anzug, den die Truppe im Gefecht trägt.

Der Tornister wird auf dem Schießstand beschwert, der Gewehrriemen wird lang gemacht.

Zu jedem Schießen bringen die Schützen ihr Schießbuch mit und geben es dem Schreiber, bevor sie schießen.

146. Vor dem Abmarsch zum Schießstand, kurz vor und unmittelbar nach jedem Schießen werden die Gewehre und Patronentaschen von dem Führer der Abteilung nachgesehen und geprüft, ob Kasten und Lauf rein und frei sind; dem Leitenden ist hierüber zu melden.

Bei jedem sonstigen Schießen mit scharfen oder Platzpatronen ist ebenso zu verfahren.

Beim Schulschießen empfiehlt es sich, auf dem Schießstande, bevor die Gewehre nachgesehen werden, den Lauf durch einmaliges Hindurchziehen eines trockenen Wergstreifens zu entölen.

147. Auf dem Stand stellt sich die Abteilung, die schießen soll, in der Regel nicht mehr als fünf Mann, mit geöffneten Gewehren einige Schritte hinter dem Platz des Schützen der Scheibe gegenüber auf.

Von dort tritt der einzelne Schütze mit Gewehr bei Fuß vor, nimmt die für die Übung vorgeschriebene Stellung oder Lage ein, ladet ohne Kommando einen vollen Ladestreifen, im allgemeinen ohne zu sichern, stellt das Visier, macht sich schußbereit (Kolben an der rechten Seite, Mündung in Augenhöhe) und schlägt an.

Setzt der Schütze vor dem Schusse ab, hält er das Gewehr schußbereit, wenn er nicht wegtreten will, sonst sichert er und nimmt Gewehr ab.

Nach dem Schusse meldet der Schütze der II. Schießklasse das Abkommen, der einer höheren den Sitz des Schusses, ladet und sichert. Er nimmt Gewehr ab und tritt beiseite, falls er nicht mehrere Schüsse hintereinander abgeben will, was anzustreben ist.

Nach dem Anzeigen meldet er unter Angabe seines Namens das Treffergebnis und tritt in die Abteilung zurück. Währenddessen kann der folgende Mann schon die Schießstellung einnehmen.

148. Hat der Schütze abgeschossen, ladet er nicht wieder, sondern entfernt die Hülse oder entladet mit der Front nach der Scheibe. Die Kammer bleibt offen. Nachdem er das Treffergebnis angegeben und sein Schießbuch zurückerhalten hat, meldet er dem Leitenden, daß er abgeschossen hat, wieviel Ringe oder Figuren er getroffen, und ob er die Bedingung erfüllt hat.

149. Versagt eine Patrone, setzt der Schütze ab, wartet und öffnet das Gewehr erst nach etwa einer Minute, damit er nicht beschädigt wird, wenn das Zündhütchen nachbrennen sollte, d. h. wenn der Zündsatz und das Pulver der Patrone erst einige Zeit nach dem Aufschlag der Schlagbolzenspitze entzündet wird. Dann wird dem Zündhütchen im Patronenlager durch Drehen der Patrone eine andere Lage gegeben und nochmal abgedrückt. Versagt die Patrone wieder, ist sie in ein anderes Gewehr einzuladen. Entzündet sie sich auch in diesem nicht, ist sie als Versager anzusehen.

Ist eine Patrone nicht ladefähig, ist die Hülse beschädigt oder fehlt das Zündhütchen, wird die Patrone als unbrauchbar bezeichnet. In beiden Fällen erhält der Schütze eine neue Patrone.

Versager und unbrauchbare Patronen werden in der Schießkladde gebucht.

Probeschüsse.

150. Schießt ein Mann trotz eingehender Belehrung auffallend schlecht, kann das Gewehr schuld sein. Der Leitende oder der Schießlehrer suchen zunächst nach äußeren Beschädigungen, finden sich keine, machen sie einige Probeschüsse. Da der Lehrer durch sie Zweifel an der Güte eines Gewehrs zerstreuen kann, soll er dies stets tun, wenn Veranlassung vorliegt.

Das Ergebnis der Probeschüsse und der Name des Schützen sind bei der Übung, bei der sie notwendig wurden, einzutragen. Bestätigen die Probeschüsse, daß das Gewehr mangelhaft schießt, ist es nach Nr. 358 e anzuschießen.

Besondere Übungen.

Offiziere.

151. Es wirkt besonders überzeugend auf den Schützen und fördert den Schießunterricht, wenn der Offizier gut schießen und als Vorbild dienen kann. Als Leitender wird er oft Gelegenheit nehmen, Probeschüsse abzugeben. Der Offizier muß deshalb die Möglichkeit haben, seine Schießfertigkeit durch besondere Übungen zu vervollkommnen.

152. Der Bataillons- usw. Kommandeur oder, bei getrennt liegenden Truppenteilen, der Kompanie- usw. Chef vereinigt in der besseren Jahreszeit die Offiziere und Offizieranwärter recht oft zu Übungen im Punktschießen. Es muß zwanglos und anregend gestaltet werden. Durch möglichst sportmäßigen Betrieb, Abhalten von Wettschießen, Aufbau besonderer Scheiben, Gebrauch eigener Waffen und sonstige Mittel sollen Lust und Liebe zum Schießen geweckt und muß die Schießfertigkeit stetig gefördert werden.

Für diese Übungen ist ein besonderes Schießheft anzulegen.

Besondere Übungen der Offiziere innerhalb der Kompanie usw. werden nur in die Schießkladde eingetragen.

153. Beim Offizierschießen müssen die für das Schulschießen vorgeschriebenen Aufsichtpflichten (Nr. 126) durch einen dazu bestimmten Offizier ausgeübt werden. Jeder, der ein eigenes Gewehr benutzt, hat auch die für den Schießdienst geltenden Vorschriften innezuhalten.

Unteroffiziere und Mannschaften.

154. Die besonderen Übungen zur Förderung des Punktschießens werden ihren Zweck um so besser erfüllen und das Interesse um so mehr fesseln, je weniger sie eine bloße Vorübung oder Wiederholung der Schulbedingungen sind.

Besondere Scheibenarten, 24-Ringscheiben, Gefechtsscheiben, bewegliche und nur kurze Zeit sichtbare Ziele usw. eignen sich hierzu besonders.

155. Der Anschlag sitzend, der bei keiner Schulschießbedingung gefordert wird, ist bei diesen Übungen zu berücksichtigen.

156. Die Bedingungen setzt der Kompanie- usw. Chef fest. Die Ergebnisse dürfen nicht eingefordert werden. Eingetragen werden sie unter „Besondere vom Kompanie- usw. Chef angesetzte Übungen".

157. Es empfiehlt sich, diese besonderen Schießübungen zum Teil sportmäßig innerhalb der einzelnen Schießklassen an bestimmten Tagen, etwa vom Mai ab, zu betreiben.

Gefechtsschießen.

Allgemeines.

158. Das Gefechtsschießen, der wichtigste Teil der Schießausbildung, soll das beim Schulschießen und bei der Gefechtsausbildung Erlernte verbinden.

159. Man unterscheidet:

a) Schulgefechtsschießen,

b) Gefechtsübungen mit scharfer Munition.

160. Beim Schulgefechtsschießen werden Schießverfahren und Feuerzucht erlernt. Der einzelne Mann wird zum entschlossenen Schützen, der auf seine Waffe fest vertraut, zu selbständiger Tätigkeit und zum überlegten Handeln erzogen. Die unteren Führer werden in der Feuerleitung und dem Überwachen ihrer Schützen ausgebildet.

Die Schießtechnik soll gefördert werden. Es kommt darauf an, daß jeder Mann zum Schuß kommt und Gelegenheit hat, möglichst viele Treffer zu erzielen.

161. Die Gefechtsübungen mit scharfer Munition sollen der Wirklichkeit nahe kommen und das **taktische** Handeln in den Vordergrund stellen. Das Zusammenwirken der Waffen wird geübt, der taktisch richtige Wechsel zwischen Feuer und Bewegung dargestellt. Der Schütze schießt **nur**, wenn es die Lage fordert.

162. Zu beachten ist, daß auch bei diesen Übungen die Gegenwirkung und die seelischen Eindrücke fehlen, so daß meist höhere Treffergebnisse erzielt werden als gegen einen schießenden Feind. Ferner beeinträchtigen die bei Übungen unentbehrlichen Sicherheitsmaßnahmen das taktisch richtige Handeln.

163. Der Kampflage angepaßtes Verhalten, gewissenhaftes Handhaben der Waffe in allen Anschlagsarten, überlegte, wohlgezielte Abgabe jedes Schusses und der feste Wille, das Ziel zu treffen, können allein zum Erfolg führen.

164. Im **Angriff** wird der Feuerkampf mit dem Gewehr **hauptsächlich** auf nahen und nächsten Entfernungen geführt. Die Entscheidung bringt häufig erst der Kampf Mann gegen Mann. Nur schnelles und gut sitzendes Feuer hat Erfolg. Der Schütze soll es auch nach langem Angriff und Sturmanlauf im Nahkampf abgeben können.

In der **Verteidigung** kann es nötig sein, das Feuer schon auf mittleren und weiten Entfernungen zu eröffnen.

165. Die Gefechtsschießen sollen möglichst zu allen Jahreszeiten stattfinden. Können sie nur auf dem Truppenübungsplatz abgehalten werden, brauchen Infanterie und Kavallerie 8 ganze oder 16 halbe Tage, um die von ihnen geforderten Übungen in sachgemäßer und belehrender Weise zu erledigen. Aber auch den anderen Truppen ist genügend Zeit für diesen wichtigen Dienst zu geben.

166. Bei allen Gefechtsschießen im Abteilungsverbande (von der Schützengruppe an) ist ein **Sanitätsoffizier** im Schießgelände*).

*) In Standorten, in denen kein Sanitätsoffizier ist, muß der vertraglich verpflichtete Arzt **leicht** zu erreichen sein.

Lfd. Nr.	167. Gliederung des Gefechtsschießens.
	A. Schul-
1.	Der Einzelschütze mit Gewehr, Karabiner, Zielfernrohrgewehr, l. M. G.
2.	Die Schützengruppe.
3.	Die l. M. G.-Gruppe.
	B. Gefechtsübungen mit
1.	Die „Kampfgruppe", vgl. A.V.J.II, 139 und 232 oder der Zug verstärkt durch schwere Infanteriewaffen.
2.*)	Die Kompanie oder Eskadron verstärkt durch schwere Infanteriewaffen.
3.	Das Bataillon mit Minenwerfern und Infanteriegeschützen**).

*) Der Regimentskommandeur bestimmt in jedem Jahre, bei der Infanterie nach Anhörung des Bataillonskommandeurs, wie oft im Kompanie- usw. Verbande geschossen werden und wer die Übung leiten soll.

**) Teilnahme der Geschütze regeln die Divisionen (bei der Kavallerie nach Vereinbarung mit den Wehrkreiskommandos). Minenwerfer wirken nur bei der Infanterie nach Bestimmung des Regiments mit.

Das Schießen leitet	findet statt bei
gefechtsschießen.	
ein Offizier oder Portepeeunteroffizier.	allen mit den Waffen ausgestatteten Truppen (s. Schv. für l. M. G.).
der Kompanie- usw. Chef oder ein Offizier, ausnahmsweise ein Portepeeunteroffizier.	allen Truppen.
der Kompanie- usw. Chef oder ein Offizier, ausnahmsweise ein Portepeeunteroffizier.	den mit l. M. G. ausgestatteten Truppen (s. Schv. für l. M. G.).
scharfer Munition*).	
der Kompanie- usw. Chef.	der Schützenkompanie, Kavallerie, den Pionieren, den Kraftradfahrern.
der Kompanie- usw. Chef.	der Schützenkompanie, Kavallerie und Kraftradfahrer.
der Kompanie- oder Eskadrons-Chef oder der Bataillons- oder Regimentskommandeur oder der Stabsoffizier beim Regimentsstabe.	der Schützenkompanie und Kavallerie.
der Regimentskommandeur oder der Stabsoffizier beim Regimentsstabe.	der Infanterie, wenn der Divisionskommandeur ausnahmsweise ein derartiges Schießen für angebracht hält und die Übungsplatzverhältnisse eine kriegsmäßige, wirklich nutzbringende Durchführung ermöglichen.

*) Eine Verstärkung durch s. M. G. kann nur im Rahmen der in H. Dv. 73 Nr. 307 festgesetzten Gefechtsschießen erfolgen, darüber hinaus nur, wenn es die Munitionslage erlaubt.

Teilnahme am Gefechtsschießen.

168. Als Gewehr- oder Karabinerschützen nehmen in jedem Jahre teil

A. am Schulgefechtsschießen des Einzelschützen (A, 1 der Übersicht):

1. möglichst oft: die Unteroffiziere und Mannschaften der Truppe, die mit Gewehr oder Karabiner schießen,
2. zweimal: die Rekruten bei den Ausbildungstruppenteilen,
3. mindestens einmal: die Oberleutnante und Leutnante der Truppe, die Unteroffiziere und Mannschaften der Stäbe bis Regiment einschl.,
4. einmal, soweit die sonstigen Dienstobliegenheiten es erlauben, und Gelegenheit vorhanden ist, die Unteroffiziere und Mannschaften der höheren Stäbe, Kommandanturen, Behörden;

B. an den Schulgefechtsschießen (A, 2):

1. die Mannschaften der Truppe, die mit Gewehr und Karabiner schießen; wie oft der einzelne schießt, bestimmt der Kompanie- usw. Chef,
2. an einem der Schießen: die Oberleutnante, Leutnante und Unteroffiziere der Truppe, die Unteroffiziere und Mannschaften der Stäbe, bis Regiment einschl.

169. Teilnahme an l. M. G.-Schießen siehe Schv. für l. M. G. (Nr. 454—456).

170. Zu den Gefechtsübungen mit scharfer Munition ist die Truppe in möglichst großer Stärke heranzuziehen. Wie oft die Unteroffiziere und Mannschaften an den einzelnen Übungen bis einschl. Zugschießen teilnehmen, bestimmt der Kompanie- usw. Chef. Die Unteroffiziere und Mannschaften der Stäbe bis zum Bataillon einschl. können bei einer dieser Übungen wie im Ernstfalle verwandt werden. (Darstellen von Befehlsstellen, Nachrichtenverbindung usw.)

Ausbildungsgang.

Allgemeine Gesichtspunkte.

171. Die Ausbildung muß vom Einfachen zum Schweren schreiten. Dementsprechend ist zunächst der

E i n z e l s c h ü t z e im Rahmen einfacher Aufgaben gründlich im Gebrauche der Waffen unter den verschiedensten Verhältnissen zu schulen. Dann ist zu Übungen in der G r u p p e überzugehen.

Erst wenn Schützen und untere Führer ihre Obliegenheiten im Feuerkampfe erlernt haben, folgen Schießen mit mehreren Infanteriewaffen. Die Übungen sind zunächst in kleineren, dann in größer werdenden Verbänden vorzunehmen.

Auf diese Weise wird das Gefechtsschießen planmäßig aufgebaut und vermieden, daß Führer wie Schützen an Gefechtsübungen teilnehmen, für die sie nicht genügend mit scharfem Schuß vorbereitet worden sind.

D e r V e r l a u f d e r A u s b i l d u n g.

172. Die Ausbildung knüpft an an die beim Unterricht in der Schießlehre erworbenen Kenntnisse und die beim Schulschießen gemachten Erfahrungen. Der Schütze lernt die Anschlagsarten dem Gelände so anzupassen, daß er jede mögliche Deckung ausnutzt und doch einen sicheren Schuß abgibt.

173. Nur wer das Ziel erkennt, kann gut schießen, deshalb müssen die Augen geübt werden (Nr. 54). Es ist nicht leicht, einen Gegner, der sich im Gelände anschleicht oder eingenistet hat, zu erkennen.

Häufige Übungen im A u f f i n d e n solcher Ziele oder im Erfassen der Geländestreifen, die sie bergen, auf allmählich gesteigerten Entfernungen werden das Auge gewöhnen. Auf den verschiedenen Grad der Sichtbarkeit des Zieles, je nach der Farbe in Verbindung mit dem Untergrund, Hintergrund und der Beleuchtung (Dunkelheit) und auf das Verräterische jeder Bewegung ist aufmerksam zu machen. Der Schütze lernt dabei auch, wie er sich selbst zu benehmen hat.

Da meist im Liegen beobachtet und geschossen wird, sind auch die Sehübungen hauptsächlich in dieser Lage zu betreiben.

174. Man läßt die Gewehre auf dem Sandsack, Tornister usw. einrichten, um das Sehvermögen, das schnelle Erfassen des Ziels und das richtige Zielen zu üben und nachprüfen zu können. Diese Übungen sind auch in der Dämmerung, bei künstlicher Beleuchtung und mit Gasmaske abzuhalten.

Wird auf lebende Ziele, die ihre Lage ändern, eingerichtet, kann gleichzeitig die Aufmerksamkeit der Unterführer und Schützen geprüft werden.

175. Das Bezeichnen der Ziele ist auch viel zu üben, damit man anderen vermitteln kann, was man selbst gesehen hat.

176. Auf schnelles Laden, rasches und richtiges Einstellen der Visiere, gewandtes und sorgfältiges Anschlagen und genaues Zielen und Abkrümmen in allen Körperlagen ist hoher Wert zu legen.

177. Das Gefechtsschießen muß durch Übungen mit Exerzier- und Platzpatronen vorbereitet und ergänzt werden. Durch lebende Ziele können diese Übungen abwechslungsreicher und kriegsgemäßer gestaltet werden, als es bei solchen mit scharfen Patronen möglich ist. Sie erlauben ein freieres, nur durch taktische Gründe bestimmtes Ausnutzen des Geländes.

178. Zum Gefechtsschießen wird erst übergegangen, wenn die eingehende Schulung das Verständnis für die Anforderungen des Schützengefechts gefördert, die Urteilskraft und das Selbstvertrauen von Führer und Mann gestärkt hat.

Ausführung des Gefechtsschießens.

Allgemeine Gesichtspunkte.

179. Der Leitende erkundet das Schießgelände, legt die Übungen an und stellt die Aufgaben. Er kann den Zielbauoffizier und Offiziere der schweren Infanteriewaffen hinzuziehen, bespricht den geplanten Verlauf und erteilt die nötigen Anordnungen.

180. Er ist persönlich für die notwendigen Sicherheitsmaßnahmen verantwortlich. Beeinträchtigen sie die Gefechtstätigkeit, sind sie zu erörtern, damit keine falschen taktischen Auffassungen entstehen.

181. Der Leitende bestimmt Zahl und Art der zu verwendenden Munition.

182. Beim Gefechtsschießen wird gewöhnlich der Feldanzug (s. Anzugordnung) angelegt, doch kann der Leitende auch einen anderen Anzug vorschreiben. Er regelt ferner die Tornisterbeschwerung.

183. Die Gefechtslage soll einfach sein und wie der Zielaufbau der Wirklichkeit so nahe wie möglich kommen. Aufgabe und Zielaufbau sind dem gewollten Zweck, der Förderung der Schießtechnik (Schulgefechtsschießen) oder der Taktik (Gefechtsübung mit scharfer Munition) anzupassen.

184. Die Zieldarstellung muß gut durchdacht und sorgfältig vorbereitet werden. Abwechslungsvolle, dem Ernstfall möglichst nahekommende Bilder sollen gezeigt werden und anregend wirken. Die Scheiben sind nach Breite und Tiefe im Gelände zu verteilen, wie es der Wirklichkeit entspricht. Eingenistete Gegner, Widerstandsnester sind gut zu tarnen, ihr Dasein und Wirken wird durch Zielfeuer angedeutet. Bewegliche Ziele oder Scheiben, die einen Sprung darstellen sollen, dürfen nur für Augenblicke sichtbar sein. Beim Schulgefechtsschießen soll hauptsächlich die Schießfertigkeit gefördert werden, es kommt also auf die Zahl der Treffer an, deshalb können auch feststehende Scheiben verwendet werden. Bei den Gefechtsübungen mit scharfer Munition hat die Taktik den Vorrang, es handelt sich darum, viele Gegner mit wenig Munition niederzukämpfen; es sind Fallscheiben zu benutzen, damit der Schütze merkt, daß ein Ziel getroffen worden ist. Können keine Fallscheiben verwendet werden, macht der Schiedsrichter entsprechende Mitteilungen, wenn er sieht oder glaubt, daß Scheiben getroffen worden sind.

Seiten- und Bodenscheiben lassen die Wirkung von Schrägfeuer erkennen. Die „Zielbauanleitung", H. Dv. 225, gibt weitere Anregungen.

185. Schiedsrichter und Gehilfen des Leitenden werden, vor allem bei Gefechtsübungen mit scharfer Munition, eingeteilt und vorher über den beabsichtigten Gang, die Ziel- und Feinddarstellung und über die Sicherheitsgrenzen unterrichtet. Sie geben Mitteilungen über die eigene und feindliche Waffenwirkung und dadurch die Möglichkeit, günstige Augenblicke auszunutzen. Sie sorgen dafür, daß der kriegsähnliche Verlauf mit den notwendigen Sicherheitsmaßnahmen in Einklang gebracht wird. Bei Übungen im größeren Verbande (Nr. 167, B, 3) vermittelt ein unparteiisches Fernsprechnetz den Verkehr zwischen den Schiedsrichtern und dem Leitenden.

186. Die Schiedsrichter und Gehilfen des Leitenden greifen ein, sobald die Maßnahmen eines Führers oder die Tätigkeit der Schützen andere gefährden.

Im Notfalle lassen sie durch geeignete Signale abstopfen. Dies Recht steht auch den Führern (vom Gruppenführer an) zu.

187. Das Schießen durch Lücken mit Gewehr, l. und s. M. G.*) bildet im Gefecht die Regel. Ohne damit ein Schema geben oder die sachgemäße Geländebenutzung einschränken zu wollen, soll als allgemeiner Anhalt gelten, daß mit Gewehr, Karabiner und l. M. G. durch eine Lücke geschossen werden kann, wenn der Abstand des Schießenden von der Lücke kleiner ist, als diese breit ist, und wenn er etwa hinter ihrer Mitte liegt. Im übrigen siehe Schv. für l. M. G., Nr. 461.

188. In hohem Grase, Ginster, Heidekraut usw. darf nur durch Lücken geschossen werden, wenn der Leitende es für unbedenklich hält.

189. Das Überschießen der Truppe mit leichten und schweren Infanteriewaffen.

Das Überschießen mit Gewehr und l. M. G. ist nur von stark überhöhenden Punkten (Bäumen, Häusern) gestattet, wenn die zu überschießende Truppe unmittelbar davor liegt, ihre Gefährdung also ausgeschlossen ist.

H. Dv. 73, 240—247, gibt die Bestimmungen für das Überschießen mit s. M. G.

Minenwerfer dürfen bei Übungen nur mit leichten Exerzierminen mit und ohne Rauchladung und mit Treibladung 24 überschießen, wenn diese Minen mit neuen, bisher unbenutzten Messingbändern versehen sind (s. H. Dv. Nr. 236, S. 118, IV).

Geschütze feuern nur mit Manöverkartuschen, um das Überschießen anzudeuten.

Soll die Wirkung der Minenwerfer und Geschütze gezeigt werden, müssen die im gefährdeten Bereich liegenden Truppen herausgezogen und in ihren vordersten Teilen durch Scheiben ersetzt werden. Anderenfalls müßten die Waffen der Sicherheit wegen meist an taktisch falschen Stellen eingesetzt werden.

*) Bestimmungen siehe H. Dv. 73, 248—251.

190. Nur wenn die schießende Truppe und der Feind (Scheiben) sich deutlich unterscheiden, darf durch Lücken geschossen und überschossen werden.

191. Treten Vorgesetzte und Zuschauer beim Überschießen eigener Truppen unter die s. M. G.=Garbe, so gehen sie auseinander und nehmen dieselbe Körperlage wie die Schützen ein, damit das Gefechtsfeld nicht unübersichtlich für die schießende s. M. G.=Bedienung wird.

192. Beim Gefechtsschießen wird nicht getarnt, damit die Teilnehmer sichtbar bleiben.

193. Zum Schießen durch Lücken und Überschießen darf nur die dafür bestimmte Munition benutzt werden.

194. Das Gefecht zeigt selten ausgedehnte und lange Zeit sichtbare Ziele, sondern meistens schmale, dünn gesäte Augenblicksziele. Die Zeitspanne, in der geschossen werden kann, ist oft nur kurz. Deshalb ist es zweckmäßig, die einzelnen Übungen zeitlich zu begrenzen.

195. Will man beim Schulgefechtsschießen Munition sparen, wird das Feuer eingestellt, sobald genügende Wirkung erkennbar ist.

196. Bei und nach dem Schießen sammelt der Leitende die für die Besprechung und Gefechtsschießhefte (Nr. 681) erforderlichen Unterlagen. Die Schiedsrichter unterstützen ihn, ohne den Verlauf des Schießens zu stören. Eine einfache Skizze, die Ziel, Stand der Schützen, Gewehr= und Schußzahl, Zeit, Entfernung, Windrichtung und Trefferzahl enthält, genügt.

197. Möglichst gleich nach dem Schießen findet eine Besprechung statt, bei der das schießtechnische und taktische Verhalten der Führer und Truppe gewürdigt wird. Sind aus Sicherheitsgründen falsche Bilder entstanden, ist die nötige Aufklärung zu geben. Wenn es die Zeit irgend erlaubt, sollen die Schützen die Ziele aufsuchen und ihre Treffergebnisse ansehen. Das ist beim Schulgefechtsschießen besonders wichtig.

198. Die Unterweisung an Ort und Stelle wird meist nur kurz sein, weil die Zeit zu weiteren Schießen ausgenutzt werden muß, auch können die Ergebnisse nicht so schnell voll ausgewertet werden. In der Kaserne oder in der Unterkunft wird deshalb noch einmal über die Schießen unterrichtet.

199. Bei der Beurteilung der Ergebnisse ist zu prüfen, ob die Trefferzahl der Gefechts=

lage, dem Munitionsaufwand und der Zeitdauer entspricht. Auch ist anzugeben, welche Einwirkungen das Ergebnis beeinträchtigt haben und durch welche Maßnahmen sich die Leistungen voraussichtlich gebessert hätten.

Beim Schulgefechtsschießen wird man den Erfolg mehr vom schießtechnischen Standpunkte (Trefferzahl und Trefferprozent), bei der Gefechtsübung mehr vom taktischen (Zahl der getroffenen Figuren) bewerten. Beim Vergleich mehrerer in derselben Zeit und auf dasselbe Ziel, aber mit verschiedener Munitionsmenge erzielter Ergebnisse, kann der Schießerfolg (Trefferzahl) den Trefferprozenten gegenübergestellt werden. Es bleibt dann dem Vorgesetzten überlassen, ob er je nach der Lage den Schießerfolg höher bewertet als die Trefferprozente oder umgekehrt. Die Belehrung ist so zu halten, daß auch durch sie die Freude am Schießen und das Interesse für diesen wichtigen Dienstzweig bei Führer und Truppe belebt werden.

200. Der Leitende kann Offiziere, Unteroffiziere und Mannschaften seines Verbandes, die nicht am Schießen beteiligt sind, als Zuschauer heranziehen, damit sie ihre Erfahrungen bereichern und aus den Besprechungen Nutzen ziehen.

201. Das Streben nach hohen Treffergebnissen darf nicht zu Maßnahmen und Handlungen verleiten, die dem Ernstfalle nicht entsprechen. Es ist deshalb falsch, lediglich nach den Treffergebnissen Vergleiche anzustellen. Ein richtiges Urteil wird man aus den Aufzeichnungen allein auch nicht gewinnen.

Wollen sich die Vorgesetzten über die Leistungen im Gefechtsschießen unterrichten, müssen sie ihnen persönlich beiwohnen.

202. Das Schulgefechtsschießen findet beim Standort statt, wenn

a) ein geeigneter Gefechtsschießstand (s. Schießstandsordnung §§ 51 u. 52) vorhanden ist,
b) auf dem Standortübungsplatz,
c) im Gelände geschossen werden kann.

203. Das Schießen des Einzelschützen (Nr. 167, A, 1) bis 150 m darf auch auf einem Schulschießstand abgehalten werden, wenn das Außengelände nicht gefährdet wird, kniend und liegend muß vom tragbaren Lager geschossen werden, weil sonst Aufschläger vorkommen können (s. Sch. O. § 27 und 28 und Atlas zur Sch. O. Abb. 75).

Kann das Schulgefechtsschießen nicht beim Standort abgehalten, muß es auf dem Truppenübungsplatz erledigt werden. Wünschenswert bleibt in diesem Falle, daß die Infanterie-Kompanien und Kavallerie-Eskadronen im Winter oder Frühjahr für einige Tage dorthin gesandt werden.

204. Gefechtsübungen mit scharfer Munition werden in der Regel auf dem Truppenübungsplatz, nur selten im Gelände stattfinden.

205. Bei allen Gefechtsschießen im Gelände muß der Platz mit besonderer Vorsicht ausgewählt werden, damit Unglücksfälle ausgeschlossen sind. Zu berücksichtigen ist, daß Gräser, hartgefrorener Boden, Eisflächen und Wasser Abpraller und dadurch erhebliche Seitenabweichungen begünstigen. Während des Schießens muß das Gelände im Gefahrbereiche gesichert oder abgesperrt werden. Der Gefahrbereich ist im allgemeinen für S-Munition in der Schußrichtung bis 4000 m, rechts und links der äußeren Schußlinien bis 650 m anzunehmen. Bei Verwendung von sS-Munition beträgt der Gefahrbereich in der Schußrichtung bis 5000 m, rechts und links der äußeren Schußlinien bis 1000 m. Der Leitende kann den Gefahrbereich einschränken, wenn die örtlichen Verhältnisse es zulassen, er trägt die Verantwortung dafür. Die Sicherheitsbestimmungen beim Schießen finden sich in der Tr. üb. Pl. V., H. Dv. Nr. 236, Anh. 2.

206. Die Absperrmannschaften müssen sich außerhalb des Gefahrbereichs befinden. Der Kommandant, der Standortälteste oder der Leitende bestimmt für jeden von ihnen, ob er nur Warnbefugnisse oder die Rechte und Pflichten eines Wachpostens hat. Die Kommandanten der Truppenübungsplätze geben hierüber besondere Bestimmungen.

Auch Absperrmannschaften, die nur Warnbefugnisse haben, müssen Personen, die augenscheinlich die Warnung nicht verstehen, z. B. Sprachunkundige oder Leute, deren Begriffsvermögen zum Erkennen der Gefahr nicht ausreicht, wie Kinder, Geisteskranke usw., am Betreten des Gefahrbereichs hindern.

207. Anzeiger und Zielbediener werden unter Aufsicht (bei größeren Übungen unter die von Offizieren) gestellt. Wenn sie in der Nähe des Zieles keine Deckung finden, werden sie bis zu den Schützen zurückgezogen. Der Verkehr zwischen der schießenden Abteilung und den Anzeigern muß genau geregelt und vorher geübt sein. Der Fernsprecher wird ihn erleichtern (siehe H. Dv. 236, Anhang 2, und H. Dv. 225).

Vor dem Schießen stellt der Leitende fest, ob Zielaufbau, Deckungen usw. gebrauchsfähig sind, und verwarnt die Anzeiger gemäß Nr. 119. Er darf auch durch einen Offizier oder Portepeeunteroffizier prüfen und verwarnen lassen.

Unterweisen der Unterführer und Schützen über das Feuergefecht.

208. Bevor die Übungen des Gefechtsschießens beginnen, müssen Unterführer und Schützen über

a) Feuerwirkung (Nr. 209—215),
b) Feuerbeginn (Nr. 216),
c) Wahl des Ziels (Nr. 217),
d) Zielbezeichnung (Nr. 218, 219),
e) Entfernungsschätzen (Nr. 220),
f) Visierwahl (Nr. 221—226),
g) Haltepunkt (Nr. 227—230),
h) Feuerverteilung (Nr. 231—235),
i) Feuergeschwindigkeit (Nr. 236),
k) Feuerzucht (Nr. 237)

unterrichtet werden.

Manches läßt sich am Sandkasten gut erklären.

a) Feuerwirkung.

209. Der Einzelschuß des Gewehrs gegen kleine Ziele hat nur auf nahen Entfernungen (bis 400 m) Aussicht auf Erfolg. Letzterer ist um so wahrscheinlicher, je näher, größer und dichter die Ziele sind.

Kleine, schwer erkennbare Ziele werden durch Scharfschützen mit Zielfernrohrgewehren bis auf 800 m niedergehalten (s. M. G. mit Schutzschilden nur beim Gebrauch von SmK-Munition).

210. Abteilungs- und l. M. G.-Feuer hat gegen einen eingenisteten Feind bis 600 m guten

Erfolg, darüber hinaus nur bei sehr günstiger Beobachtung.

211. Gegen hohe und tiefe Ziele hat gut geleitetes Feuer der Gewehrschützen und l. M. G. noch über 1200 m Wirkung, die bis 800 m vernichtend sein kann. So erleiden Schützengruppen, die sich ungedeckt bewegen, auf weiten Entfernungen erhebliche, auf mittleren schwere Verluste durch Gewehrschützen und l. M. G., die selbst nicht niedergehalten werden.

Gegen breite zusammenhängende Schützenketten kann das Feuer, ganz besonders das Schrägfeuer der M. G., vernichtend wirken.

Ununterbrochene Bewegungen von Schützengruppen sind in wirksamem Feuer unmöglich.

212. Gut eingenistete M. G. sind schwer zu treffen, auch wenn sie keine Schutzschilde haben. Aus verschiedenen Richtungen zusammenwirkendes l. M. G.-Feuer kann sie aber außer Gefecht setzen.

213. Gegen Artillerie in offener Feuerstellung, die von gegenüberliegender Infanterie beschossen wird, ist selbst auf nahen Entfernungen keine entscheidende Wirkung zu erreichen. Die Artillerie kann aber bewegungsunfähig gemacht und ihre Feuertätigkeit behindert werden. Schwere Verluste wird sie erleiden, wenn sie von Schützen- und l. M. G.-Gruppen unter Schrägfeuer genommen wird. Schneller Erfolg ist nur bei überraschender und wohldurchdachter Feuereröffnung gewährleistet.

214. Seitenwind treibt die Geschoßgarbe an schmalen Zielen vorbei.

215. Die Infanterie muß sich bewußt sein, daß richtig geleitetes Feuer gut ausgebildeter Gewehrschützen im Verein mit dem der l. M. G. allein schon den Widerstand des Feindes brechen oder seinen Angriff abschlagen kann.

b) Feuerbeginn.

216. Die Schützen- und l. M. G.-Gruppen sollen sich unter dem Feuerschutz der schweren Waffen an den Feind heranarbeiten. Zwingt die feindliche Waffenwirkung zum Hinlegen, wird das Feuer in der Regel mit dem l. M. G. eröffnet, um den Schützen ein weiteres Vorgehen zu ermöglichen. Diese feuern erst, wenn sie ihrerseits den Feind niederhalten müssen, damit die l. M. G.-Bedienung vorspringen kann.

In der Verteidigung kann das Feuer auf lohnende Ziele schon auf mittleren Entfernungen eröffnet werden, um den Gegner niederzuzwingen und aufzuhalten; im allgemeinen werden die Schützen- und l. M. G.-Gruppen aber erst feuern, wenn sich der Feind der Hauptkampflinie nähert oder aus dem Vorverlegen des Feuers seiner schweren Waffen auf den bevorstehenden Sturm geschlossen wird. Der Aufwand an Munition ohne entsprechenden Erfolg bedeutet nutzloses und schädliches Verausgaben von Kraft. Mangelhafte Wirkung hebt das Selbstgefühl des Gegners und verrät zwecklos die eigene Stellung.

c) Wahl des Ziels.

217. In erster Linie müssen die Ziele bekämpft werden, die besonders lästig sind. Meist sind sie gut getarnt und schwer zu sehen. Jede Gelegenheit, große, dichte und gut sichtbare Ziele zu befeuern, ist auszunutzen.

In erster Linie ist es Aufgabe der M. G., solche Ziele zu beschießen.

d) Zielbezeichnung.

218. Die Bezeichnung des Ziels muß kurz sein, aber jeden Zweifel ausschließen, schnelles Auffinden und raschen Feuerbeginn ermöglichen. Ist die Lage schwer zu beschreiben, gebraucht man das Fernglas mit der Strichplatteneinteilung oder hilft sich mit Fingerbreiten oder Daumensprung (Nr. 55).

Oft wird das Ziel noch schneller erkannt werden, wenn der Gruppenführer selbst mit Gewehr oder l. M. G. danach schießt.

Ist das Ziel nur mit dem Fernglase oder gar nicht zu sehen, sind verdächtige Streifen oder Räume im Gelände anzugeben, auf die das Feuer zu verteilen ist.

219. Den schweren Infanteriewaffen und der Artillerie werden die Beobachtungen durch Nachrichtenmittel oder persönlich mitgeteilt und die lästigen Ziele gezeigt. Ist dies nicht möglich, übersendet man eine klare Beschreibung (Ansichtsskizze), oder bezeichnet die Stelle mit Hilfe des Planzeigers auf einer Karte mit Gitternetz.

Das „Merkblatt zur Übermittlung von Beobachtungen und Zielbezeichnungen durch andere Waffen an die Artillerie" gibt weitere Hinweise.

e) Entfernungschätzen.

220. Sicheres Schätzen der Entfernungen (Nr. 299 bis 306) ist wichtig für gute Feuerleitung, es kann nur ergänzt, nicht ersetzt werden durch die Mithilfe des Entfernungsmessers, durch Abgreifen von der Karte und Erfragen bei Nachbartruppen, die sich im Feuerkampf befinden.

Alle Teile der Infanterie und die mitwirkende Artillerie unterstützen sich im Ermitteln der Entfernung durch gegenseitige Bekanntgabe.

f) Visierwahl.

221. Die ermittelte Entfernung bildet die Grundlage für die Visierwahl; daneben müssen Witterungseinflüsse und Längenstreuung (Nr. 18, 29, 30) berücksichtigt werden.

Bestehen Zweifel über die Entfernung, und sind die Geschoßeinschläge zu sehen, wird das Visier so gewählt, daß die Mehrzahl der Schüsse vor dem Ziel liegt. Die Beobachtung wird dadurch erleichtert, und der Gegner erleidet auch durch Querschläger Verluste. Dagegen ermutigt es den Feind, wenn die Schüsse über ihn hinweggehen. Oft empfiehlt es sich, das Feuer auf eine gut zu beobachtende Stelle im oder nahe dem Ziel zusammenzufassen, um die Lage der Garbe zu erkennen.

222. Bis 800 m wird in der Regel mit einem Visier geschossen. Über 800 m wählt man bei unbekannter Entfernung und schlechter Beobachtung zwei um 100 m auseinanderliegende Visiere.

Läßt sich die Entfernung sicher feststellen oder aus der Beobachtung am Ziel das richtige Visier herleiten, wird auch über 800 m mit einem oder mit zwei nur um 50 m auseinanderliegenden Visieren geschossen.

Das vordere Glied der Schützengruppe stellt das niedere, das hintere das höhere Visier.

223. Das Visier wird im allgemeinen vom Gruppenführer bestimmt. Leitet der Zugführer das Feuer, wird er auch das Visier befehlen, wenn er es für angebracht hält.

224. Der Schütze darf ein anderes Visier wählen, wenn es sein Platz in der gebrochenen Schützenkette, die Eigenart seiner Waffe oder seine Beobachtung bedingen.

225. Mit Ferngläsern ist die Wirkung dauernd zu beobachten. An den Geschoßeinschlägen und am Verhalten des Gegners suchen Führer und Schützen zu erkennen, ob das Feuer richtig liegt.

Beobachten und richtiges Auswerten müssen geübt werden. Einzelne Geschoßeinschläge an gut zu beobachtenden Stellen führen leicht zu Trugschlüssen und verfrühten Maßnahmen. Beim Schießen gegen Höhenränder ist zu bedenken, daß nur der vor dem Ziel einschlagende Teil der Garbe zu sehen ist.

Treffer in Scheiben ergeben Einschläge hinter dem Ziel.

226. Das Visier ist im allgemeinen richtig, wenn die Wirkung im Ziel der eingesetzten Munitionsmenge entspricht, oder Geschoßeinschläge vor und hinter dem Ziel beobachtet werden. Dann kann zur Steigerung der Wirkung nur noch eine Änderung um 50 m in Frage kommen.

Bleibt die Wirkung im Ziel aus, oder entspricht sie nicht der eingesetzten Munitionsmenge, muß das Visier gewechselt werden. Bei fehlender Wirkung wird es um 200 m, bei ungenügender um 100 m geändert.

g) Haltepunkt.

227. Der günstigste Haltepunkt gegen kleine oder klein erscheinende Ziele ist „Zielaufsitzen", gegen große „Mitte des Ziels". Beim „Schützenfeuer" ist grundsätzlich „Zielaufsitzen" zu halten, bis Visier und Haltepunkt freigegeben werden (Nr. 252). Erfahrungen beim Schulschießen, starker Wind oder die genaue Beobachtung der eigenen Geschoßeinschläge berechtigen jeden Schützen beim „Einzelfeuer" ohne weiteres zur Wahl des ihm richtig scheinenden Haltepunktes.

Gegen eingenistete niedrige Ziele hebt oder senkt man die Geschoßgarbe besser durch Visierwechsel, weil Änderung des Haltepunktes nur auf den nächsten Entfernungen lohnt.

Bei Wahl des Haltepunktes auf Ziele, die sich seitwärts bewegen, müssen Schnelligkeit der Bewegung und Flugzeit des Geschosses berücksichtigt werden. Dies geschieht durch Vorhalten und Mitgehen (Maß des Vorhaltens siehe Tafel IV) oder, wenn mehrere Gewehre zusammenwirken, durch Verteilen des Feuers auf einen je nach Schnelligkeit und Entfernung vor dem Ziele liegenden Raum. Beim Vorhalten hält der Schütze während des Abkrümmens oft die Mündung an; hierdurch verkürzt sich die Entfernung, um die vorgehalten werden muß, und der Schuß geht hinter dem Ziel durch.

228. Vorgehende und zurückgehende Ziele, die den vom Visier beherrschten Raum überschreiten, bedingen Visierwechsel. Zunächst verlegt man bei zurückgehenden Zielen den Haltepunkt, um das Umstellen zu vermeiden. Erhebliche Visieränderung wird nötig, wenn sich die Ziele sehr schnell vor- oder zurückbewegen.

Während der Gegner springt, wird das Visier nicht gewechselt, sondern erst, wenn er die neue Feuerstellung erreicht hat.

229. Treibt Seitenwind die Geschoßgarbe an schmalen Zielen vorbei, muß dem durch Anhalten vorgebeugt werden. Dabei ist zu beachten, daß die Garbe bei zunehmender Schußweite mehr abweicht. Das Maß des Anhaltens läßt sich bei kurzen seitlichen Entfernungen annähernd durch Zielbreiten bestimmen; jede andere klare Bezeichnung ist zulässig.

Ist das Maß schwer abzuschätzen, fehlt Beobachtung am Ziel oder wechselt die Windstärke fortgesetzt, lenkt man das Feuer nicht auf einen bestimmten Punkt, sondern verteilt es auf eine breitere Linie, zum Beispiel befiehlt man statt: „2 Kolonnenbreiten links anhalten": „Feuer auf einen Raum 20 bis 5 m links von der Kolonne verteilen."

230. Sind feuernde Geschütze und Maschinengewehre schwer zu erkennen oder zu bezeichnen, läßt man den Raum, aus dem das Feuer kommt, beschießen.

h) Feuerverteilung.

231. Sachgemäße Feuerverteilung ist wichtig, um die nach Breite und Tiefe auf eine Fläche verstreuten Ziele unter Feuer zu halten.

232. Im Angriff schießt der einzelne Schütze, wenn nichts anderes befohlen wird, geradeaus auf die ihm zunächst liegenden Ziele.

In der Verteidigung wird das Feuer planmäßig

unter Berücksichtigung der Feuerräume der schweren Waffen auf bestimmte Stellen gerichtet.

233. Die Gruppenführer sollen darauf bedacht sein, das wirksamere Schrägfeuer abzugeben. Es läßt sich manchmal, vor allem in der Verteidigung, ermöglichen, wenn sie mit anderen, auch l. M. G.-Gruppen, das Feuer kreuzen.

234. Es kann auch angebracht sein, das Feuer einer Gruppe vorübergehend in den benachbarten Gefechtsstreifen zu lenken, wenn die Möglichkeit, schräg zu wirken, dazu auffordert, oder eine Nachbargruppe unterstützt werden muß.

235. Bei Übungen und beim Gefechtsschießen kann man mit dem Seitengewehr über Kimme und Korn die Feuerverteilung prüfen, ohne die Schützen zu stören.

i) Feuergeschwindigkeit.

236. Sie bleibt beim Einzel- und Schützenfeuer dem Mann überlassen. Der feste Wille, mit jedem Schuß zu treffen, bestimmt die Feuergeschwindigkeit. Im übrigen richtet sie sich nach der Lage, dem Gefechtszweck, der vorhandenen Munition und der Art des Ziels. Bei herannahender Entscheidung, z. B. kurz vor dem Einbruch oder bei Abwehr eines Gegenstoßes ist höchste Feuergeschwindigkeit geboten.

Schnelle Schußfolge soll durch rascheres Laden und Anschlagen, aber niemals durch übereiltes Zielen und Abkrümmen erreicht werden. Der Schütze muß so erzogen werden, daß er auf günstige Augenblicksziele mehrere sorgfältige Schüsse abgeben kann.

Im allgemeinen nehmen bei größerer Feuergeschwindigkeit die Treffsicherheit des einzelnen Schusses ab und damit die Tiefenausdehnung der Garbe zu.

k) Feuerzucht.

237. Man versteht darunter: gewissenhaftes Ausführen der Befehle und peinliches Beachten der für den Gebrauch der Waffe und das Verhalten im Gefecht gegebenen Vorschriften.

Hierzu gehören: Ausnutzen des Geländes zum Steigern der Wirkung und zur eigenen Deckung; Sorgfalt im Stellen des Visiers und in der Abgabe des Schusses, stete Aufmerksamkeit auf Führer und Feind, rasche Durchgabe von Befehlen, Feuerbeschleunigen, wenn das

Ziel günstiger wird, Einstellen des Feuers, wenn es keinerlei Wirkung mehr verspricht, Haushalten mit der Munition.

Um die Schützen zu selbständigem Handeln zu erziehen, muß oft ohne Führer geübt werden.

Das Schulgefechtsschießen des Einzelschützen.

238. Mit dem Schulgefechtsschießen ist zu beginnen, wenn der Mann durch einige Schulschießübungen im Gebrauch der Waffe Sicherheit erlangt hat, ihre Leistungen kennt und auf den Feuerkampf genügend vorbereitet worden ist.

239. Die neuzeitliche Waffenwirkung löst das Infanteriegefecht oft in Einzelkämpfe auf. Jeder Mann muß deshalb lernen, den Feuerkampf selbständig im engen Einvernehmen mit seinen Nachbarn und den anderen Waffen, vor allem dem l. M. G., zu führen und der Lage entsprechend zu handeln.

240. Wenn vom Einzelschuß gegen kleine Ziele auch nur auf nahen Entfernungen ein Treffer zu erwarten ist, kann man den Feind doch auf mittleren in die Deckung zwingen oder durch mehrere Schüsse außer Gefecht setzen.

Das Einzelfeuer richtet sich meist gegen schlecht sichtbare, oft nur für Augenblicke auftretende Gegner, die das M. G. nicht bekämpfen kann. Überraschendes, überfallartiges Feuer erhöht die moralische Wirkung der Waffe. Das Bestreben, früher als der Gegner zu schießen, fordert den Schnellschuß. Deshalb muß der Schütze im raschen Zielerfassen ausgebildet werden.

241. Das verständnisvolle Zusammenwirken der Einzelkämpfer ist wichtig und schon bei diesen Übungen zu lehren. Benachbarte Schützen haben ihre Beobachtungen über den Feind, die Treffpunktlage, den Aufenthalt des Führers, die Tätigkeit der eigenen Abteilung, der leichten und schweren Waffen auszutauschen, wenn sie nicht durch schleuniges Bekämpfen eines Augenblickziels in Anspruch genommen werden. Im ruhigen Feuerkampf sollen sie sich gegenseitig ergänzen, d. h. der eine schießt, der andere beobachtet. Wollen sie sich Deckung schaffen, gräbt der eine, während der andere den Gegner niederhält, wenn die anderen Waffen dies nicht tun.

242. Die tiefe Staffelung der Kampftruppe erfordert, daß die Schützen oft durch Lücken und aneinander vorbeischießen. Hieran ist der Mann zu gewöhnen. Durch Aufmerksamkeit und straffe Feuerzucht werden Unglücksfälle vermieden, und das Vertrauen der Truppe wird gestärkt (Nr. 187).

243. Der Kompanie- usw. Chef trifft die näheren Anordnungen über Art und Anlage der Übungen. Das Schießen mit Gasmaske ist besonders zu berücksichtigen (siehe Nr. 115). Die Schützen müssen die Maske schon 10 Minuten am Kopfe haben, ehe sie zum Schusse kommen. Erleichterungen sind nicht zu dulden. Ferner ist zu beachten, daß auch bei schwachem oder künstlichem Licht (z. B. Mondschein, Schneelicht, Scheinwerfer- und Leuchtkugellicht) geschossen werden muß.

Gelegenheiten, sitzend oder vom Baum zu schießen, sind auszunutzen.

244. Es empfiehlt sich, das Schießgelände durch Anlage von Trichtern, Gräben, Mauerresten, durch Pflanzen von Hecken, Bäumen, hinter denen bewegliche Ziele erscheinen können, abwechslungsvoll zu gestalten und ihm von Zeit zu Zeit ein anderes Aussehen zu geben.

245. An den Lehrer werden besondere Anforderungen gestellt. Nur wenn der Schütze durch sorgfältige Kleinarbeit erzogen wird, sofort das Ziel zu erfassen, jeden Schuß mit Genauigkeit abzugeben und mit dem festen Willen, zu treffen, wird er auch gegen schwierige Ziele Erfolg haben. Der Lehrer hat den Schützen zu beobachten, sein Verhalten und die Wirkung der einzelnen Schüsse zu besprechen.

246. Der Mann wird entweder aus einer Stellung (z. B. aus einem Graben, Erdloch, hinter einer Deckung, von einem Baum usw. und auch im offenen Gelände) oder während der Bewegung (beim Vor- oder Zurückgehen, Laufen, Kriechen, Schleichen) durch nach und nach auf verschiedenen Entfernungen sichtbar werdende Ziele zum Feuern veranlaßt. Hierfür sind ganz einfache Lagen aus dem Schützenkampf, dem Posten- und Patrouillendienst zu geben.

247. Um das Vertrauen zur Waffe zu stärken, ist, namentlich bei Leuten der jüngeren Jahrgänge, darauf zu halten, daß die Größe der Ziele und die Entfernungen im Bereich der Streuung des Gewehrs liegen, damit auf Treffer gerechnet werden kann. Als Anhalt dienen Tafel III a und b.

248. Der Mann schätzt die Entfernung, wenn notwendig, berichtigt der Lehrer die Schätzung, dann sagt der Schüler Visier und Haltepunkt an, geht in Anschlag, zielt und schießt. Ist er bereits gewandter, läßt ihn der Lehrer nach Erscheinen des Ziels handeln und bespricht hinterher die einzelnen Punkte. Der Schütze entscheidet nach der Art des Zieles, ob er es wegen seiner Größe, Entfernung und Bedeutung sofort befeuert, oder ob er sich im Sinne des Auftrags erst näher heranzuarbeiten oder abwartend zu verhalten hat.

249. Beim Kampf auf allernächsten Entfernungen gebraucht der Schütze außer seiner Hauptwaffe auch die Handgranate (s. Nr. 643, 645).

250. Die Scharfschützen sollen häufig gegen besonders schwierige Ziele und in der Dämmerung schießen und dabei das lichtstarke Zielfernrohr benutzen.

Das Schulgefechtsschießen der Schützengruppe.

251. Lichte Gliederung und starke Feuerwirkung erschweren die Einwirkung der Zugführer auf die Tätigkeit der Schützen und machen ihre Feuerleitung oft unmöglich. Um so mehr muß der Gruppenführer den Feuerkampf auch in schwierigen Lagen in der Hand behalten. Er soll ihn leiten und ist darin auszubilden.

252. Den Feuerbeginn bestimmt in der Regel der Gruppenführer (Nr. 216). Er wählt und bezeichnet das Ziel (Nr. 217, 218), befiehlt das Visier (Nr. 223) und verteilt das Feuer (Nr. 231 bis 234).

Mit dem Kommando: „Schützenfeuer!" faßt er die Geschoßgarbe zusammen und leitet sie. Der Schütze ist durch diesen Befehl gebunden und wird erst selbständig, wenn der Gruppenführer auf Entfernungen unter 400 m bei guter Beobachtung Visier und Haltepunkt frei gibt.

253. Sind die Ziele im Gelände weit verstreut, so daß Zusammenfassen des Feuers unter einheitlicher Leitung nicht möglich ist, gibt der Gruppenführer durch den **Befehl** „Einzelfeuer!“ das Feuer frei. Dann bleiben Wahl des Ziels und Visiers, Haltepunkt und Feuerbeginn den Schützen überlassen.

254. Ohne Befehl darf dieser nur schießen, wenn sich ihm plötzlich auf nächster Entfernung ein Ziel bietet, das er nach der Lage sofort bekämpfen muß. Auch das unterbleibt, wenn der Gruppenführer sich aus besonderen Gründen den Feuerbeginn für alle Fälle vorbehalten hat.

255. Der Gruppenführer beschreibt kurz, aber klar Richtung und Lage des Ziels. Leicht verständliche Zielansprache ist schwierig und viel zu üben. **Hilfspunkte** wählt man möglichst im Ziel, dicht davor oder nahe dahinter (Nr. 218, 230).

256. Die Schützen schätzen die Entfernung und rufen das Ergebnis dem Gruppenführer zu, wenn sie in seiner Nähe liegen. Ist das Feuer freigegeben, verständigen sie sich untereinander.

257. **Überfallartiger Feuerbeginn** ist häufig angebracht und zu üben. Alle Vorbereitungen hierfür (Zielbezeichnen, Visierbestimmen, Feuerverteilen) trifft der Gruppenführer möglichst in der Deckung.

258. Die Gefechtslage, insbesondere die verfügbare Munition, kann den Gruppenführer zwingen, die Feuergeschwindigkeit zu regeln.

259. Der Gruppenführer hält auf straffe **Feuerzucht** und greift gerade in schwierigen Lagen persönlich ein, um seine Befehle durchzusetzen. Vor allem wirkt er durch Ruhe und Besonnenheit günstig auf seine Mannschaft. Mit dem Fernglase beobachtet er die Geschoßwirkung und tut das Ergebnis durch kurze Zurufe kund. Er feuert nur, wenn die Führerpflichten es erlauben oder die Lage es erfordert.

260. Wenn die Geschoßgarbe der Schützengruppe auch selten die Wirkung der Maschinengewehre erreicht, kann und wird sie doch auf nahen und mittleren Entfernungen das Feuer der M. G. erfolgreich ergänzen. Sie muß es ersetzen, wenn diese Waffe ausfällt.

Bei den Schießübungen sind die Aufgaben so zu stellen, daß Führer und Mann das notwendige Vertrauen zu den Leistungen ihrer Gewehre bekommen.

261. Meist empfiehlt sich, weiter vorwärts Nachbargruppen durch einzelne Leute oder Scheiben anzudeuten, damit das Schießen durch Lücken geübt wird.

262. Das enge Ineinandergreifen von Feuerkraft und Bewegung bringt den Erfolg im Angriff.

Der Wille dazu kommt zum Ausdruck, wenn der Zugführer l. M. G. und Schützengruppen einsetzt.

In der Verteidigung bringt ihr verständnisvolles Zusammenarbeiten den Ansturm des Gegners zum Scheitern.

263. Sie sollen sich gegenseitig durch Austausch der Beobachtungen, sachgemäße Feuerverteilung (Feuerkreuzen) helfen, durch Feuerunterstützung das Vorgehen ermöglichen usw.

264. Den Schützen- und l. M. G.-Gruppen ist Gelegenheit zu geben, nicht nur auf nahen und nächsten, sondern auch auf mittleren und sogar weiten Entfernungen ihre Waffen einzusetzen und deren Leistungsfähigkeit kennenzulernen.

Gefechtsübungen mit scharfer Munition.

265. Haben Schützen und Führer durch das Schulgefechtsschießen genügende Sicherheit in ihren Obliegenheiten erlangt, nehmen sie an den Gefechtsübungen mit scharfer Munition teil. Hierbei ist neben Erhaltung der schießtechnischen Fertigkeiten vor allem das taktisch richtige Handeln im Verbande zu schulen.

Es genügt nicht, daß dies auf den Übungsplätzen und im Gelände mit Exerzier- und Platzpatronen geschieht, denn nur der scharfe Schuß bringt die Gefechtshandlung einigermaßen der Wirklichkeit nahe und macht den Kampf kriegsähnlich. Das unbedingt notwendige Zusammenwirken, die Verbindung, der Wechsel zwischen Feuer und Bewegung werden wesentlich erschwert, wenn sich neben den leichten die schweren Infanteriewaffen mit scharfer Munition betätigen.

266. Den Übungen sind Lagen zu geben, die einen ganz bestimmten Gefechtszweck verfolgen. Führer und Mann sollen sich hineindenken und, soweit das im Rahmen der Sicherheitsbestimmungen möglich ist, nur so handeln, wie sie es im Ernstfalle tun würden. Während es beim Schulgefechtsschießen darauf ankommt, daß jeder Schütze recht oft zum Schuß kommt sollen bei diesen Übungen nur taktische Rücksichten bestimmend sein. Es muß verhütet werden, daß falsche Bilder entstehen, und die Schützen sich in Linien zusammendrängen, um zum Schuß zu kommen und dadurch bessere Treffergebnisse zu erzielen. Keine Patrone darf unnötig verschossen werden, jede Gelegenheit zum Vorgehen ist auszunutzen.

267. Das Gefecht zieht sich oft viele Stunden hin, es ist also nicht angängig, es von Anfang bis zu Ende mit scharfer Munition durchzuführen, zumal der Wechsel der Ziele gar nicht dargestellt werden könnte, und die zur Verfügung stehende Zeit nicht ausreichen würde. Die schießende Abteilung wird deshalb am zweckmäßigsten mit einem bestimmten Kampfauftrag mitten in einen Gefechtsabschnitt hineingestellt. Dann ist es auch eher möglich, die Voraussetzungen für das Mitwirken der schweren Infanteriewaffen zu schaffen.

268. Um einen solchen Gefechtsabschnitt zu entwickeln und die Aufstellung der Ziele der Wirklichkeit möglichst nahe zu bringen, kann man zunächst zwei Abteilungen mit Platzpatronen gegeneinander kämpfen lassen. Will man dann einen Abschnitt festhalten, werden von der einen Partei Scheiben in der erreichten Stellung aufgestellt und diese von der anderen scharf beschossen.

Voraussetzung bleibt aber, daß die nötige Sicherheit geschaffen werden kann.

Abwehr von Flugzeugen.

269. Die Abwehr von Flugzeugen durch Gewehr und Karabiner muß sich auf Entfernungen bis etwa 300 m beschränken. Auf weitere Entfernungen wird die Treffwahrscheinlichkeit zu gering. Das Flugzeug befindet sich innerhalb einer Entfernung von 300 m, wenn das Fahrgestell in seinen Einzelheiten (Räder und Streben) deutlich zu erkennen ist.

270. Nimmt man eine durchschnittliche Fluggeschwindigkeit von 200 km/st (Kilometer in der Stunde) an, so hat das Flugzeug während der Zeit, die das S-, sS- oder Smk-Geschoß bis zum Ziel braucht,

auf	100 m	Entfernung	vom	Schützen	etwa	7,5	m,
"	200 m	"	"	"	"	16	m,
"	300 m	"	"	"	"	25	m,
"	400 m	"	"	"	"	35	m,
"	500 m	"	"	"	"	46	m

zurückgelegt.

Bewegt sich das Flugzeug annähernd senkrecht zur Schußrichtung, müßte um diese Maße vorgehalten werden. Es ist aber sehr schwer, sie in der Luft abzuschätzen; auch die Wahl eines entsprechenden durchschnittlichen Winkelmaßes von etwa $4\frac{1}{2}$—5° verspricht wenig Erfolg, da sich Vorhaltemaß und Vorhaltewinkel mit der Flugrichtung ändern.

271. Bei der Abwehr, die im allgemeinen nur auf Befehl eines Zugführers erfolgt, sind rascher Entschluß des Führers, gute Feuerzucht und schnelles Schießen erforderlich. Je mehr Gewehre auf ein Flugzeug feuern, desto größer ist die Aussicht auf Erfolg.

272. In Sonderfällen, z. B. gegen sehr tief fliegende Schlachtflugzeuge, verspricht auch das Feuer einzelner Schützen und kleiner Gruppen Erfolg.

Durch eingehende Belehrung muß erreicht werden, daß solche Fälle rechtzeitig erkannt, nutzloses Einzelschießen und die damit verbundene Munitionsverschwendung vermieden werden.

273. In der Regel sind nur Flugzeuge, die sich in oder nahezu in der Schußrichtung auf den Schützen zu bewegen, durch Infanteriefeuer zu bekämpfen.

Dann gelten folgende Schießregeln: Beim Anflug wie beim Abflug ist „Ziel aufsitzen" zu halten. Da das Flugzeug während der Zeit, die das Geschoß bis zum Ziel braucht, eine gewisse Strecke zurücklegt, wird der Geländewinkel beim Anflug größer, beim Abflug kleiner.

Bild 32.

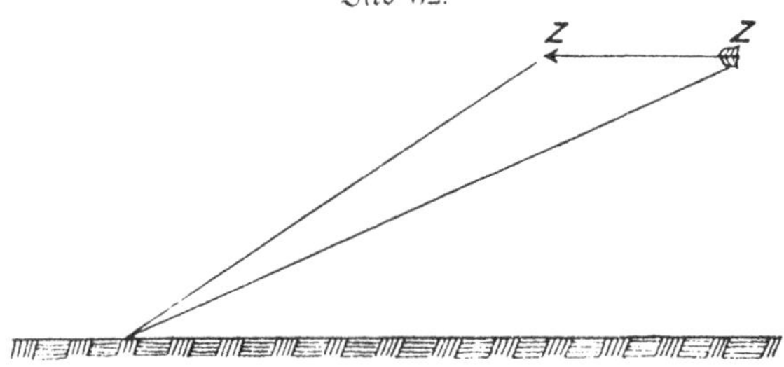

Diese Veränderung muß bei der Wahl des Visiers berücksichtigt werden.

Folgende Visiere sind zu stellen:

bei Flughöhen	beim Anflug	beim Abflug
bis 100 m	1500	100
von 100 bis 300 m	1800	100

Die gestellten Visiere werden beibehalten, bis das Flugzeug seine Flughöhe wechselt. Die Änderung der Entfernung hat auf die Visierstellung keinen Einfluß.

274. Seitwärts oder schräg seitwärts vom Schützen vorbeiziehende Flugzeuge sind mit Gewehr und Karabiner schwer zu treffen, die Abwehr fällt den Maschinengewehren zu.

Ihr Feuer verspricht bis 1000 m Erfolg, wenn mit der Fliegervisiereinrichtung geschossen wird.

275. Zum Kampf gegen Flugzeuge ist möglichst SmK-Munition zu verwenden. Mit S-, sS-Patronen kann nur gegen die leichtverletzlichen Teile des Flugzeuges (Streben, Propeller, ungepanzerte Benzintanks) und die Insassen Wirkung erzielt werden.

Sportliche Schießausbildung.

276. Die vorstehenden Abschnitte geben die Richtlinien für die Ausbildung im Schießen. Es bleibt die Kunst des Lehrers, diese so anregend wie möglich zu gestalten, damit Eifer und Ehrgeiz der Schützen während der langen Dienstzeit immer erneut angespornt werden. Wenn neben dem schulmäßigen der sportliche Betrieb gepflegt wird, ist dies gewährleistet.

Wettkampf jeder Art in den vielen zur Schießausbildung gehörenden Dienstzweigen regt immer wieder an und steigert die Leistungen. Im Anhang zur A. V. I. werden einige Aufgaben angedeutet. Jeder Kompanie- usw. Chef und die Schießlehrer müssen nach neuen suchen.

Prüfungsschießen.

277. Bei den Schützen- (einschl. Ausbildungs-) Kompanien und den Eskadronen der Kavallerie findet einmal im Jahre ein Einzelprüfungsschießen mit Gewehr und l. M. G. auf dem Schulschießstande statt.

278. Der Regimentskommandeur setzt die Bedingung fest. Sie darf für die Schießklassen verschieden sein, doch müssen alle Kompanien (Eskadronen) die gleichen Aufgaben erhalten.

279. Von der Bekanntgabe der Bedingung bis zum Prüfungsschießen darf nicht scharf geschossen werden.

280. Wenn der Regimentskommandeur dem Schießen beiwohnen will, bestimmt er den Tag, sonst einen Zeitraum von einigen Tagen, in dem das Schießen abzuhalten ist.

281. Die Bataillonskommandeure (Kavallerie-Regimentskommandeure) leiten das Schießen und sorgen dafür, daß keine Unregelmäßigkeiten vorkommen. Offiziere der schießenden Kompanie (Eskadron) haben die Leitung und überwachen die Führung der Listen. In der Deckung hat ein Portepeeunteroffizier einer anderen Kompanie (Eskadron) die Aufsicht.

Kann der Kavallerie-Regimentskommandeur nicht zugegen sein, so läßt er einen Stabsoffizier des Stabes das Schießen leiten. Steht eine Eskadron allein im Standort, regelt das Regiment die Aufsicht in der Deckung.

282. Mit dem Gewehr (Karabiner) schießen:

Die Oberleutnante, Leutnante, Unteroffiziere und Mannschaften (einschl. der im 12. Jahr dienenden und ausschl. der Rekruten der Ausbildungsbataillone), die nicht aus dringenden Gründen verhindert sind, die bestimmungsgemäß die Bedingungen der Gruppe A bzw. B zu schießen haben.

Mit dem l. M. G. schießen außerdem:

Bei den Schützenkompanien die Führer der l. M. G.-Gruppen und die Schützen 1—4. Bei den Eskadronen der Kavallerie die l. M. G.-Führer und die Schützen 1—3 (siehe Nr. 408).

Durch rechtzeitige Ablösung ist dafür zu sorgen, daß auch die auf Wache befindlichen und zu sonstigen Diensten verwendeten Soldaten am Schießen teilnehmen können.

Den Schießlisten ist ein namentliches Verzeichnis der Fehlenden mit Angabe des Grundes beizufügen.

283. Die Regimentskommandeure fordern die beim Prüfungsschießen geführten Listen ein und dürfen die höchsten und geringsten Leistungen, ohne die Kompanien (Eskadronen) zu nennen, bekanntgeben. Weitergabe der Ergebnisse an höhere Vorgesetzte erfolgt nur auf besonderen Befehl.

284. Bei der Beurteilung der Leistungen sind die oft ganz verschiedenen Verhältnisse zu berücksichtigen, und zwar:

Zahl der Schützen, Stärkeverhältnisse der Jahrgänge, Beschaffenheit der Schießstände, Beleuchtung der Scheiben und Witterungseinflüsse während des Schießens, Lage des Schießstandes zur Kaserne, Dienstverhältnisse des Standortes, insonderheit ob die Truppe oft zum Wachdienst und zu Kommandos herangezogen wird.

285. Rein sachliche Wertung der Ergebnisse soll ungesunden Wettstreit und einen den Geist der Truppe schädigenden, falschen Ehrgeiz einzelner verhüten.

Belehrungs- und Versuchsschießen.

286. Belehrungsschießen sollen die Wirkungsmöglichkeit des Gewehrs und l. M. G gegen feldmäßige Ziele und das Zusammenwirken der leichten und schweren Infanteriewaffen gegen den gleichen Zielraum veranschaulichen. Hierbei sind den einzelnen Waffen die ihrer Eigenart entsprechenden Ziele zuzuweisen, wobei erreicht werden muß, daß die verschiedenen Waffen gleichzeitig feuern, wie es der Gefechtslage im Ernstfalle entspricht, auch wenn die Sicherheitsmaßnahmen räumlich getrennte Feuerstellungen verlangen. Nur so kann dem Schützen klargemacht werden, wie ihn die schweren Infanteriewaffen im Kampfe unterstützen. Der Regiments- oder Bataillonskommandeur setzt Belehrungsschießen an.

287. Versuchsschießen sollen wichtige taktische oder schießtechnische Fragen klären, z. B. Feststellen der Ziele, die in erster Linie mit Gewehr, l. M. G. oder s. M. G. bekämpft werden, Vorarbeiten der Stoßtrupps einzeln, in Reihen, in Schützenkette, im Sprung oder Kriechen, Sprünge der l. M. G., Formen zurückgehaltener Abteilungen und deren Vorführen, Feuerverteilen auf schmale Ziele für Gewehr, l. M. G., s. M. G., Feuerwirkung bei zutreffenden und abweichenden, bei ein und zwei Visieren, Schießen bei schwachem Licht, mit Gasmaske, bei künstlichem Nebel, gegen Kampfwagen.

288. Das Reichswehrministerium (Heeresleitung) behält sich vor, hin und wieder Aufgaben für Versuchsschießen zu stellen und das Ergebnis zu verwerten. Wenn bis zum 1. 4. eines Jahres keine Verfügung eingegangen ist, dürfen die höheren Truppenvorgesetzten oder die Regimentskommandeure Versuchsschießen anordnen. Ergeben sich hierbei besondere Erfahrungen, ist darüber zu berichten.

289. Belehrungs- und Versuchsschießen sind in der Regel auf den Truppenübungsplätzen abzuhalten.

290. Die Vorgesetzten, welche die Schießen ansetzen, bestimmen, wie die Patronen, die den Kompanien hierfür zugewiesen sind, verwendet werden.

291. Sie ordnen auch an, wer, als Zuschauer, an den Schießen teilnehmen soll.

Belehrung über die Durchschlagswirkung.

292. Soweit möglich, wird gegen Erde, Sand, gefüllte Sandsäcke, Rasen, Moorboden, Dünger, festgestampften und losen Schnee, gegen verschiedene Holzarten, gegen Mauern, Eisenplatten usw. geschossen und der Mann belehrt, welche Deckungsstärken gegen die feindliche Geschoßwirkung erforderlich sind.

Beim Schießen gegen Gegenstände, die Splitterwirkung verursachen, sind die Anzeigerdeckungen zu räumen.

III. Entfernungsermittlung.

Allgemeines.

293. Sicheres Ermitteln der Entfernungen bildet die Grundlage für gute Feuerwirkung. Meist wird die Entfernung geschätzt, manchmal von der Karte abgegriffen, wenn möglich ist der Entfernungsmesser auszunutzen.

294. Übungen im Schätzen und Messen finden im Gelände, das oft zu wechseln ist, statt. Zunächst werden leicht erkennbare Punkte, dann Scheiben und lebende Ziele in richtiger Lage und Ausrüstung angesprochen.

Bei fortschreitender Ausbildung schätzen und messen die Soldaten im Liegen, oder wie es die Gefechtslage sonst fordert.

Schnelles Ermitteln der Entfernung ist wichtig.

295. Das Schätzen bei schwachem oder künstlichem Licht ist schwer und muß besonders geübt werden.

296. Bei Gefechts- und Schießübungen ist dem Entfernungsschätzen und -messen die notwendige Beachtung zu schenken.

297. Wett- und Preisschätzen steigern die Leistungen.

298. Muster 16 zeigt die Einrichtung der Entfernungsschätzbücher und enthält die Bestimmungen für Vergleichsschätzen.

Entfernungsschätzen.

299. Die in der Truppe diensttuenden Offiziere, Unteroffiziere und Mannschaften werden im schnellen und zuverlässigen Schätzen der für den Infanteriekampf in Frage kommenden Entfernungen ausgebildet (s. Nr. 15, Fußnote).

300. Die Ausbildung beginnt bald nach dem Eintritt und wird während der ganzen Dienstzeit bei der Truppe fortgesetzt.

301. Beim Schätzen wird die Strecke bis zum Ziel am Erdboden mit dem Auge abgemessen, wobei vielfach der Grad der Deutlichkeit des Ziels das Bestimmen der Entfernung erleichtert.

Neben der Art des Geländes spielen Beleuchtung, Wetter, Tageszeit und Größe des Ziels eine Rolle.

Zu kurz wird meist geschätzt im Gefecht, bei grellem Sonnenschein, bei reiner Luft, beim Stand der Sonne im Rücken, auf gleichförmigen Flächen, über Wasser, bei hellem Hintergrund, bei welligem Gelände, namentlich sobald einzelne Strecken nicht einzusehen sind. Zu weit wird geschätzt bei flimmernder Luft, dunklem Hintergrund, gegen die Sonne, bei trübem, nebeligem Wetter, in der Dämmerung, im Walde und gegen nur teilweise sichtbare Gegner.

302. Zunächst sollen dem Schüler die nahen Entfernungen geläufig werden. Dies wird erreicht, wenn er sich Strecken von 100—400 m auf dem Schießstande, später im Gelände, wo sie in verschiedenen Richtungen abgesteckt werden, einprägt. Will der Lehrer die hierin erlangte Fertigkeit prüfen, läßt er den Schüler bis auf eine bestimmte Strecke an einen Punkt herangehen oder in bestimmter Entfernung Geländepunkte bezeichnen. Ferner soll der Schüler an abgesteckten Entfernungen lernen, daß bestimmte Strecken um so kürzer erscheinen, je weiter sie entfernt sind.

303. Bei zunehmender Entfernung empfiehlt sich, daß der Schätzende die Gesamtstrecke in zwei Hälften oder nach hervortretenden Geländepunkten teilt und die Teilstrecken mit den ihm geläufigen Maßeinheiten ermittelt.

Oft wird er sich zunächst klarmachen, wie groß die Entfernung bis zum Ziel höchstens sein kann, und wie groß sie mindestens sein muß, dann das Mittel ziehen und es nach anderen Wahrnehmungen berichtigen.

304. Ist das Gelände bis zum Ziel nicht überall einzusehen oder muß auf langen, gleichmäßigen Flächen geschätzt werden, kann es vorteilhaft sein, Anfangs- und Endpunkt seitwärts auf eine Baumreihe, einen Waldrand usw. zu übertragen und dort zu schätzen oder mit der Stricheinteilung des Fernglases, durch Daumenbreite und Daumensprung festzulegen. Besonders wichtig ist auch, quer oder schräg vorliegende Entfernungen zu ermitteln.

305. Die genaue Entfernung kann mit dem Entfernungsmesser, durch Abmessen mit Leinen oder durch Abgreifen von der Karte festgestellt werden. Sie wird an Ort und Stelle mit der geschätzten verglichen. Hierbei wird der Lehrer einzelne Leute fragen, wie sie zu ihrem Ergebnis gekommen sind, und welche Überlegungen sie angestellt haben.

306. Alle Soldaten müssen oft in verschiedenartigem Gelände an festgelegten Entfernungen die Zahl ihrer Doppelschritte auf 100 m prüfen und sich einprägen, damit sie kurze Strecken sicher abschreiten können.

Beim Abschreiten wird die Strecke von 100 zu 100 m durch Zählen der Doppelschritte festgestellt. Reiter müssen wissen, wie oft sie sich beim Leichttraben auf 100 m aus dem Sattel heben.

Entfernungsmessen.

307. Mit richtig arbeitenden und gut bedienten Entfernungsmessern können Entfernungen sicher festgestellt werden.

Es empfiehlt sich, möglichst vor Beginn des Feuerkampfes zu messen.

308. Will man Flugzeuge anmessen, wird der Entfernungsmesser mit einer bestimmten Einstellung, z. B. 1200 m, danach gerichtet, und der Augenblick, in dem diese Entfernung erreicht wird, festgestellt.

309. Der Entfernungsmesser ist auch ein sehr gutes Fernglas.

310. Auf schnelles Messen und der Gefechtslage entsprechendes Verhalten der Meßleute ist stets zu achten. Reicht die Zeit, ist das Ergebnis durch nochmaliges Messen nachzuprüfen.

311. Für die Ausbildung am Entfernungsmesser, die ein mit der Bedienung und Behandlung vertrauter Offizier oder Portepeeunteroffizier übernimmt, ist der Kompanie- usw. Chef verantwortlich.

312. Die in der Kompanie usw. diensttuenden Offiziere und Unteroffiziere sollen den Entfernungsmesser handhaben können. In jedem Winterhalbjahr sind außerdem 4 Mann mit gutem Sehvermögen neu auszubilden. Alle mit der Bedienung vertrauten Soldaten sind in Listen zu führen und weiter zu üben. In der Truppenstammrolle wird vermerkt, daß sie im Messen ausgebildet worden sind.

313. Die Ausbildung befaßt sich mit

a) kurzer Beschreibung und Behandlung des Entfernungsmessers,
b) Anmessen von Zielen, wie sie das Gefecht bietet, wobei die entsprechende Körperlage einzunehmen ist,
c) Anfertigen einfachster Skizzen, in denen Pfeilstriche mit der ermittelten Entfernung auf die angemessenen Punkte deuten,
d) Berichtigung des Entfernungsmessers durch die Schüler. Sie wird durch mehrmaliges Messen einer genau festgelegten Strecke von mindestens 700 m nachgeprüft.

314. Bei Übungen oder Gefechtsschießen überzeugt sich der Bataillons- usw. Kommandeur von den Leistungen und Fortschritten im Entfernungsmessen. Vorher ist das Gerät durch den dafür zuständigen Waffenmeister nachzuprüfen und wenn nötig zu berichtigen.

IV. Schießauszeichnungen.

Schützenabzeichen.

315. Die besten Schützen unter den Unteroffizieren und Mannschaften erhalten Schützenabzeichen.

316. Der Erwerb des Abzeichens ist an folgende Bedingungen gebunden:

a) Der Schütze muß alle für seine Gruppe vorgeschriebenen Übungen im Schulschießen mit einmaligem Schießen erfüllt haben;

b) in Gruppe A und B darf er nicht mehr als 5, in Gruppe C nicht mehr als 3 Patronen zugesetzt haben;

c) er darf der I. und II. Schießklasse nicht länger als 3 Jahre angehören und nicht in sie zurückversetzt sein.

317. Ist diesen Bedingungen entsprochen worden, so entscheidet bei dem Wettbewerb in erster Linie die Zahl der verbrauchten Patronen, dann die der Treffer und schließlich die der Ringe. Ergibt sich noch keine Entscheidung, ist sie durch ein Stechschießen herbeizuführen.

318. In den Wettbewerb treten die Unteroffiziere und Mannschaften, die

a) alle Übungen ihrer Gruppe und Schießklasse mit Gewehr oder Karabiner zu schießen haben,

b) nur 5 Übungen in Gruppe A oder B zu schießen brauchen, aber doch alle erledigen.

319. Sind die Bedingungen erfüllt worden, so dürfen jährlich

a) 10 % der in Gruppe A und B,

b) 5 % der in Gruppe C schießenden Unteroffiziere und Mannschaften Schützenabzeichen erhalten. Bei einem Rest von 5 und mehr ist ein weiteres Abzeichen zuständig. Die Zahl der Schützenabzeichen richtet sich also nach der Zahl der Unteroffiziere und Mannschaften, die tatsächlich am Schulschießen teilgenommen haben.

320. Jede Schießklasse, in der den Bedingungen entsprochen worden ist, erhält zunächst ein Abzeichen, die übrigen werden nach der Zahl der Anwärter auf die einzelnen Klassen verteilt.

321. Der Kompanie- usw. Chef stellt über den Erwerb der Abzeichen eine Bescheinigung aus; in der Truppenstammrolle, in der Schießübersicht und im Schießbuch wird er vermerkt.

322. Neben dem Abzeichen für Schießen mit dem Gewehr kann auch ein solches mit dem l. M. G. erworben werden (s. Nr. 478).

323. Das Abzeichen darf beim Ausscheiden aus dem Dienst behalten werden.

Ehrenpreise.

324. In jedem Jahre finden Schießen mit Gewehr oder Karabiner um Ehrenpreise statt.

325. Als Ehrenpreise werden Säbel und Uhren verliehen.

a) Offiziere:

Der beste Gewehrschütze der Division, der beste Karabinerschütze der Division, der beste Karabinerschütze der Kavallerie-Division erhält einen Säbel.

b) Unteroffiziere und Mannschaften:

Der beste Gewehrschütze der Division, der beste Karabinerschütze der Division, der beste Karabinerschütze der Kavallerie-Division erhält eine Uhr.

326. An dem Wettbewerb dürfen Offiziere, Unteroffiziere und Mannschaften in jedem Jahre einmal teilnehmen, wenn sie nicht mit dem l. M. G. oder s. M. G. um einen Ehrenpreis schießen und mindestens 6 Monate Soldat sind.

Zur Teilnahme verpflichtet sind unter obigen Voraussetzungen die Oberleutnante, Leutnante, Unteroffiziere und Mannschaften, die das Schulschießen mitmachen, am Schießtage im Standorte und nicht durch Krankheit oder aus anderen dringlichen Gründen verhindert sind.

327. Offiziere, Unteroffiziere und Mannschaften, die nicht einem Stabe oder Truppenteil einer Division angehören, werden für den Wettbewerb um die Ehrenpreise einer Division zugewiesen, und zwar

der 1. Division die des Reichswehrministeriums: Adjutantur, Heeresleitung (Stab), Heeres-Ausbildungsabteilung, Heerespersonalamt, Nachrichtenbetriebsleitung;

der 2. Division die des Reichswehrministeriums: Truppenamt, Wehrmachtsabteilung;

der 3. Division die des Reichswehrministeriums: Inspektion der Infanterie und des Gruppenkommandos 1;

der 4. Division die des Reichswehrministeriums: Inspektion des Erziehungs- und Bildungswesens und der Infanterieschule;

der 5. Division die des Gruppenkommandos 2 und der Heeres-Friedenskommission;

der 6. Division die des Reichswehrministeriums: Heeres-Verwaltungsamt, Heeres-Waffenamt (einschließlich Inspektion für Waffen und Gerät);

der 7. Division die des Reichswehrministeriums: Inspektion der Pioniere, Inspektion der Verkehrstruppen, Inspektion der Nachrichtentruppen und der Pionierschule;

der 1. Kavallerie-Division die des Reichswehrministeriums: Berittenmachungskommando;

der 2. Kavallerie-Division die des Reichswehrministeriums: Inspektion der Artillerie und der Artillerieschule;

der 3. Kavallerie-Division die des Reichswehrministeriums: Inspektion der Kavallerie und der Kavallerieschule;

den örtlichen Divisionen die der Schieß- und Übungsplätze und aller sonstigen Anstalten.

Etwaige in Frage kommende Ergebnisse sind den Divisionen und Kavallerie-Divisionen bis 10. 10. j. J. zuzuleiten.

328. Wird ein Soldat, der schon einen Ehrenpreis erworben hat, wieder Sieger in dem Wettbewerbe, wird er bei der Bekanntgabe der Ergebnisse erwähnt und erhält eine Belobungsurkunde. Der nächstbeste Schütze bekommt den Ehrenpreis, wenn er der Bedingung genügt hat.

329. Das Ehrenpreisschießen findet im Sommer an einem dafür möglichst günstigen Tage statt.

Hat das Schießen begonnen, ist es nur aus zwingenden Gründen — plötzlich einsetzender, sehr starker Regen oder Sturm — abzubrechen und an einem der nächsten Tage fortzusetzen. Kein Soldat darf aber zweimal um den Ehrenpreis schießen.

330. Bedingung für das Schießen mit Gewehr und Karabiner:

Jeder in der Truppe stehende Soldat schießt mit der ihm ständig zugewiesenen Waffe.

Entfernung: 150 m.

Anschlag: stehend freihändig,
Ringscheibe mit 24 Ringen,
5 Schuß.

100 Ringe müssen mindestens erzielt werden. Anzug der Vorübung (Mütze). Vor dem Schießen darf ein Probeschuß, der vorher als solcher zu bezeichnen ist, abgegeben werden.

331. In erster Linie entscheidet die Summe der Ringe. Ist sie gleich, bleibt Sieger, wer den besten letzten, erforderlichenfalls den besten vorletzten usw. Schuß hat.

332. Die Truppenteile melden die Namen der besten Schützen, die der Bedingung genügt haben, mit den Schießergebnissen, Angabe der Kompanie usw. und der Scheidenlänge (bei Offizieren) bis 10. 10. j. J. der Division. Hat einer der Sieger schon einmal den Ehrenpreis erworben, ist dies hervorzuheben. Die Division berichtet dem Reichswehrministerium (Inspektion der Infanterie) bis 1. 11. j. J.

333. Das Reichswehrministerium gibt die Sieger im H. V. Bl. bekannt und veranlaßt die Übersendung der Preise an die Truppenteile, deren Kommandeure sie in angemessener Weise überreichen.

Im Personalnachweise, in der Truppenstammrolle, in der Schießübersicht, im Schießbuche und in den Entlassungspapieren sind der Erwerb und eine etwaige Belobung zu vermerken.

Schießpreise.

334. Jede Kompanie usw. erhält jährlich Geldmittel, um dafür Schießpreise zu beschaffen.

Ein Sechstel der Summe ist für die Unteroffiziere, fünf Sechstel sind für die Mannschaften bestimmt.

335. Der Kompanie- usw. Chef bestimmt Waffen und Bedingung.

V. Scheiben, Munition.

Scheiben.

336. Scheiben werden aus Pappe oder Leinwand, Scheibenrahmen aus Holz gefertigt. Pappscheiben dürfen, Leinwandscheiben müssen mit Papier überzogen werden.

Ringscheibe.

337. Bild 33 weiß, 170 cm hoch und 120 cm breit. Vom Mittelpunkt der Scheibe aus werden 12 Kreise gezogen und die Ringe von außen nach innen mit den Zahlen 1 bis 12 bezeichnet. Der Halbmesser der 12 beträgt 5 cm; die übrigen Halbmesser wachsen um je 5 cm. Die Ringe 10 und 11 werden schwarz ausgefüllt und bilden mit der 12 den Spiegel.

Ringscheibe mit 24 Ringen, Halbmesser des mittelsten (24.) Ringes 2,5 cm, die übrigen Halbmesser wachsen um 2,5 cm.

Kopfringscheibe.

338. Bild 34 (hellbraun); Größe und Ringeinteilung wie die Ringscheibe.

Bild 33.

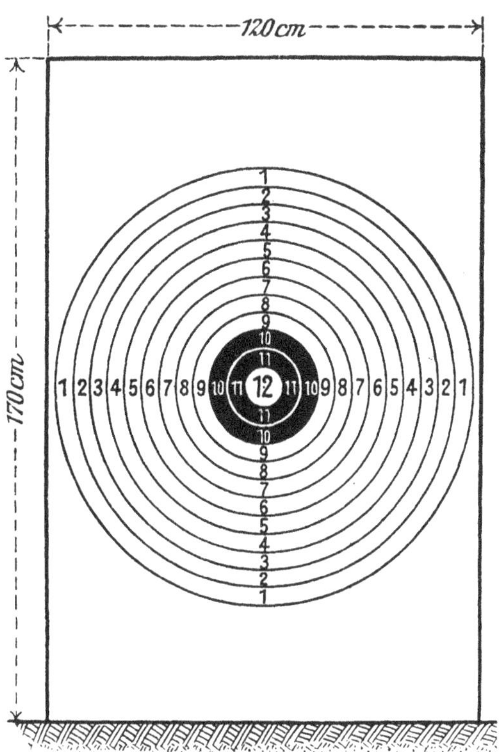

Auf die Scheibe wird eine Kopfscheibe, das Gesicht rotbraun, Helm und Brust stahlgraublau, so aufgeklebt, daß die Mittellinie des Gesichts mit der senkrechten Mittellinie der Scheibe zusammenfällt, und der obere und untere Rand mit Ring 11 abschneidet. Die Ringe werden durch die Kopfscheibe durchgezogen.

Bruſtringſcheibe.

339. Bild 35. Statt der Kopfscheibe wird eine Brustscheibe aufgeklebt, deren oberer Rand mit Ring 10, deren unterer Rand mit Ring 11 abschneidet.

Knieringſcheibe.

340. Bild 36. Auf die Ringscheibe wird eine Kniescheibe so aufgeklebt, daß der obere und untere

Bild 34.
Zielbild: Höhe 20 cm, größte Breite 42,5 cm.

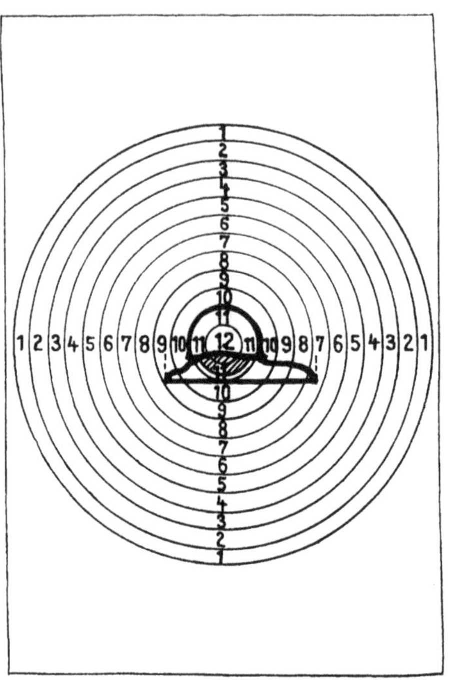

Rand mit Ring 3, der rechte etwa mit Ring 8 abschneidet. Die Ringe werden durch die Kniescheibe durchgezogen.

Bruſtſcheibe.

341. Maße wie auf der Bruſtringſcheibe.

Scheiben für Gefechtsſchießen.

342. Die Kopf-, Bruſt-, Knie- uſw. Scheiben entſprechen in ihren Maßen den Bildern und der Beſchreibung in der „Zielbauanleitung" H. Dv. 225.

Munition.

343. Nach Bewilligung des Haushalts wird alljährlich bekanntgemacht, welche Übungsmunition den Kompanien uſw. zur Verfügung ſteht.

344. Die Überſicht (Nr. 350) ſoll als Anhalt für die Verwendung der ſcharfen Munition dienen.

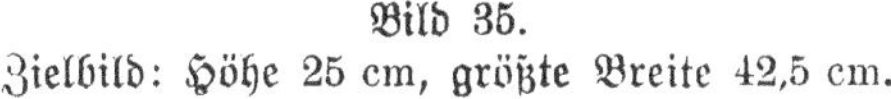

Bild 35.
Zielbild: Höhe 25 cm, größte Breite 42,5 cm.

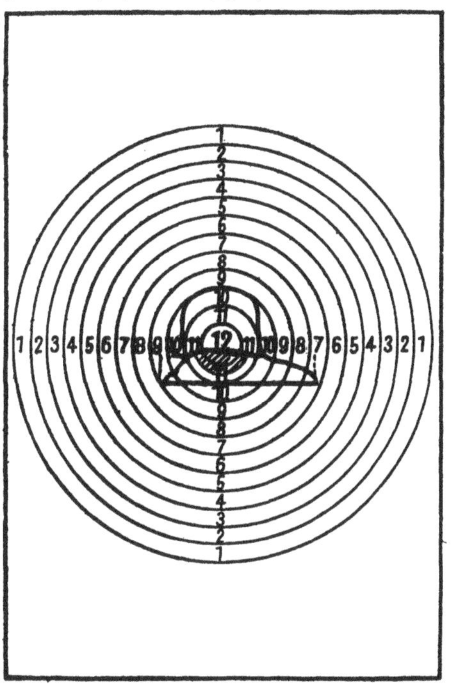

345. Die Regiments- und Bataillonskommandeure überzeugen sich davon, daß die Munition zweckmäßig verwendet wird, und bestimmen, ob und wieviel Patronen für von ihnen zu leitende Gefechtsübungen mit scharfer Munition zurückzulegen sind.

346. Der Kompanie- usw. Chef regelt die weitere Verteilung.

Beim Schulgefechtsschießen dürfen keine Ersparnisse gemacht werden. Die im 12. Jahr dienenden Unteroffiziere und Mannschaften schießen keine Pflichtübungen mehr, sondern nach Ermessen des Kompanie- usw. Chefs zur Erhaltung ihrer Schießfertigkeit besondere Übungen. Beim Schulschießen oder bei den Gefechtsübungen mit scharfer Munition ersparte Patronen sind nach dem Ermessen des Kompanie- usw. Chefs

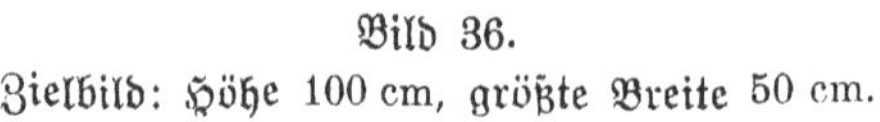
Bild 36.
Zielbild: Höhe 100 cm, größte Breite 50 cm.

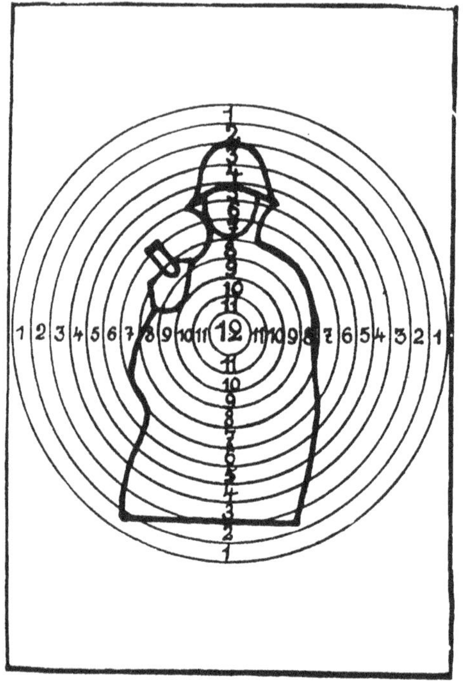

zum Schulschießen (besondere Übungen) und Schulgefechtsschießen mit Gewehr (Karabiner) und besonders l. M. G. zu verwenden. Werden die für Rekruten bestimmten Patronen nicht aufgebraucht, sollen sie dem Ausbildungsstamm zugute kommen.

347. Abgabe von Patronen an andere Kompanien usw. ist verboten.

348. Über die für Belehrungs- und Versuchsschießen ausgeworfene Munition dürfen die Kompanie- usw. Chefs erst verfügen, wenn sie von den Vorgesetzten freigegeben worden ist (s. Nr. 288, 290).

349. Der Bataillons- usw., bei der Kavallerie der Regimentskommandeur darf in begründeten Fällen genehmigen, daß überzählige Munition für das nächste Schießjahr aufgehoben wird.

350. Anhalt

für die Verteilung der für den einzelnen Schützen der Sollstärke berechneten Munition.

	Feldtruppenteile						Ausbildungstruppenteile				Alle Stäbe, Kommandanturen, Behörden
	Gruppe A		Gruppe B		Gruppe C		der Infanterie		der Kavallerie		
	1.—4. Dienstjahr*)	5.—12. Dienstjahr*)	1.—4. Dienstjahr*)	5.—12. Dienstjahr*)	1.—4. Dienstjahr*)	5.—12. Dienstjahr*)	Stamm	Rekrut.	Stamm	Rekrut.	
1. Für Schul- und Preisschießen, besondere vom Regiments-, Bataillons- usw. Kommandeur und Kompanie- usw. Chef anzusetzende und sportliche Übungen, besondere Übungen der Offiziere, Anschießen und Probeschüsse	90	70	65	55	35	30	85	45	75	35	30
2. Für Schulgefechtsschießen	40	30	35	25	15	10	25	15	20	10	5
3. Für Gefechtsübungen mit scharfer Munition	15	10	15	10	5	—	10	—	10	—	—
4. Für Prüfungsschießen ..	5	5	5	5	—	—	5	—	—	—	—
Summe ...	150	115	120	95	55	40	125	60	105	45	35

Besondere für die Kompanie usw. ausgeworfene Munition.

	Gruppe A	Gruppe B	Gruppe C 1.—4.	Gruppe C 5.—12.	Infanterie Stamm	Infanterie Rekrut.	Kavallerie Stamm	Kavallerie Rekrut.	Alle Stäbe usw.
Für Belehrungs- und Versuchsschießen	500	500	—	—	—	—	—	—	—

*) Auf die „Richtlinien für die Ausbildung im Heere" vom 1. 8. 30 Seite 7 Ziffer 13 wird hingewiesen.

VI. Anschießen der Gewehre und Karabiner.

351. Die Truppe muß dafür sorgen, daß sie nur regelrecht schießende Waffen hat.

Der Anschuß soll zeigen, ob die Treffpunktlage regelrecht ist und die Treffgenauigkeit zum Erfüllen der Schießbedingungen ausreicht.

Sorgfältiges Anschießen wird durch gute Schußleistungen reichlich belohnt und bedeutet eine erhebliche Ersparnis an Patronen und Zeit beim Schulschießen.

352. Eine Waffe hat regelrechte Treffpunktlage und ausreichende Treffgenauigkeit, wenn sie den Anschußbedingungen entspricht.

353. Waffen, die dem Anschuß nicht genügen, dürfen zum Schulschießen nicht verwendet, sondern müssen dem Waffenmeister übergeben werden, der die Fehler zu beseitigen hat.

354. Der Anschuß erfolgt in den Kompanien usw. durch 4—6 Anschußschützen (Offiziere, Unteroffiziere, Mannschaften, möglichst der Scharfschützenklasse).

Die Auswahl geschieht durch den Kompanie- usw. Chef.

Sorgsame Auswahl und gewissenhafte, vorschriftsmäßige Durchführung des Anschusses sind für die Leistungen der Kompanie usw. im Schießen von größter Bedeutung.

355. Der Bataillons-, Regiments- usw. Kommandeur überwacht das Anschießen und Beachten der hierfür gegebenen Bestimmungen, er sorgt für einheitliche Auffassung der Vorschriften. Die Waffenkommission unterstützt ihn hierbei. (H. Dv. 488, Teil 1, Nr. 16.)

356. Geeignete Anschußschützen sind nur solche Offiziere, Unteroffiziere und Mannschaften, die sicher und regelrecht schießen, keinerlei Zieleigentümlichkeiten (z. B. Zielen mit Fein- oder Vollkorn, loses Einsetzen des Kolbens u. dgl.) haben. Nicht jeder gute Schütze eignet sich zum Anschießen. Die Auswahl muß mit größter Sorgfalt erfolgen.

Die Ausgewählten müssen in folgender Weise geprüft werden:

Sie schießen unter Aufsicht des Kompanie- usw. Chefs an einem Tage mit wenigstens drei anerkannt gut schießenden, vom Waffenmeister vorher untersuchten Waffen die Bedingungen des Anschusses, jedoch mit 7 Schüssen, die hintereinander und ohne daß zwischendurch angezeigt wird, abgegeben werden. Die Trefferbilder sollen im allgemeinen von den Anschußschützen während des Anschusses nicht eingesehen werden. Es empfiehlt sich, den Anschuß an einem anderen Tage mit den gleichen Schützen und Gewehren zu wiederholen. (Vor jedem neuen Anschuß muß der Lauf abgekühlt sein.) Brauchbar sind die Schützen, die ungefähr die gleiche Treffpunktlage (Nr. 22) und die größte Treffgenauigkeit erschossen haben. Sie sind durch Kompanie- (Eskadrons-) Befehl zu „Anschußschützen" zu ernennen.

Andere Soldaten dürfen nicht anschießen.

357. Der Kompanie- usw. Chef unterrichtet die Anschußschützen eingehend über den Zweck des Anschusses. Es kommt nicht darauf an, eine Waffe auf jede Weise zum Erfüllen der Anschußbedingung zu bringen, sondern ihre Schußleistung festzustellen, um vorhandene Fehler zu beseitigen.

Das Anschußverfahren.

358. Anschießen ist notwendig bei:

a) allen Waffen nach der außerordentlichen Reinigung, jedenfalls vor Beginn des Schulschießens;
b) neu überwiesenen Waffen (alten und neuen);
c) Waffen, die einer Wehrkreiswaffenmeisterei zur Instandsetzung übergeben waren, auch wenn sie dort angeschossen worden sind;
d) Waffen, an denen eine der folgenden Instandsetzungen ausgeführt worden ist:
   - Einstellen eines neuen Laufes mit Hülse,
   - Richten des Laufes,
   - Einstellen eines neuen Korns,
   - Einstellen einer neuen Visierklappe oder eines neuen Visierschiebers,
   - Einstellen eines neuen Schaftes,
   - Richten des Schaftes,
   - Einstellen eines neuen Zapfenlagers,
   - Einleimen eines Holzstücks in die Einlassung für den Hülsenkreuzteil oder den Hülsenkopf sowie für die vordere oder hintere Auflagefläche des Kastens;
e) Waffen, deren schlechte Schußleistung einen Waffenfehler vermuten läßt (Nr. 150).

359. Der Kompanie- usw. Chef leitet das Anschießen. Der Waffenunteroffizier ist bei jedem Anschuß zugegen.

360. Ein Übermüden der Anschußschützen und jegliches Übereilen müssen vermieden werden.

361. Das Anschießen findet nur bei günstiger Witterung statt. Die Visiereinrichtung darf nicht blank und muß gegen Sonnenbestrahlung geschützt sein. Vor dem Anschuß hat der Schütze die Waffe auf Schloß- und Abzugsgang, Visier- und Kornstand zu prüfen.

362. Es wird auf 100 m am Tisch sitzend geschossen. Der Anschlag wird nach Nr. 63 ausgeführt.

Auflage der Waffe unter dem Handschutz.

Visier 100. Haltepunkt: Anker aufsitzen.

Scheibe für Gewehr 98 (Karabiner 98 b) mit S-Munition und S-Visier: Bild 37.

Scheibe für Gewehr 98 (Karabiner 98 b) mit sS-Munition und sS-Visier: Bild 38.

Bild 37.

Anschußscheibe für Gewehr 98 (Karabiner 98 b) mit S-Munition und S-Visier.

Maße in Zentimetern.

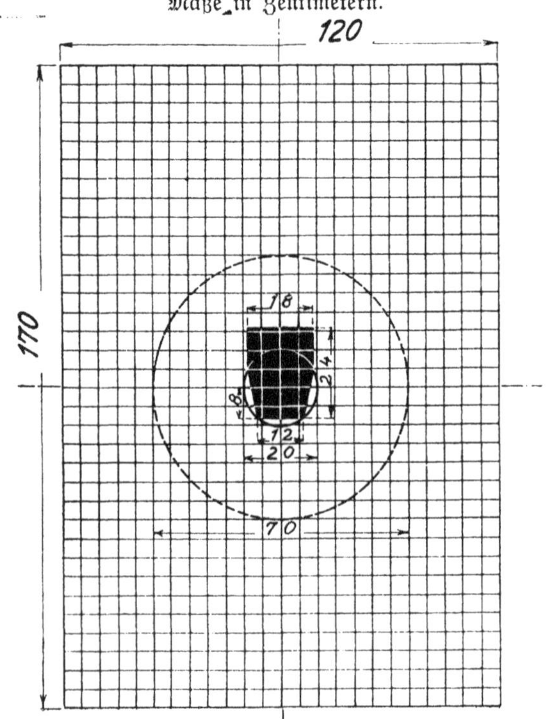

Bild 38.

Anschußscheibe für Gewehr 98 (Karabiner 98b) mit sS=Munition und sS=Visier.

Maße in Zentimetern.

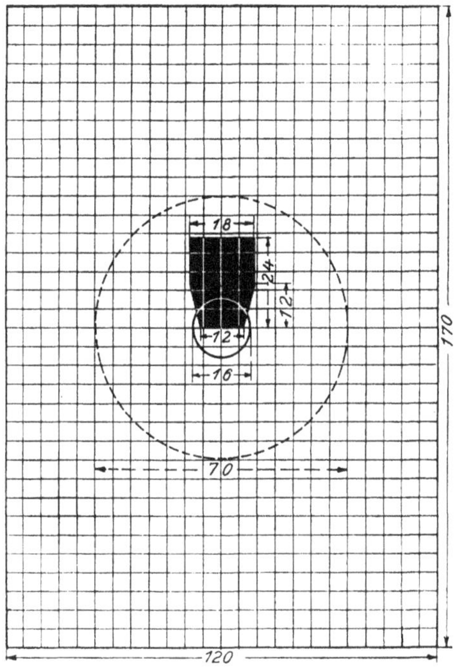

363. Ein Anschießen auf anderen Entfernungen ist verboten.

364. Eine Waffe genügt, wenn:

a) bei 3 Schüssen 3,

b) bei 7 Schüssen 4 Treffer im inneren Kreis sitzen und die Höhen= (H) und Breitenstreuung (B) aller 7 Schüsse bei Verwendung von S=Munition nicht mehr als je 20 cm, bei Verwendung von sS=Munition nicht mehr als je 16 cm betragen.

365. Zunächst werden 3 Schüsse abgegeben, dann wird die Scheibe eingezogen und die Lage der Schüsse festgestellt.

Sitzen die 3 Schüsse im inneren Kreis, so hat die Waffe genügt; der Anschuß ist beendet und abzubrechen. Der Leitende wird durch Herausschieben der Anzeigetafel 12 verständigt.

Sitzen die 3 Schüsse bei einer Höhen- und Breitenstreuung von nicht mehr als je 10 cm sämtlich oder teilweise außerhalb des inneren Kreises, so ist ein Waffenfehler zu vermuten; der Anschuß ist abzubrechen. Die Waffe hat nicht genügt, und der Leitende wird durch Winken mit der Anzeigestange oder Herausschieben der Tafel „Scheibe" verständigt.

Sitzen die 3 Schüsse bei einer Höhen- und Breitenstreuung von mehr als je 10 cm sämtlich oder teilweise außerhalb des inneren Kreises, so werden, um die Schußleistung möglichst einwandfrei festzustellen, noch 4 Schüsse hintereinander, ohne zwischendurch die Scheibe nachzusehen, abgegeben; der Leitende wird durch Herausschieben der Tafel 7 hiervon verständigt. Sitzen von den 7 Schüssen 4 im inneren Kreise, und betragen die Höhen- und Breitenstreuung aller Schüsse bei Verwendung von S-Munition nicht mehr als je 20 cm, bei Verwendung von sS-Munition nicht mehr als je 16 cm, so hat die Waffe genügt. Dies wird durch Herausschieben der Tafel 12 angezeigt. Anderenfalls hat die Waffe nicht genügt, und der Leitende wird durch Winken mit der Anzeigestange oder Herausschieben der Tafel „Scheibe" verständigt.

366. Das Ergebnis des Anschusses wird für jede Waffe von dem Offizier oder Unteroffizier an der Scheibe mit Tintenstift in ein besonderes mit laufender Nummer zu versehendes Trefferbild (verkleinertes Scheibenbild, Maßstab 1 : 10), Muster 11, 12, eingetragen. In der Schießkladde werden laufende Nummer, Gewehrnummer, Name des Anschußschützen und Ergebnis des Anschusses vermerkt. Nach dem Schießen überträgt der Waffenunteroffizier Tag, Name des Anschußschützen und Waffennummer auf das entsprechende Trefferbild.

Diese werden für das laufende und folgende Schießjahr aufbewahrt und zu den Waffenbesichtigungen mitgebracht.

367. Eine Waffe, die nicht genügt hat, wird mit Trefferbild dem Waffenmeister zum Untersuchen und Instandsetzen übergeben. Nach dieser ist sie erneut anzuschießen; genügt sie noch nicht, so wiederholt sich das gleiche Verfahren bis zur dreimaligen Instandsetzung. War auch die letzte erfolglos, so ist die Waffe mit einer beglaubigten Abschrift des Trefferbildes der zuständigen Wehrkreiswaffenmeisterei einzusenden.

368. Findet der Waffenmeister keine Fehler, die die Schußleistung beeinträchtigen, so ordnet der Kompanie- usw. Chef einen nochmaligen Anschuß — „Schiedsrichteranschuß" — an. Genügt die Waffe nicht, wird sie ohne weitere Untersuchung und ohne einen nochmaligen Anschuß mit beglaubigter Abschrift des Trefferbildes an die Wehrkreiswaffenmeisterei gesandt.

Grundsätze für die Durchführung des Anschusses.

369. Das Gerät muß brauchbar sein; z. B. beeinträchtigen wackelige Stühle und Tische das Ergebnis des Anschusses.

370. Meldet der Schütze unmittelbar nach dem Schuß, daß er unrichtig oder unsicher abgekommen ist, so läßt der Kompanie- usw. Chef den Anschuß abbrechen und neu beginnen. Alle bisherigen Schüsse sind zu kleben und außer acht zu lassen. Ausschalten eines Schusses als „Ausreißer" oder wegen eines angeblichen Zielfehlers ist verboten.

Versager sind zu ersetzen.

371. Es widerspricht dem Zweck und schädigt die Schießleistung der Truppe, wenn schlechtschießende Waffen durch mehrfaches Wiederholen des Anschusses ohne Instandsetzen zu einem zufälligen Erfüllen der Bedingung gebracht werden. Der Anschuß darf also nicht wiederholt werden, bevor der Waffenmeister die Waffe untersucht hat.

372. Instandsetzungen von Waffen, die dem Anschuß nicht genügt haben, sind im allgemeinen vor allen anderen Arbeiten zu erledigen.

373. Nach dem Instandsetzen wird die Waffe so bald als angängig durch denselben Schützen erneut angeschossen. Nur beim Schiedsrichteranschuß (Nr. 368) muß ein anderer Schütze genommen werden.

374. Da nur dreimalige Instandsetzung gestattet ist und nach jeder angeschossen werden muß, sind — abgesehen von dem in Nr. 370 behandelten Fall — nur vier Anschüsse denkbar. Ihr Ergebnis ist in einem Trefferbild mit verschiedener Schußbezeichnung aufzunehmen (s. Muster 11 und 12).

375. Wird eine Waffe, die dem Anschuß genügt hat, aus irgendeinem Grunde erneut angeschossen, ist ein neues Trefferbild zu verwenden. Es müssen also z. B. von einer Waffe, an der während des Schießjahres zu verschiedenen Zeiten zwei den Anschuß fordernde Instandsetzungen vorgenommen worden sind, drei Trefferbilder (eins vom Anschuß zu Beginn des Schießjahres und je eins auf Grund der zwei Instandsetzungen) vorhanden sein. Ein neues Trefferbild ist auch erforderlich, wenn eine schlechtschießende Waffe in der Wehrkreiswaffenmeisterei instand gesetzt worden ist (Nr. 358, c).

376. Das Trefferbild, auf dem die Waffe dem Anschuß genügt hat, ist in das Schießbuch zu übertragen (Muster 14, 15).

377. Reinschriften der Trefferbilder dürfen nicht gefertigt, sogenannte „Trefferbilderbücher" nicht geführt und Abschriften nur in den in Nr. 367 und 378 behandelten Fällen gemacht werden.

378. Zum Nachweis der Instandsetzungen an schlechtschießenden Waffen werden die zweiten, dritten und vierten Anschußergebnisse auf das zuerst erschossene Trefferbild übertragen. Die Ursprungstrefferbilder sind trotzdem aufzubewahren.

379. Verboten sind: eigenmächtige Zugabe von Schüssen; Anzeigen und Anfragen in der Deckung nach dem Sitz der Schüsse, damit der Schütze nicht verleitet wird, den Haltepunkt zu ändern; ferner Wiederholen eines Anschusses ohne vorherige Instandsetzung außer in dem Fall der Nr. 370 — also Wiederholen nach Einsichtnahme in das Trefferbild oder wegen des bisherigen Schießrufes der Waffe oder des Schützen oder auf Grund der nicht unmittelbar nach dem Schuß gemachten Meldung des Schützen über unrichtiges oder unsicheres Abkommen.

Der Schiedsrichteranschuß darf weder wiederholt werden noch stattfinden, wenn die Waffe bei dem Anschuß nach der dritten Instandsetzung nicht genügt.

Dem Schützen darf die Treffpunktlage der anzuschießenden Waffe nicht bekannt sein. Der Waffenmeister hat nicht das Recht, ein Wiederholen des Anschusses zu verlangen, weil ihm das Trefferbild nicht genügt.

380. Der Schütze soll nicht mehr als zehn Waffen an einem Schießtage und nicht mehrere hintereinander anschießen.

VII. Das Zielfernrohrgewehr.

Allgemeines.

381. Das Zielfernrohr bietet eine vierfache Vergrößerung. Man gebraucht es auf nächsten, nahen und mittleren Entfernungen gegen Ziele, die mit bloßem Auge, bei trübem Wetter, in der Morgen- und Abenddämmerung schwer zu erkennen sind.

382. Das Gewehr und die Zielfernrohreinrichtung sind zu schonen und besonders vor Fall und Stoß zu bewahren, damit sich die Treffpunktlage nicht ändert.

Zielfernrohrgewehre sollen nur zum Schießen mit scharfer Munition und zur Ausbildung der Schützen in ihrem Gebrauch, nicht aber zum Exerzieren, Wachdienst und bei Geländeübungen verwendet werden. Sie sind mit besonderer Sorgfalt zu reinigen. Nur so bleiben ihre Schußleistungen gut.

Wird das Zielfernrohr nicht gebraucht, so ist es ohne Umwicklung, mit dem ledernen Augenschutz nach oben, in die Lagerstellen des Behälters zu legen. Das vordere Sattelstück wird durch Aufschieben einer aus Stahlblech gestanzten Schutzkappe geschützt. Sie darf nur abgenommen werden, wenn das Zielfernrohr zum Gebrauch aufgesetzt wird.

383. Gute Treffergebnisse erzielt nur ein sicherer Schütze, der die Treffpunktlage des Gewehrs kennt.

Das Schießen mit dem Zielfernrohrgewehr.

384. Beim Schießen mit aufgesetztem Zielfernrohr wird der Zielstachel des Abkommens auf das Ziel gerichtet. Er muß senkrecht stehen und ist mit seiner Spitze bei Haltepunkt „in das Ziel gehen“ in dieses zu richten. Die beiden Querstäbe des Abkommens müssen wagerecht liegen; die geringste Verdrehung läßt den Schuß seitlich abweichen.

385. Beim Schießen ohne Zielfernrohr ist die Visierlinie durch Kimme, Korn und Haltepunkt festgelegt, beim Schießen mit Zielfernrohr nur durch Zielstachelspitze und Haltepunkt. Zielfehler sind daher schwer zu erkennen.

386. Fehler im Anschlag — zu hohes oder zu tiefes Einsetzen des Kolbens, Kopfhaltung — bringen das Zielfernrohr in eine schräge Richtung zur Visierlinie und rufen sichelförmige Schatten am Rande des Gesichtsfeldes hervor. Sie kennzeichnen die Zielfehler.

Bild 39.

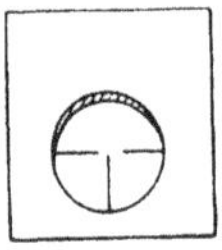

„Feinkorn“ — Tief-(Kurz-)Schuß.

Bild 40.

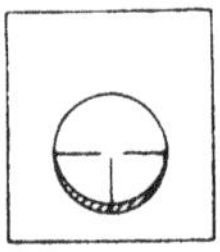

„Vollkorn“ — Hochschuß.

Bild 41.

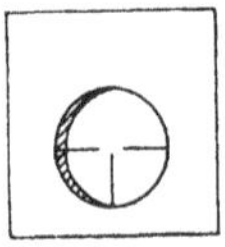

Rechts geklemmtes Korn — Rechtsschuß.

Bild 42.

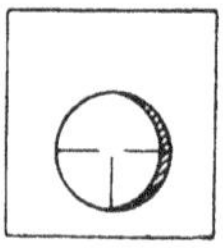

Links geklemmtes Korn — Linksschuß.

Bild 43.

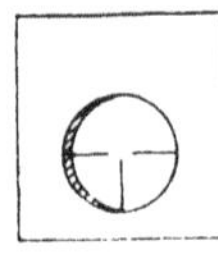

Vollkorn und rechts geklemmtes Korn — Rechtshochschuß.

387. Das Auge muß etwa 8 cm von der Einblicklinse entfernt sein. Ist es zu nahe oder zu weit ab, so wird das Gesichtsfeld durch einen mehr oder weniger breiten, ringförmigen Schatten beengt (Bild 44).

Das Treffergebnis wird nicht beeinflußt.

Bild 44.

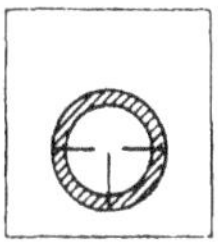

Bild 45.

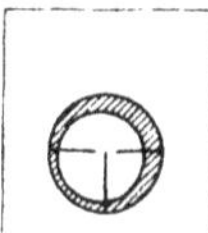

388. Zielfehler, die durch fehlerhaften Anschlag (Nr. 386) und Augenabstand (Nr. 387) hervorgerufen werden, sind sehr schwer zu erkennen.

Es zeigt sich kein sichelförmiger Schatten (Bild 39 bis 43), sondern der ringförmige ist etwas nach der Höhe oder Seite verschoben (Bild 45).

389. Gewehre, deren Lauf durch Schießen heiß geworden ist, schießen im allgemeinen etwas kurz. **Deshalb ist es nicht ratsam, viele Schüsse schnell hintereinander abzugeben, wenn der einzelne sicher treffen soll. Bei erheblichem Abweichen oder Fehlschüssen sind Höhen- und Seitenstellung zu berichtigen.**

390. Das Gewehr soll beim Schießen möglichst nicht auf harter Unterlage liegen oder seitlich angelegt werden.

391. Guter Erfolg wird auch mit dem Zielfernrohrgewehr nur mit sorgfältigem Zielen und sicherem Abkommen erreicht.

Ausbildung.

Allgemeines.

392. Nur körperlich gewandte, sichere Schützen mit guten Augen sind mit dem Zielfernrohrgewehr auszubilden.

Brillenträger sind nicht geeignet.

393. Offiziere müssen mit dem Gebrauch des Zielfernrohres vertraut sein.

394. In der Kompanie sind möglichst viele Schützen auszubilden, doch sollen sie die Übungen der besonderen Schießklasse geschossen haben.

Ausbildungsgang.

395. *Erklären der Einrichtung* des Zielfernrohres, des *Abkommens, Zielens* und der *Zielfehler. Einstellen* der Scheibe für die Sehschärfenteilung und der Entfernungen.

Aufsetzen des Zielfernrohres auf das Gewehr, Abnehmen und Verpacken im Behälter.

Bild 46.

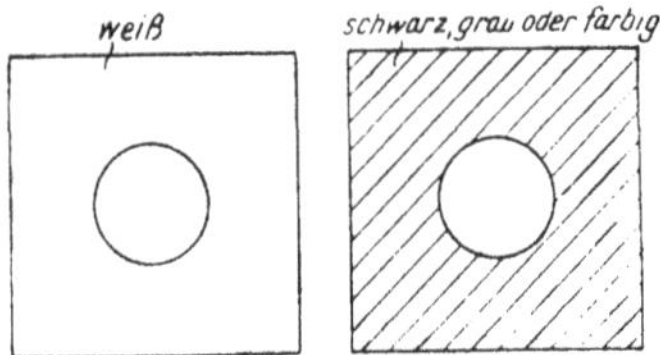

Sehübungen. Das Gewehr mit Zielfernrohr wird hierzu auf einem Sandsack gelagert. Da man nicht prüfen kann, ob der Schüler richtig sieht, muß viel auf die Zielfehler hingewiesen werden. Um sie zu veranschaulichen, verwendet man zwei Pappscheiben mit gleich großen Kreisausschnitten (Bild 46). Durch Verschieben der aufeinandergelegten Kreisausschnitte kann der sichelförmige Schatten bei Zielfehlern kenntlich gemacht werden (Bild 47).

Bild 47.

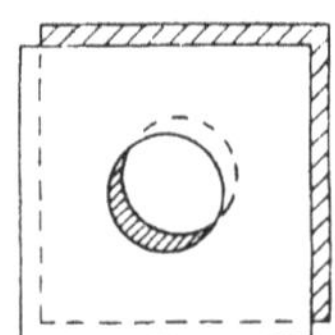

Langdauernde Sehübungen ermüden das Auge; die Übungen müssen allmählich gesteigert werden.

Sehübungen im Anschlag, in allen Körperlagen und aus Deckungen.

Anschlag mit Zielen und Abkrümmen gegen Schulscheiben.

Aufsuchen versteckter, feldmäßiger Ziele; Schätzen der Entfernung bis zu dem mit dem Zielfernrohr gefundenen Ziel.

Wahl des Haltepunktes bei Zielen, die nur gegen Sicht gedeckt sind (Baumschützen, Schützen hinter Strauchwerk, in Getreidefeldern, Scherenfernrohrbeobachter).

Zielen auf bewegliche, rasch auftauchende und wieder verschwindende kleine Ziele.

Übungen mit Platzpatronen und Zielmunition.

Beim Schießen mit Zielmunition muß die zur Entfernung passende Höhenmarke durch Probeschüsse festgestellt werden.

Unterricht über Berichtigen der Höhen- und Seitenstellung durch den Waffenmeister.

Scharfschießen; siehe Gruppe A, Übungen der Scharfschützenklasse.

Zielen in der Dämmerung und bei unsichtigem Wetter.

Schulgefechtsschießen des Einzelschützen.

Gebrauch des Zielfernrohrgewehres im Gefecht.

396. Die Aufgaben des Scharfschützen mit Zielfernrohrgewehr sind in der A. V. J., II 145, 154, 180, 181, 205 angedeutet.

397. Beim Prüfen der Treffwahrscheinlichkeit muß die Streuung des Gewehrs auf den verschiedenen Entfernungen berücksichtigt werden.

398. Mit dem aufgesetzten Zielfernrohr kann man auch beobachten und das Gelände absuchen.

399. In bergiger oder waldreicher Gegend und im Gebirge findet der Scharfschütze Punkte (Bäume, Felsvorsprünge), von denen er mit sicheren Einzelschüssen dem Gegner schwere Verluste, besonders durch Abschießen der Führer, beibringen kann.

400. Sehschlitze von Schutzschilden und Panzerwagen, Schießscharten, Scherenfernrohre, Beobachtungsspiegel sind lohnende Ziele.

401. Wenn irgend möglich, ist das Gewehr beim Schießen aufzulegen, aber nicht unter dem Zielfernrohr (s. Nr. 390).

Trageweise des Zielfernrohres.

402. Das im Behälter ruhende Zielfernrohr wird am Koppel rechts zwischen Patronentasche und Seitenhaken getragen.

B. Schießvorschrift für l. M. G.

I. Schießausbildung.

Allgemeines.

403. Das l. M. G. ist eine besonders auf nahen Entfernungen wirksame Maschinenwaffe, die den damit ausgerüsteten Truppen eine erhebliche Feuerkraft verleiht. Die Aufgaben, die dem l. M. G. zufallen, sind in der „Ausbildungsvorschrift für die Infanterie" und in den Abschnitten über „Gefechtsschießen" enthalten.

404. Das in Nr. 41 bis 46 über die Tätigkeit des Schießlehrers Gesagte gilt sinngemäß. Wenn sonst für die Ausbildung mit Gewehr gegebene Bestimmungen auch für die mit dem l. M. G. zutreffen, wird darauf verwiesen.

405. Durch häufige Übungen im Fernsehen und Aufsuchen gut gedeckter Gefechtsziele sind die Leistungen des Auges zu heben. Schnelles und kurzes Bezeichnen der erkannten Ziele ist zu üben, um das Erkennen, den Feuerbeginn und dadurch die Vernichtung des Feindes zu beschleunigen.

406. Schützen, die mit dem Gewehr links schießen (s. Nr. 53), erlernen den Linksanschlag, wenn sie links gewandter sind, sonst sind sie weniger geeignet, weil der Anschlag unbequemer ist*).

407. Neben dem Streben, sich im Schießen immer mehr zu vervollkommnen, müssen Verständnis und

---

*) Mit Gasmaske 18 kann kein Linksanschlag gemacht werden.

Sorge für Waffen und Gerät in den l. M. G.-Schützen besonders entwickelt werden.

408. Der Kompanie- usw. Chef bestimmt die l. M. G.-Bedienungen, bei den Schützenkompanien einen Gruppenführer und die Schützen 1—4, bei den Eskadronen der Kavallerie und bei der Artillerie einen l. M. G.-Führer und die Schützen 1—3.

Über die Ausbildung weiterer Soldaten s. Nr. 428.

Anschlagsarten.

409. Der Anschlag liegend mit Gabelstütze ist der gebräuchlichste.

Schütze 2 legt sich hin und stellt dabei das l. M. G. — Mündung nach dem Ziel, Sporen der Gabelstütze nach rückwärts — mit kräftigem Ruck auf den Boden, indem er zunächst das Gabelstück, dann den Kolben aufsetzt und darauf achtet, daß das M. G. nicht verkantet wird. Unebenheiten des Bodens, die das Wagerechtstellen verhindern, sind mit der Klapphacke auszugleichen. Schütze 3 kann hierbei behilflich sein. Dann legt sich Schütze 2 so hinter das l. M. G., daß er bequem anschlagen kann, drückt den Kolben mit dem Oberkörper hinunter und ladet. Im deckungslosen Gelände setzt er den Kolben in die Schulter und ladet dann, damit der Mantel nicht nach oben zeigt und das M. G. verrät. Nun umfaßt er mit aufgestützten Ellenbogen mit der rechten Hand den Griff, mit der linken den Kolben von oben und zieht das l. M. G. in die Schulter, bis es mit der Gabelstütze eine starre Verbindung bildet. Nur das Festhalten in der Schulter während der Feuerstöße ermöglicht genaues Schießen, weil nur dadurch das Schleudern des l. M. G. beim Rückstoß gemildert werden kann. Im Gelände (an Böschungen, Trichterrändern, auf hartem Boden) wird die feste Verbindung mit der Gabelstütze oft besser dadurch erreicht, daß sich der Schütze gegen den Kolben stemmt, oder die rechte Hand das Griffstück vorwärts abwärts zieht. Das Sinken der Geschoßgarbe verhindert die linke Hand, die dicht an der Schulter von oben auf den Kolben drückt. Die Beine liegen, wie es dem Schützen bequem ist (Bild 48, 49).

410. Hinter einer Brustwehr, im Schützengraben, Geschoßtrichter usw. wird Schütze 2 auch stehend, kniend oder sitzend anschlagen und sich dann entsprechende Auflagen für die Gabelstütze und Ellenbogen mit dem Spaten oder aus irgendwelchen Gegenständen schaffen (Bild 50, 51, 52).

411. Beim stehenden Anschlag hinter der Brustwehr nimmt der Schütze durch engere oder weitere Fußstellung die passende Anschlagshöhe.

Anschlag im bergigen Gelände.

412. a) Bergab an steilen Hängen:

Schütze 2 liegt auf der rechten Körperseite links neben und etwa im rechten Winkel zu dem Gewehr. Der rechte Ellenbogen ist auf den Boden oder nötigenfalls auf untergeschobene Patronenkästen, einen Rucksack usw. gestützt. Der Kolben wird in die rechte Schulter eingesetzt (Bild 53).

b) Zum Übertalschießen vom vorderen Hang aus:

Schütze 2 sitzt am Boden, der rechte oder linke Fuß ist aufgestellt. Die Gabelstütze wird oberhalb des Knies auf den rechten oder linken Oberschenkel gesetzt und der Kolben wie beim Anschlag liegend eingezogen. Ob Schütze 3 den Patronenkasten auf den Boden setzt oder auf den Schoß nimmt, richtet sich nach der Steilheit des Hanges (Bild 54).

c) Zur Längsbestreichung des Hanges:

Schütze 2 liegt, Beine bergab, so hinter dem Gewehr, daß der Körper etwa einen rechten Winkel mit der Waffe bildet. Bei der Schußrichtung nach rechts wird der Kolben in die linke Schulter, bei der Schußrichtung nach links in die rechte Schulter eingesetzt (Bild 55).

Beim Anschlag an steilen Hängen empfiehlt es sich, Steigeisen zu tragen, um durch Einstemmen der Füße ein Abrutschen zu verhüten.

Im Schnee ist die Gabelstütze durch eine Unterlage (M. G.-Kraxe) vor dem Einsinken zu bewahren.

Diese Anschlagsarten geben nur einen Anhalt. Die Gestaltung des Geländes macht vielleicht noch andere notwendig.

Bild 48.

Bild 49.

Bild 50.

Bild 51.

Bild 52.

Bild 53.

Bild 54.

Bild 55.

Bild 56.

Bild 57.

Bild 58.

413. Der Anschlag ohne Gabelstütze ist zu üben. Er kann gebraucht werden, wenn die Unterlage höher als die Gabelstütze sein muß, doch ist auch in diesen Fällen der Anschlag mit Gabelstütze anzustreben. Ist sie nicht am Gewehr, drückt die linke Hand auf den Kolben, um das Springen des Gewehrs zu mindern. Nur kurze Feuerstöße können abgegeben werden, weil der Schütze oft nachrichten muß. Ohne Gabelstütze kann das Gewehr auf dem Sandsack, Tornister, Erdaufwurf, auf Rasenstücken, Bäumen oder am Baum mit Benutzung des Trageriemens gelagert werden (Bild 56).

Gegen Flieger schießt man vom Dreibein.

414. Anschlag in der Bewegung.

Schießen im Gehen oder Laufen muß geübt werden, weil es beim Sturm moralisch wirksam ist und den Gegner in die Deckung zwingt.

Schütze 2 legt den verlängerten Tragegurt so um die linke Schulter, daß das M. G. mit Trommel an der rechten Körperseite hängt. Der rechte Arm liegt so weit zurück, daß der Schloßhebel sich frei bewegen kann. Die rechte Hand erfaßt das Griffstück, die linke hält das M. G. an der Gabelstütze. Das durch die Trommel hervorgerufene starke Übergewicht nach rechts ist dadurch auszugleichen, daß rechte Hand und rechter Arm Griffstück und Kolben fest an den Körper drücken. Der linke Arm ist gestreckt und gibt dem M. G. die Richtung. Der Schütze schießt im Gehen oder Laufen. Es empfiehlt sich aber, während des Laufens wiederholt stehenzubleiben oder hinzuknien und Feuerstöße abzugeben. Beim Anschlag in der Bewegung muß die Federspannung stärker als beim gewöhnlichen sein (Bild 57, 58).

Zielen und Visierstellen.

415. Die Zielübungen mit dem l. M. G. beginnen wie beim Gewehr und Karabiner auf dem Sandsack (s. Nr. 58) und werden mit den Zielprüfungsgeräten überwacht. Wichtig ist auch das Zielen mit Gasmaske, Fliegervisiereinrichtung und Leuchtvisier.

416. Das Visierstellen ist häufig zu üben. Ohne den Oberkörper zu heben, richtet der Schütze die Visierklappe mit der rechten oder linken Hand hoch, stellt den Schieber auf die entsprechende Marke und legt die Klappe wieder um.

Sichern.

417. Mit der rechten Hand wird gesichert und entsichert. Ohne hinzusehen drückt man den Sicherungsflügel mit dem Daumen auf „S" und sichert, oder auf „F" und entsichert. Der Zeigefinger darf dabei den Abzug nicht berühren.

Einzel- und Dauerfeuer.

418. Bei einem l. M. G., das eine Vorrichtung für Einzelfeuer hat, stellt der Schütze nach dem Entsichern den Hebel oder Drücker auf „E", wenn er Einzelfeuer, auf „D", wenn er Dauerfeuer abgeben will.

Abziehen.

419. Unmittelbar nach dem Einsetzen des Kolbens in die Schulter sucht der Schütze den Haltepunkt, legt den Finger an den Abzug und nimmt Druckpunkt. Unter Festhalten der Visierlinie ist mit dem Zeige- oder Mittelfinger mit stetig zunehmendem Druck abzuziehen.

420. Anschlag- und Zielübungen sind so zu fördern, daß der Schütze in wenigen Augenblicken zur treffsicheren Schußabgabe gelangt.

Schulschießen.

Gliederung.

421. Das Schießjahr beginnt am 1. Oktober.

422. Die im 1. Jahre der Ausbildung am l. M. G. befindlichen und die noch nicht in die I. Schießklasse versetzten Soldaten der älteren Jahrgänge bilden die II. Schießklasse.

423. Der Kompanie- usw. Chef darf den Schützen in die I. oder besondere Schießklasse versetzen, wenn er alle für ihn vorgeschriebenen Übungen der II. oder I. Schießklasse in einem Schießjahre erfüllt hat.

424. Schützen der Infanterie und Kavallerie, die alle Übungen der besonderen Schießklasse in einem Schießjahre erfüllt haben, darf der Kompanie- usw. Chef in die Scharfschützenklasse versetzen.

425. Bei diesen Versetzungen bleibt außer acht, welcher Klasse der Soldat als Gewehr- oder Karabinerschütze angehört.

426. Nr. 91 enthält die Bestimmungen über Rückversetzung in eine niedere Schießklasse.

Teilnahme am Schulschießen.

427. Das Schulschießen ist die Vorschule für das Gefechtsschießen.

428. Alle Mannschaften der Infanterie-Kompanie und der Kavallerie müssen bis zum Beginn ihres 4. Dienstjahres als l. M. G.-Schützen ausgebildet worden sein.

Die am l. M. G. ausgebildeten Soldaten sind weiter zu üben.

429. Als Richtschützen sind möglichst viele Soldaten auszubilden.

430. I. Die in der Truppe stehenden Hauptleute, Rittmeister, Oberleutnante und Leutnante schießen die für ihre Waffengattung vorgeschriebenen Übungen. Die Hauptleute und Rittmeister wählen die Schießklasse. Nachgeben von Patronen oder Wiederholen nicht erfüllter Bedingungen werden bei ihnen nicht verlangt.

Der mit dem Instandsetzen der l. M. G. betraute Waffenmeister schießt zwei Übungen der II. Schießklasse nach näherer Anordnung des Bataillons- usw. Kommandeurs.

II. Bei der Infanterie und Kavallerie schießen:

a) alle Schulschießübungen:

1. die in den Schützenkompanien und in den Eskadronen der Kavallerie Frontdienst tuenden Unteroffiziere,

2. bei der Schützenkompanie 8, bei der Eskadron der Kavallerie 3 Mann für jedes l. M. G.,

3. die nach Nr. 428 auszubildenden Schützen;

b) zwei Übungen ihrer Schießklasse, soweit Patronen verfügbar sind, die bereits am l. M. G. ausgebildeten Mannschaften.

III. Bei den Pionieren schießen:

a) die Übungen 1, 2 und 4 der II. und I. Schießklasse, 2 und 4 der besonderen Schießklasse:

1. bis zu 10 in der Kompanie Frontdienst tuende Unteroffiziere,

2. 6 Mann für jedes l. M. G.;

b) wie II b.

IV. Bei den übrigen mit l. M. G. ausgestatteten Truppen:

a) die Übungen 1, 2 und 4 der II. und I. Schießklasse, 2 und 4 der besonderen Schießklasse: 4 Unteroffiziere und 4 Mann für jedes l. M. G.,

b) wie II b.

Ausführung des Schulschießens.

431. Das Schulschießen ist mit Platzpatronen vorzuüben, soweit der Munitionsbestand das erlaubt.

432. Die vorgeschriebenen Bedingungen sollen erfüllt werden, solange die notwendige Munition verfügbar ist. Doch ist es verboten, den Schützen an einem Tage mehr als eine Schulschießübung schießen oder eine nicht erfüllte wiederholen zu lassen.

Im übrigen siehe Nr. 111, 112.

433. Die Treffpunktlage wird an jedem Schießtage und für jedes l. M. G. nach Weisung des Leitenden durch einige Probeschüsse festgestellt. Der Haltepunkt wird auf einem Trefferstreifen aufgenommen und dem Schützen vor dem Schießen gezeigt.

434. Hemmungen hat der Schütze verschuldet, wenn sie darauf zurückzuführen sind, daß er Gewehr oder Munition schlecht hergerichtet oder die Waffe fehlerhaft gehandhabt hat.

Wenn mangelhafte Munition (Versager, loses Geschoß, Hülsenreißer) und Brüche im Gewehr Hemmungen hervorrufen, belasten sie nicht den Schützen.

435. Tritt beim Schulschießen eine Hemmung ein, wird die Übung abgebrochen. Der Leitende stellt den Grund der Hemmung fest und entscheidet, ob der Schütze schuld ist oder nicht. Im ersteren Falle wird die Übung in Schießkladde und Schießbuch als nicht erfüllt gebucht.

Liegt kein Verschulden vor, wird nach Abzug der durch die Hemmung und ihre Beseitigung verbrauchten Zeit weitergeschossen.

436. Für das Schießen mit der Gasmaske gilt die Bestimmung Nr. 115, 243.

437. Es ist verboten, bessere Erfolge durch irgendwelche Erleichterungen zu erstreben.

438. Schulschießbedingungen

für das leichte Maschinengewehr.

II. Schießklasse.

Nr. und Zweck der Übung	Entfernung m	Schußzahl	Scheibe	Anschlag	Art der Übung	Bedingung
1. Erlernen des genauen Richtens	25	5 (großer Patronenkasten)	Scheibe für l. M. G. mit 5 eingezeichneten 6 cm-Quadraten (Bild B)	liegend	Zum Einzelfeuer geladen. Auf Befehl des Gewehrführers werden 5 Schuß Einzelfeuer auf die kenntlich gemachten Quadrate abgegeben	3 getroffene 6 cm-Quadrate. Zeit unbeschränkt. 1—2 Patronen dürfen nachgegeben werden.
2. Erlernen der Feuerstöße	25	16 (Trommel)	Scheibe für l. M. G. Zwischen den Figurengruppen ist je eine Kopfscheibe mit Scheibenpapier zu überkleben (Bild C)	liegend	Feuerstöße auf die Figurengruppen	Sämtliche Figurengruppen getroffen. Insgesamt 7 Treffer. Feuerdauer höchstens 25 Sekunden. Nicht mehr als 5 Feuerstöße.

3. Erlernen des Schießens mit aufgesetzter Gasmaske	25	16 (großer Patronenkasten)	Scheibe für l. M. G. mit 4 sichtbaren Kopfscheiben, die anderen sind unauffällig zu überkleben (Bild D)	liegend mit Gasmaske	Feuerstöße auf die mit Kopfscheiben versehenen Quadrate	2 Figurenquadrate getroffen, 6 Treffer innerhalb der Figurenquadrate. Feuerdauer höchstens 35 Sekunden. Nicht mehr als 5 Feuerstöße.
4. Erlernen des schnellen Erfassens eines Flugzeuges mit der Fliegervisierung	25	3 (Trommel)	Fliegerscheibe, auf den ruhenden Pfeil	Fliegerdreibein — stehend	Es wird mit angehängter Trommel geschossen und mit Fliegervisierung gezielt. Der Schütze ladet zum Einzelfeuer und meldet: „Fertig!" Der Gewehrführer kommandiert: „Auf den Flieger — Einzelfeuer!"	2 Treffer im Trefffreis. Zeitdauer vom Kommando: „Einzelfeuer" bis zur Abgabe des Schusses nicht mehr als 10 Sekunden. 1—2 Patronen dürfen nachgegeben werden.
5. Erlernen der Feuerverteilung auf sämtliche Quadrate	25	30 (Trommel)	Scheibe für l. M. G. (Bild A)	liegend	Feuerstöße über sämtliche Quadrate	5 Quadrate getroffen. 15 Treffer. Zeitdauer vom Befehl: „Stellung" bis zur Beendigung höchstens 45 Sekunden. Nicht mehr als 8 Feuerstöße.

I. Schießklasse.

Nr. und Zweck der Übung	Entfernung m	Schußzahl	Scheibe	Anschlag	Art der Übung	Bedingung
1. Erlernen des genauen Richtens	25	5 (großer Patronenkasten)	Scheibe für l. M. G. mit 5 eingezeichneten 4 cm-Quadraten (Bild B)	liegend	Zum Einzelfeuer geladen. Auf Befehl des Gewehrführers werden 5 Schuß Einzelfeuer auf die kenntlich gemachten Quadrate abgegeben	3 getroffene 4 cm-Quadrate. Zeit unbeschränkt. 1—2 Patronen dürfen nachgegeben werden.
2. Erlernen der Feuerstöße	25	16 (Trommel)	Scheibe für l. M. G. Zwischen den Figurengruppen ist je eine Kopfscheibe mit Scheibenpapier zu überkleben (Bild C)	liegend	Feuerstöße auf die Figurengruppe	Sämtliche Figurengruppen getroffen. Insgesamt 8 Treffer. Feuerdauer höchstens 20 Sekunden. Nicht mehr als 5 Feuerstöße.

3 Erlernen des Schießens mit aufgesetzter Gasmaske	25	16 (großer Patronenkasten)	Scheibe für l. M. G. mit 4 sichtbaren Kopfscheiben, die anderen sind unauffällig zu überkleben (Bild D)	liegend mit Gasmaske	Feuerstöße auf die mit Kopfscheiben versehenen Quadrate	2 Figuren-Quadrate getroffen. 8 Treffer innerhalb der Figurenquadrate. Feuerdauer höchstens 30 Sekunden. Nicht mehr als 5 Feuerstöße.
4. Erlernen des Dauerfeuers auf ein Flugzeug	25	8 (Trommel)	Fliegerscheibe; auf den beweglichen Pfeil	Fliegerdreibein — stehend	Der Richtschütze bringt das l. M. G. in Anschlaghöhe, ladet zum Dauerfeuer (8 Patronen im Gurt abgesteckt, die 9. Patrone ist entnommen) und meldet: „Fertig!" Der Gewehrführer kommandiert: „Auf den Flieger — Dauerfeuer!" Auf das Kommando: „Feuerstoß" bewegt der Bedienungsmann den Pfeil. Der Schütze schießt aber erst, wenn der Pfeil an der Schußmarke angekommen ist.	Der Pfeil muß seine Bahn in 3 Sekunden zurücklegen. 3 Treffer im Trefftreis.
5. Erlernen der Feuerverteilung auf sämtliche Quadrate	25	30 (Trommel)	Scheibe für l. M. G. (Bild A)	liegend	Feuerstöße über sämtliche Quadrate	6 Quadrate getroffen. 15 Treffer. Zeitdauer vom Befehl: „Stellung" bis zur Beendigung höchstens 35 Sekunden. Nicht mehr als 8 Feuerstöße.

Besondere Schießklasse.

Nr. und Zweck der Übung	Entfernung m	Schußzahl	Scheibe	Anschlag	Art der Übung	Bedingung
1. Erlernen des genauen Richtens	25	5 (großer Patronenkasten)	Scheibe für l. M. G. mit 5 eingezeichneten 4 cm-Quadraten (Bild B)	liegend	Zum Einzelfeuer geladen. Auf Befehl des Gewehrführers werden 5 Schuß Einzelfeuer auf die kenntlich gemachten Quadrate abgegeben	4 getroffene 4 cm-Quadrate. Zeit unbeschränkt. 1 bis 2 Patronen dürfen nachgegeben werden.
2. Erlernen der Feuerstöße	25	16 (Trommel)	Scheibe für l. M. G. Zwischen den Figurengruppen ist je eine Kopfscheibe mit Scheibenpapier zu überkleben (Bild C)	liegend	Feuerstöße auf die Figurengruppen	Sämtliche Figurengruppen getroffen. Insgesamt 10 Treffer. Feuerdauer höchstens 15 Sekunden. Nicht mehr als 5 Feuerstöße.

3. **Erlernen des Schießens mit aufgesetzter Gasmaske**	25	16 (großer Patronenkasten)	Scheibe für l. M. G. mit 4 sichtbaren Kopfscheiben, die anderen sind unauffällig zu überkleben (Bild D)	liegend mit Gasmaske	Feuerstöße auf die mit Kopfscheiben versehenen Quadrate	3 Figurenquadrate getroffen. 9 Treffer innerhalb der Figurenquadrate. Feuerdauer höchstens 25 Sekunden. Nicht mehr als 5 Feuerstöße.
4. **Erlernen des Dauerfeuers auf ein Flugzeug**	25	8 (Trommel)	Fliegerscheibe, auf den beweglichen Pfeil	Fliegerdreibein — stehend	Der Richtschütze bringt das l. M. G. in Anschlaghöhe, ladet zum Dauerfeuer (8 Patronen im Gurt abgesteckt, die 9. Patrone ist entnommen) und meldet: „Fertig!“ Der Gewehrführer kommandiert: „Auf den Flieger — Dauerfeuer!“ Auf das Kommando: „Feuerstoß!“ bewegt der Bedienungsmann den Pfeil. Der Schütze schießt aber erst, wenn der Pfeil an der Schußmarke angekommen ist.	Der Pfeil muß seine Bahn in 3 Sekunden zurücklegen. 4 Treffer im Treffkreis.
5. **Erlernen der Feuerverteilung auf sämtliche Quadrate**	25	30 (Trommel)	Scheibe für l. M. G. (Bild A)	liegend	Feuerstöße über sämtliche Quadrate	8 Quadrate getroffen. 20 Treffer. Zeitdauer vom Befehl: „Stellung“ bis zur Beendigung höchstens 30 Sekunden. Nicht mehr als 8 Feuerstöße.

Scharfschützenklasse.

Nr. und Zweck der Übung	Entfernung m	Schußzahl	Scheibe	Anschlag	Art der Übung	Bedingung
1. Erlernen des genauen Richtens	25	5 (großer Patronenkasten)	Scheibe für l. M. G. mit 5 eingezeichneten 4 cm-Quadraten (Bild B)	liegend	Zum Einzelfeuer geladen. Auf Befehl des Gewehrführers werden 5 Schuß Einzelfeuer auf die kenntlich gemachten Quadrate abgegeben.	5 getroffene 4 cm-Quadrate. Zeit unbeschränkt.
2. Erlernen der Feuerstöße	25	16 (Trommel)	Scheibe für l. M. G. mit 4 sichtbaren Kopfscheiben, die anderen sind unauffällig zu überkleben (Bild D)	liegend	Feuerstöße auf die Figurenquadrate	4 Figurenquadrate getroffen. 10 Treffer innerhalb der Figurenquadrate. Feuerdauer höchstens 15 Sekunden. Nicht mehr als 4 Feuerstöße.

3. Erlernen des Schießens mit aufgesetzter Gasmaske	25	16 (großer Patronenkasten)	Scheibe für l. M. G. mit 4 sichtbaren Kopfscheiben, die anderen sind unauffällig zu überkleben (Bild D)	liegend mit Gasmaske	Feuerstöße auf die mit Kopfscheiben versehenen Quadrate	4 Figurenquadrate getroffen. 8 Treffer innerhalb der Figurenquadrate. Feuerdauer höchstens 25 Sekunden. Nicht mehr als 4 Feuerstöße.
4. Erlernen des Dauerfeuers auf ein Flugzeug	25	8 (Trommel)	Fliegerscheibe, auf den beweglichen Pfeil	Fliegerdreibein — stehend	Der Richtschütze bringt das l. M. G. in Anschlaghöhe, ladet zum Dauerfeuer (8 Patronen im Gurt abgesteckt, die 9. Patrone ist entnommen) und meldet: „Fertig!" Der Gewehrführer kommandiert: „Auf den Flieger — Dauerfeuer!" Auf das Kommando: „Feuerstoß!" bewegt der Bedienungsmann den Pfeil. Der Schütze schießt aber erst, wenn der Pfeil an der Schußmarke angekommen ist.	Der Pfeil muß seine Bahn in 3 Sekunden zurücklegen. 6 Treffer im Trefffreis.
5. Erlernen der Feuerstöße auf ein M. G.	25	30 (Trommel)	Scheibe für l. M. G. mit eingezeichnetem M. G. (Bild E)	liegend	Feuerstöße auf das M. G.	Insgesamt 20 Treffer innerhalb des mit dem M. G. bezeichneten und je eines rechts und links von diesem liegenden Quadrates. Feuerdauer höchstens 20 Sekunden. Nicht mehr als 6 Feuerstöße.

Schießordnung.

439. Die Bestimmungen in Nr. 119, 120 gelten sinngemäß.

Sicherheitsbestimmungen.

440. Schießen mit dem l. M. G. darf nur auf M. G.-Schießständen oder auf solchen Ständen, die auch für M. G.-Schießen eingerichtet sind, stattfinden.

Die Deckungen werden beim M. G.-Schulschießen nicht besetzt.

441. Vor dem Abmarsch zum Schießstand, unmittelbar vor und nach dem Schießen ist jedes l. M. G. durch den Gewehrführer oder seinen Stellvertreter nachzusehen und festzustellen, ob der Lauf frei ist. Dem Leitenden ist hierüber zu melden.

Diese Bestimmung gilt auch für Schießen mit Platzpatronen.

442. Im übrigen s. Nr. 124, 125.

Aufsicht.

(Siehe auch Nr. 126 bis 129.)

443. Auf jedem Stande sind beim Schießen erforderlich:

ein Offizier oder Portepeeunteroffizier als Leitender,
ein Unteroffizier zur Aufsicht beim Schützen und als Gewehrführer,
ein Unteroffizier, Obergefreiter, Gefreiter oder Oberschütze usw. zur Ausgabe der Munition,
ein Schreiber zum Eintragen der Treffergebnisse in die Schießkladde und Schießbücher.

444. Während des Schießens belehrt der Leitende den Schützen, entscheidet über Hemmungen, überwacht den Schreiber und stoppt die Zeit ab oder beauftragt einen Unteroffizier damit. Er achtet darauf, daß vor dem Anzeigen entladen, das Schloß aus dem Kasten genommen und das M. G. nach der Seite gedreht wird. Die Treffer nimmt er selbst am Geschoßfang oder Schützenstand auf und belehrt dabei über die Fehler.

445. Der Unteroffizier überwacht den Schützen, beobachtet die Geschoßgarbe und ruft dem Schützen das Ergebnis zu. Dieser darf erst laden, wenn der Leitende es befohlen hat.

Vor jedem Anzeigen muß entladen und das Schloß aus dem Kasten genommen werden; der Unteroffizier überzeugt sich davon, daß keine Patrone im Lauf ist, und meldet dies dem Leitenden. Er sorgt für richtigen Aufbau der Scheiben.

446. Der Soldat zur Ausgabe der Munition übernimmt vor Beginn des Schießens die mitgebrachte Munition und gibt sie aus.

447. Der Schreiber trägt das Ergebnis des Schießens nach Angabe des Leitenden mit Tinte (Tintenstift) in die Schießkladde und das Schießbuch ein.

Schießende Abteilung.

448. Anzug:

a) II. Schießklasse:

Übung 1: kleiner Schießanzug (Leibriemen, Mütze); Übung 2 und 3: kleiner Schießanzug (Leibriemen, Stahlhelm); Übung 4 und 5: großer Schießanzug (Leibriemen, Stahlhelm, Mantel mit Kochgeschirr auf dem Rücken, Gasmaske);

b) I., besondere, Scharfschützenklasse:

Übung 1 und 2: kleiner Schießanzug (Stahlhelm); Übung 3 bis 5: großer Schießanzug (wie oben).

449. Auf dem Stand stellen sich die zum Schießen bestimmten Schützen einige Schritte hinter dem l. M. G.-Lager auf. Bevor der Schütze schießt, prüft er sorgfältig das l. M. G., den Patronengurt, zählt unter Aufsicht des Unteroffiziers die für die Übung bestimmten Patronen ab und nimmt die nächste heraus (s. Nr. 434). Dann geht er als Richtschütze in Stellung. Der nächste Mann betätigt sich als Schütze 3, wenn mit dem Gurt geschossen wird. Auf Befehl des Leitenden wird geladen und geschossen.

450. Nach Beendigung der Übung entladet der Schütze, nimmt das Schloß aus dem Kasten, dreht das Gewehr zur Seite, meldet „Lauf frei" und tritt zurück. Nach dem Anzeigen meldet er seinen Namen und das Treffergebnis.

Schießausbildung mit Fliegervisiereinrichtung.

451. Siehe „Anleitung für den Gebrauch der Fliegervisiereinrichtung für M. G." H. Dv. Nr. 462, Entw.

Gefechtsschießen.

Allgemeines.

452. Für die Ausbildung gelten sinngemäß die für das Gefechtsschießen mit dem Gewehr gegebenen Bestimmungen.

Gliederung des Gefechtsschießens.

453. A. Schulgefechtsschießen

a) des Einzelschützen mit l. M. G.,

b) der l. M. G.=Gruppe.

B. Gefechtsübungen mit scharfer Munition.

Die l. M. G.=Gruppe, als Teil der Kampfgruppe, des Zuges oder der Kompanie.

Teilnahme am Gefechtsschießen.

A. Schulgefechtsschießen.

454. Als Einzelschützen schießen mit l. M. G.

I. möglichst oft

a) bei der Infanterie und Kavallerie:

1. die in der Schützenkompanie und Eskadron der Kavallerie Frontdienst tuenden Unteroffiziere,
2. in der Schützenkompanie 8, in der Eskadron der Kavallerie 4 Mann für jedes l. M. G.,
3. die nach Nr. 428 auszubildenden Mannschaften;

b) bei den Pionieren:

1. bis zu 10 in der Kompanie Frontdienst tuende Unteroffiziere,
2. 6 Mann für jedes l. M. G.;

c) bei den übrigen mit l. M. G. ausgestatteten Truppen: 4 Unteroffiziere und 4 Mann für jedes l. M. G.

II. einmal:

a) die in der Truppe stehenden Hauptleute usw., Oberleutnante, Leutnante;

b) die fertig ausgebildeten, aber in der Übung zu haltenden Unteroffiziere und Mannschaften der mit l. M. G. ausgestatteten Truppen.

455. Am Schulgefechtsschießen der l. M. G.-Gruppe nehmen als Richtschützen teil

a) bei den Schützenkompanien:
1 Unteroffizier, 4 Mann;

b) bei den Eskadronen der Kavallerie:
1 l. M. G.-Führer, 3 Mann;

c) bei den Pionieren:
1 Unteroffizier, 4 Mann;

d) bei den übrigen mit l. M. G. ausgestatteten Truppen:
1 Unteroffizier, 2 Mann für jedes l. M. G.

B. Gefechtsübungen mit scharfer Munition.

456. Aus der Übersicht (Nr. 167) ist zu ersehen, bei welchen Truppen derartige Übungen abgehalten werden. Hierbei sind die l. M. G. mit der eigentlichen Bedienung (s. Nr. 408) zu bemannen, die Richtschützen aber zu wechseln.

Ausführung des Gefechtsschießens.

457. Die Bestimmungen in Nr. 171 bis 237 gelten sinngemäß.

Die folgenden Hinweise (Nr. 458 bis 461) ergänzen sie noch für den Gebrauch des l. M. G.

Feuerwirkung.

458. Die Eigenart des l. M. G. erlaubt kein anhaltendes Dauerfeuer. Kleine, im Gelände eingenistete Ziele können bis 600 m, bei günstiger Beobachtung auch auf weiteren Entfernungen mit Erfolg beschossen werden. Die Wirksamkeit des l. M. G.-Feuers hängt aber sehr von der guten Ausbildung der Richtschützen ab. Gegen hohe und tiefe Ziele kann auch auf weiten Entfernungen erhebliche Wirkung erzielt werden. Ausnutzen günstiger Augenblicke mit genug Patronen erhöht den Erfolg. Auf Entfernungen unter 300 m kann die Wirkung in kurzer Zeit vernichtend sein, besonders wenn sie überraschend einsetzt.

459. Gegen Flugzeuge ist SmK- oder SmK-L-spur-Munition zu verwenden.

460. Gegen Kampfwagen verspricht Feuer gegen die Seh- und Waffenschlitze bis 200 m Erfolg.

Sicherheitsmaßnahmen beim Schießen durch Lücken.

461. Außer den in Nr. 187, 188, 190, 193 niedergelegten Bestimmungen sind bei Übungen noch folgende zu beachten:

a) Die Mäntel müssen bei Beginn des Schießens voll Wasser sein. Zuerst ist der Mantel nach 500 Schuß, sodann nach je 250 aufzufüllen.

b) Mit dem Lauf darf nicht mehr vorbei und durch Lücken geschossen werden, wenn 5000 Schuß*) aus ihm abgegeben worden sind. Außerdem scheidet der Lauf aus, bevor 5000 Schuß verschossen worden sind, wenn der Kaliberzylinder 7,94 mm an der Mündung angreift.

c) Es muß ausgeschlossen sein, daß bei richtigem Zielen Geschosse in Höhe oder gar hinter der eigenen Truppe auf den Boden auftreffen oder an Gräsern usw. anstreichen, weil sie auf die eigenen Truppen abgelenkt werden können.

Schießverfahren.

462. Der Gruppenführer hat die taktische Feuerleitung, er wählt das Ziel und bestimmt, wie es bekämpft wird. Er legt sich in die Nähe des M. G., aber ohne dies Ziel zu vergrößern. In der Regel eröffnet der Richtschütze auf seinen Befehl das Feuer und beschießt die bezeichneten Ziele, wobei ihm die Zurufe des Führers wie „Gut" helfen.

463. Das Schießen besteht aus kurzen Feuerstößen von 3 bis 8 Schuß.

Gegen leicht erkennbare Ziele, auf nächster Entfernung und bei guter Beobachtung kann man länger ohne Unterbrechung feuern, sonst muß man eine Pause einschalten, um den Haltepunkt wieder zu suchen.

464. Wenn es auch erwünscht ist, zunächst durch einige Feuerstöße auf einen Punkt die Lage der Ge-

*) Für jedes M. G. muß ein Laufbuch geführt werden, aus dem die Beschußzahl jedes Laufes hervorgeht.

schoßgarbe zu prüfen, wird meistens gleich mit Wirkungsschießen begonnen, um zu überraschen. Erlaubt die Lage aber ein Einschießen, darf es nicht versäumt werden. Die Feuerstöße folgen schnell aufeinander und verteilen sich auf das Ziel.

Munitionsverbrauch.

465. Der Gruppenführer überwacht den Munitionsverbrauch, um ein vorzeitiges Verschießen zu verhüten, und überlegt, wie er die Patronen ergänzen kann. Bei jeder Gelegenheit unterrichtet er den Zugführer über die Munitionslage. Grundsätzlich ist bei jedem Gewehr ein Kasten mit 250 Schuß zurückzuhalten. Diese sind nur auf Befehl des Zugführers zu verschießen, es sei denn, daß Gefahr im Verzuge ist.

Schulgefechtsschießen.

Der Einzelschütze am l. M. G.

466. Gründliche Ausbildung der M. G.-Schützen im Gelände nach A. V. J. II geht voraus.

467. Der Soldat wird zu diesem Schießen erst herangezogen, wenn er die Schulübungen der II. Klasse und einige Male Schulgefechtsschießen mit Gewehr erledigt und mit den Schulübungen der II. Klasse mit l. M. G. begonnen hat.

468. Zweck der Übungen ist, gute Richtschützen heranzubilden, die das l. M. G. in jedem Gelände und allen Gefechtslagen sicher, auch ohne Unterstützung durch den Gewehrführer und Schützen 3, bedienen und den Munitionseinsatz dem jeweiligen Gefechtszweck anzupassen wissen.

469. Die verschiedenen Anschlagsarten, auch ohne Gabelstütze, das Schießen von Bäumen, mit Gasmasken und in der Bewegung sind dabei zu üben.

Für Fortgeschrittene: Schießen gegen bewegliche und Luftziele, in der Dämmerung und mit Leuchtvisier.

470. Bestimmte Übungen werden nicht festgesetzt. Der Leitende soll sie dem Ausbildungsgrade, den an Ort und Stelle gegebenen Möglichkeiten anpassen und abwechslungsreich machen.

Im allgemeinen findet das Schießen auf nahen Entfernungen (100—400 m) statt.

Die l. M. G.-Gruppe.

(Siehe auch Nr. 251—261.)

471. Neben der Durchbildung der Richtschützen ist die der Gruppenführer besonders wichtig.

472. Der Gruppenführer soll das Feuer der ihm unterstellten Waffen leiten. Er weist dem l. M. G. und gegebenenfalls dem Scharf- und den Gewehrschützen die in Frage kommenden Ziele an, prüft, ob Schrägwirkung möglich ist, beobachtet das Feuer und wirkt durch Zuruf besonders auf den Richtschützen ein. Er sorgt für Feuerzucht und überwacht den Munitionsverbrauch.

473. Da die l. M. G.-Gruppe der Stoßtruppe den Weg bahnen soll, muß der Führer in dem richtigen Einsatz seiner Feuerkraft geschult werden. Das Schießen durch Lücken wird notwendig, er soll die Möglichkeiten beurteilen (Nr. 187). Kommt die Schützengruppe vorwärts, so prüft der Gruppenführer, ob er weiterfeuern kann oder nacheilen soll. Das ist schwierig, der Führer muß günstige Augenblicke ausnutzen, der l. M. G.-Bedienung durch das Feuer seiner Gewehrschützen, diesen durch das l. M. G. helfen.

Gefechtsübungen mit scharfer Munition.

474. (Siehe Nr. 265—268.)

Prüfungsschießen.

475. (Siehe Nr. 277—285.)

Belehrungs- und Versuchsschießen.

476. (Siehe Nr. 286—291.)

Wettkampfaufgaben.

477. (Siehe Anhang zur A. V. I.)

II. Schießauszeichnungen.

Schützenabzeichen.

478. Die besten l. M. G. = Schützen erhalten Schützenabzeichen. (Sie treten aber auch in den Wettbewerb mit Gewehr oder Karabiner.)

479. Der Erwerb des Abzeichens ist an folgende Bedingungen gebunden:

a) Der Schütze muß die für ihn vorgeschriebenen Übungen im Schulschießen beim ersten Male erfüllt haben.

b) Er darf der I. und II. Schießklasse nicht länger als 3 Jahre angehören und nicht in sie zurückversetzt sein.

480. Ist diesen Bedingungen entsprochen worden, so entscheidet bei dem Wettbewerb in erster Linie die Zahl der getroffenen, abgeteilten Quadrate, dann die der in den Quadraten erzielten Treffer und schließlich die kürzere Zeit.

481. In den Wettbewerb treten die Unteroffiziere und Mannschaften, die alle für ihre Waffengattung vorgeschriebenen Übungen geschossen haben (s. Nr. 430 II a, III a, IV a).

482. Sind die Übungen erfüllt worden, dürfen jährlich 10% der vorgenannten Unteroffiziere und Mannschaften Schützenabzeichen erhalten. Bei einem Rest von 5 und mehr, und wenn die Zahl nicht reicht, um im Falle des Bedarfs jeder Schießklasse 1 Abzeichen zu geben, ist ein weiteres zuständig.

483. Im übrigen siehe Nr. 320, 321, 323.

Ehrenpreise.

484. In jedem Jahre finden Schießen mit dem l. M. G. um Ehrenpreise (Uhren) statt.

485. Der beste l. M. G.=Schütze der Division, der beste l. M. G.=Schütze der Kavallerie=Division erhält eine Uhr.

486. An dem Wettbewerb nehmen einmal in jedem Jahre von den mit l. M. G. ausgerüsteten Kompanien usw. teil:

a) bei der Infanterie und Kavallerie 30,

b) bei den Pionieren 10,

c) bei den übrigen Mannschaften 6 Unteroffiziere und Mannschaften.

Der Kompanie- usw. Chef bestimmt die l. M. G.-Schützen. Wünsche der Soldaten dürfen berücksichtigt werden. Die l. M. G.-Schützen beteiligen sich nicht an dem Ehrenpreisschießen mit Gewehr oder Karabiner.

487. Bedingung für das Schießen mit l. M. G.:
Entfernung: 25 m,
Scheibe für l. M. G. mit 4 sichtbaren Kopfscheiben, die anderen sind unauffällig zu überkleben (Bild D),
30 Schuß (Trommel),
nicht mehr als 8 Feuerstöße in 20 Sekunden (gerechnet vom Kommando „Feuer frei!"),
kleiner Schießanzug (Mütze).

Ausführung: Der Schütze liegt hinter dem geladenen und gesicherten l. M. G., linke Hand auf dem Kolben, rechte Hand am Griffstück, l. M. G. abgesetzt. Auf „Feuer frei!" wird entsichert und geschossen.

488. In erster Linie entscheidet die Zahl der getroffenen, abgeteilten Figurenquadrate, dann die der in den Quadraten erzielten Treffer, bei gleicher Quadrat- und Trefferzahl die kürzere Zeit.

489. Im übrigen gelten die Nrn. 328, 329, 332, 333.

III. Scheiben, Munition.

Scheiben.

490. a) 5. Übung der II., I. und besonderen Schießklasse,

Bild A.

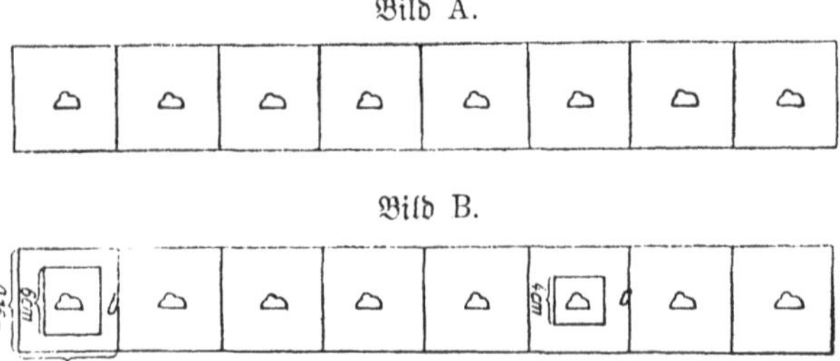

Bild B.

b) eingezeichnetes 6 cm-Quadrat (1. Übung, II. Schießklasse),

c) eingezeichnetes 4 cm-Quadrat (1. Übung, I., besondere und Scharfschützenklasse), Höhe 16 cm, Länge 1,28 m, Farbe grau (sandfarben). Das Scheibenbild darf sich in der Farbe vom Untergrund nicht abheben. Figuren schwarz gefärbt.

Aussehen und Maße der einzuzeichnenden Figur:

Einteilung für die 2. Übung der II., I. und besonderen Schießklasse.

Bild C.

		zu überkleben				zu überkleben	

Bemerkungen: Die zwischen den Figurengruppen befindlichen Kopfscheiben sind unauffällig mit gleichfarbigem Scheibenpapier zu überkleben.

Einteilung für die 3. Übung der II., I. und besonderen Schießklasse und für die 2. und 3. Übung der Scharfschützenklasse.

Bild D.

	zu überkleben		zu überkleben		zu überkleben		zu überkleben

Scheibe für die 5. Übung der Scharfschützenklasse.

Bild E.

3 für eine Bedingung erforderliche Quadrate.

Beim Benutzen der Scheibe für l. M. G. empfiehlt es sich, die Kopfscheiben zu überkleben.

Aussehen und Maße der einzuzeichnenden M.G.-Scheibe.

Die Fliegerscheibe ist in H.Dv. 462 „Anleitung für den Gebrauch der Fliegervisiereinrichtung für M.G.“ beschrieben.

Munition.

491. Die zur Verfügung stehende Übungsmunition wird alljährlich bekanntgegeben.

492. Die Übersicht (Nr. 499) bietet einen Anhalt für die Verwendung der scharfen Patronen.

493. Die Regiments-, Bataillons- usw. Kommandeure überzeugen sich davon, daß die Munition zweckmäßig verwendet wird, und bestimmen, ob und wieviel Patronen für die von ihnen zu leitenden Gefechtsübungen mit scharfer Munition zurückzulegen sind.

494. Der Kompanie- usw. Chef regelt die weitere Verteilung.

Beim Schulgefechtsschießen dürfen keine Ersparnisse gemacht werden. Die im 12. Jahr dienenden Unteroffiziere und Mannschaften schießen keine Pflichtübungen mehr, sondern nach Ermessen des Kompanie- usw. Chefs zur Erhaltung ihrer Schießfertigkeit besondere Übungen.

Beim Schulschießen und bei den Gefechtsübungen mit scharfer Munition ersparte Patronen sind für Schulschießen (besondere Übungen) und Schulgefechtsschießen mit dem l. M.G. zu verwenden.

495. Zum Überschießen und Schießen durch Lücken darf nur die dafür besonders bestimmte Munition gebraucht werden.

496. Abgabe von Patronen an andere Kompanien usw. ist verboten.

497. Über die für Belehrungsschießen ausgeworfene Munition darf der Kompanie- usw. Chef erst verfügen, wenn sie von den Vorgesetzten freigegeben worden ist (s. Nr. 290).

498. Der Bataillons- usw., bei der Kavallerie der Regimentskommandeur darf in begründeten Fällen genehmigen, daß überzählige Munition für das nächste Schießjahr aufgehoben wird.

499. Anhalt
für die Verteilung der l. M. G.-Munition.

	Infanterie		Kavallerie		Pioniere		Die übrigen mit l. M. G. ausgestatteten Truppen	
	Für die nach:		Für die nach:		Für die nach:		Für die nach:	
	430 I, II a 1 u. 2 454 I a 1 u. 2 II a, 455 a, 456 schießenden Soldaten	430 II a 3, II b 454 I a 3, II b neu auszubildenden u in Übung zu haltenden Soldaten	430 I, II a 1 u. 2 454 I a 1 u. 2 455 b, 456 schießenden Soldaten	430 II a 3, II b 454 I a 3, II a u. b neu auszubildenden und in Übung zu haltenden Soldaten	430 I, III a 1 454 I b 455 c, 456 schießenden Soldaten	430 III b 454 II a u. b neu auszubildenden u. in Übung zu haltenden Soldaten	430 I, II a 2 454 I c 455 d schießenden Soldaten	430 III b 454 II a u. b in Übung zu haltenden Soldaten
1. Für Schul- und Preisschießen, besondere und sportliche Übungen, Anschießen und Probeschüsse	für den einzelnen Schützen 120	für die Kompanie 3000	für den einzelnen Schützen 120	für die Eskadron 3000	für den einzelnen Schützen 70	für die Kompanie 1800	für den einzelnen Schützen 60	für die Kompanie 600
2. Für Schulgefechtsschieß.	75	1250	75	1250	50	1250	50	400
3. Für Gefechtsübungen mit scharfer Munition	je l. M. G. 750	—	je l. M. G. 750	—	je l. M. G. 125	—	—	—
4. Für Prüfungsschießen (Nr. 282)	für die Kompanie 900	—	für die Eskadron 900	—	—	—	—	—
5. Für Ehrenpreisschießen (Nr. 486, 487)	für die Kompanie 900		für die Eskadron 900		für die Kompanie 450		für die Kompanie 300	
6. Für Belehrungsschießen Nr. 286—290)	250		250		250		—	—

IV. Anschießen der leichten Maschinengewehre.

500. Für die Treffähigkeit der M. G. ist es von größter Bedeutung, daß alle die Schußleistung beeinträchtigenden Fehler am eigentlichen M. G. und an der Gabelstütze richtig erkannt und beseitigt werden.

Geringe Änderungen in der Treffpunktlage können durch das Auseinandernehmen und Zusammensetzen des M. G., durch Lauf- und Schloßwechsel, durch Erneuern der Asbestumwicklung entstehen. Sie sind meist belanglos, wenn die einzelnen Teile keine Waffenfehler aufweisen, und das Zusammensetzen des M. G. vorschriftsmäßig erfolgt (gleichmäßige Asbestumwicklung). Größere Abweichungen von der regelrechten Treffpunktlage und auffallend große Streuungen sind jedoch stets auf grobe Fehler am eigentlichen M. G. oder an der Gabelstütze, deren schlechten Sitz im Bajonettverschluß, mangelhaftes Aufstellen oder fehlerhaftes Bedienen des M. G. zurückzuführen.

Die hierdurch hervorgerufene Verlegung oder Vergrößerung der Garbe kann beim Gefechtsschießen die Treffähigkeit des M. G. in Frage stellen. Es ist daher Pflicht aller Dienstgrade und des Waffenmeisters, das M. G.-Gerät in Ordnung zu halten und die Fehler abzustellen. Starke Kalibererweiterung, Laufkrümmen, schlechter Sitz der Gabelstütze im Bajonettverschluß müssen bei gewissenhaftem Untersuchen des Geräts durch den Waffenmeister erkannt werden. Dagegen lassen sich manche Fehler am M. G. durch Untersuchen nicht ermitteln, sie zeigen sich erst beim Anschuß. Dieser kann seinen Zweck aber nur erfüllen, wenn alle durch Untersuchen aufzufindenden Fehler vorher beseitigt worden sind. Jedem Anschuß müssen daher genaues Untersuchen des M. G. und der Gabelstütze und Beseitigen der festgestellten Fehler vorangehen.

501. Durch den Anschuß soll festgestellt werden, ob die Treffpunktlage des M. G. regelrecht ist. Für das Schulschießen wird die Treffpunktlage durch Probeschüsse ermittelt (Nr. 433). Ein gewissenhaft durchgeführter Anschuß bedeutet eine Ersparnis von Patronen beim Schulschießen und gewährleistet gute Treffähigkeit beim Gefechtsschießen, wenn das Gerät sorgfältig instand gesetzt worden ist.

502. Anschießen dürfen nur solche Offiziere, Unteroffiziere oder Mannschaften, die sicher und regelrecht schießen und keinerlei Zieleigentümlichkeiten (z. B. Zielen mit Fein- oder Vollkorn) haben. Die Auswahl muß mit Sorgfalt erfolgen.

Der Kompanie- usw. Chef belehrt die Anschußschützen eingehend über den Zweck des Anschusses. Es kommt nicht darauf an, ein M. G. auf jede Weise zum Erfüllen der Anschußbedingungen zu bringen, sondern seine Schußleistung festzustellen, um vorhandene Fehler zu erkennen und zu beseitigen.

503. In den Kompanien usw. leitet der Kompanie- usw. Chef das Anschießen. Der Waffenmeister ist zugegen.

Der Kompaniechef ist für sachgemäßes Anschießen verantwortlich.

504. Die M. G. müssen angeschossen werden,

a) wenn sie überwiesen werden, dabei ist es gleich, ob sie alt oder neu sind,

b) wenn eine der folgenden Instandsetzungen an ihnen ausgeführt worden ist:

Einstellen einer neuen Gleitwand,
Einstellen neuer Winkelhebel,
Einstellen einer neuen Winkelhebelschraube,
Ausbesserungen am Schloß, die ein Losnieten der Winkelhebel bedingen,
Einstellen eines neuen Schloßgehäuses.

Der Kompaniechef darf außerdem seine M. G. während des Schießjahres anschießen, wenn er es für notwendig hält, die Treffpunktlage zu prüfen. Mit Rücksicht auf den Verbrauch an Übungsmunition ist es aber geboten, das Anschießen auf das notwendigste Maß zu beschränken.

505. Das Anschießen darf nur bei günstiger Witterung stattfinden. Die Visiereinrichtung darf nicht blank und muß gegen Sonnenbestrahlung geschützt sein. Vor dem Anschuß ist das M. G. vom Waffenmeister genau zu untersuchen.

506. Der Anschuß findet auf 150 m statt. Zum Anschießen ist nur die für Schußwaffen 98 bestimmte S-Munition — „Anschußmunition" — oder nach Ausrüstung mit sS-Munition diese zu verwenden.

Bild 59a.

Anschußscheibe für M. G. 08/15 mit S= und sS=Munition und S=Visier.

Maße in Zentimetern.

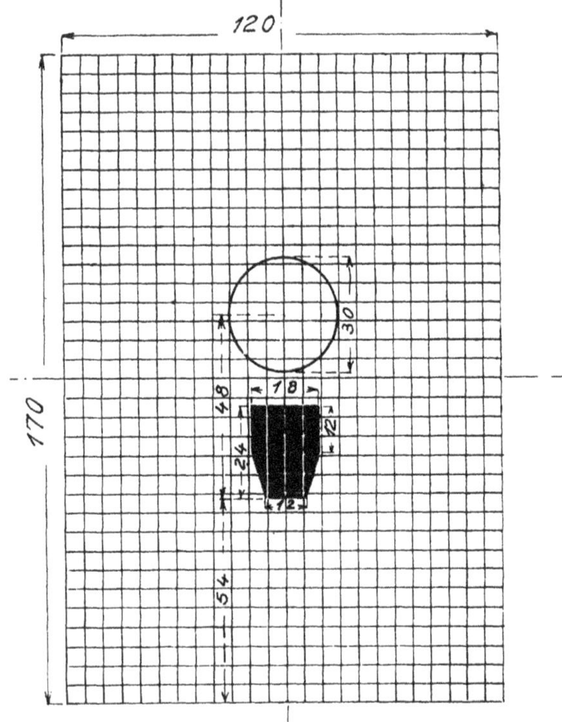

Es wird über Visier und Korn gezielt, Visier 400, Haltepunkt Anker aufsitzen, Mitte des unteren Ankerrandes.

Anschußscheibe für M. G. 08/15 (mit S= und sS=Munition und S=Visier): Bild 59a.

Anschußscheibe für M. G. 13 (mit sS=Munition und sS=Visier): Bild 59b.

507. Lagerung der M. G. beim Anschuß. Das l. M. G. wird mit der Gabelstütze auf dem Anschußtisch für Schußwaffen 98 so aufgestellt, daß es wie diese von dem am Tisch sitzenden Schützen angeschossen werden kann. Um ein Ausrutschen der Gabelstütze zu

Bild 59b.
Anschußscheibe für M. G. 13 mit sS=Munition und sS=Visier.
Maße in Zentimetern.

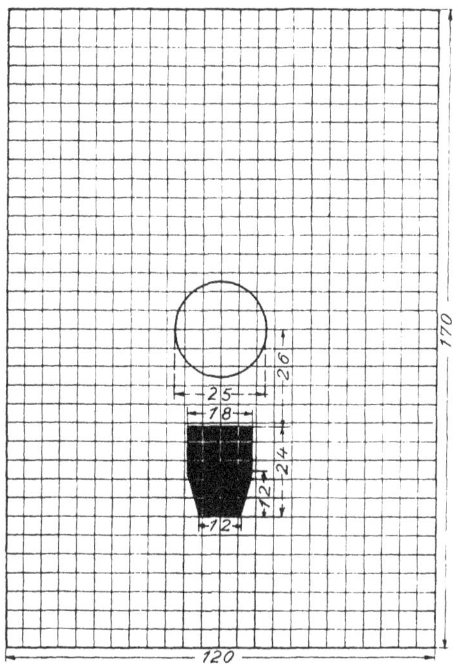

verhindern, wird sie mit Sandsäcken festgelagert; das Ausstoßloch muß freibleiben. Tisch und Stuhl müssen so fest gebaut sein, daß sicheres Zielen gewährleistet ist. Um ein Verkanten des M. G. zu verhüten, wird der Tisch genau wagerecht und fest aufgestellt. Man kann dies mit einer Wasserwage auf dem Kasten nachprüfen.

Beim Laden muß der Lauf des l. M. G. so gerichtet bleiben, daß ein vorzeitig abgefeuertes Geschoß weder den Geschoßfang im freien Fluge überfliegen, noch vor der Scheibe auf der Grabensohle aufschlagen kann.

508. Im allgemeinen genügt es, ein M. G. mit je einem Lauf und Schloß anzuschießen.

Wird die mangelhafte Treffähigkeit auf Fehler eines Laufes oder Schlosses zurückgeführt, so muß der An=

schuß mit dem beanstandeten Lauf oder Schloß wie vorgeschrieben wiederholt werden.

Zum Anschuß sind, falls es sich nicht um die Prüfung eines bestimmten Laufes handelt, nur ganz einwandfreie Läufe zu verwenden. Beim Anschuß und beim

Bild 60a.

Ermitteln des mittleren Treffpunktes, betr. M. G. 08/15 (S- und sS-Munition und S-Visier).

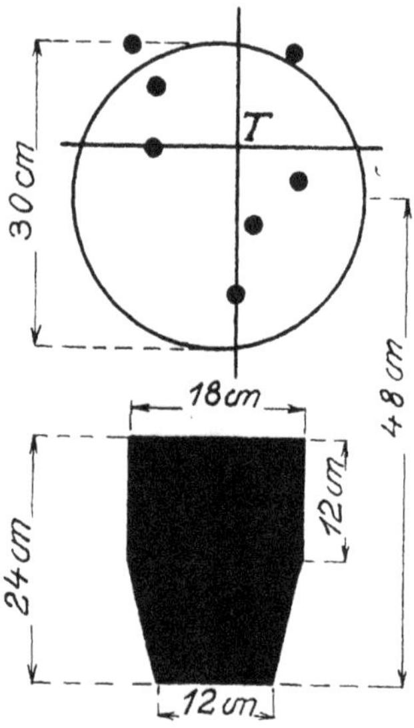

Anmerkung.

Die wagerechte Linie geht durch den vierten Treffpunkt, gerechnet nach der Höhe (von oben oder unten).

Die senkrechte Linie geht durch den vierten Treffpunkt, gerechnet nach der Seite (von rechts oder links).

Der Schnittpunkt der beiden Linien bildet den mittleren Treffpunkt.

Schulschießen muß der Lauf so im M. G. gelagert sein, daß die Stempel der Truppenbezeichnung oben liegen. Es werden hintereinander sieben Schuß Einzelfeuer abgegeben, ohne daß angezeigt wird.

509. Die Treffpunktlage genügt, wenn der mittlere Treffpunkt innerhalb des Kreises liegt (siehe Bild 60).

510. Das Ergebnis des Anschusses wird für jedes M. G. von dem Offizier oder Unteroffizier an der Scheibe mit Tintenstift in ein besonderes mit laufender Nummer zu versehendes Trefferbild (verkleinertes Scheibenbild), Maßstab 1 : 10 (siehe Muster 13 a und b) ein-

Bild 60 b.

Ermitteln des mittleren Treffpunktes, betr. M. G. 13 (sS-Munition und sS-Visier).

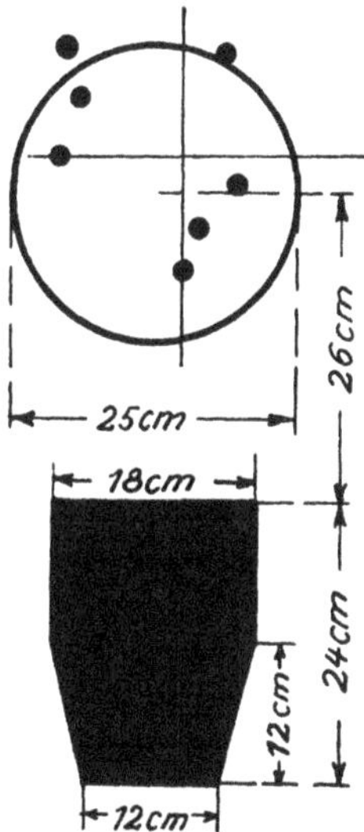

Anmerkung.

Die wagerechte Linie geht durch den vierten Treffpunkt gerechnet nach der Höhe (von oben oder von unten).

Die senkrechte Linie geht durch den vierten Treffpunkt, gerechnet nach der Seite (von rechts oder von links).

Der Schnittpunkt der beiden Linien bildet den mittleren Treffpunkt.

getragen, auf dem nachher durch den Waffenunteroffizier Tag, Schütze, M. G.-, Lauf- und Schloßnummer vermerkt werden. Das Trefferbild wird für das laufende und folgende Schießjahr und länger aufbewahrt, bis es durch neuen Anschuß des M. G. und Aufstellen eines neuen Trefferbildes hinfällig wird. Die Trefferbilder sind zu den Waffenbesichtigungen mitzubringen.

511. Ein M. G., das dem Anschuß nicht genügt hat, wird dem Waffenmeister mit Trefferbild nach Muster 13 zum Untersuchen und Instandsetzen übergeben. Die Untersuchung wird nach dem V. Fehlerverzeichnis — Anlage 6 der H. Dv. Nr. 264 — soweit dieses für l. M. G. zutrifft und unter Zugrundelegen der Trefferbilder vorgenommen. Nach dem Instandsetzen ist das M. G. erneut anzuschießen. Genügt es wieder nicht, so wiederholen sich das Untersuchen, Instandsetzen und Anschießen bis zur dreimaligen Instandsetzung.

Befinden sich mehrere Waffenmeister im Standort, so darf ein anderer zur Untersuchung herangezogen werden. Auf Grund des Ergebnisses seiner Untersuchung dürfen dann eine weitere (vierte) Instandsetzung und ein abermaliges Anschießen stattfinden.

512. Genügt ein M. G. nach dreimaligem (Nr. 511 Abs. 1) oder viermaligem (Nr. 511 Abs. 2) Instandsetzen nicht, so wird es mit einer beglaubigten Abschrift des Trefferbildes an die Wehrkreiswaffenmeisterei gesandt.

Grundsätze für die Durchführung des Anschusses.

513. Meldet der Schütze *unmittelbar* nach dem Schuß, daß er unrichtig oder unsicher abgekommen ist, so ist der Anschuß auf Befehl des Leitenden abzubrechen und neu zu beginnen. *Alle* bis dahin abgegebenen Schüsse sind als nicht einwandfrei zu kleben und bleiben außer Betracht. *Ausschalten eines Schusses* als „Ausreißer“ oder wegen eines angeblichen Zielfehlers ist verboten. Versager sind zu ersetzen.

514. Es widerspricht dem Zweck und schädigt die Schießleistung der Truppe, wenn schlechtschießende M. G. durch mehrfaches Wiederholen des Anschusses ohne Instandsetzen zu einem zufälligen Erfüllen der Bedingung gebracht werden. Der Anschuß darf daher nicht wiederholt werden, bevor der Waffenmeister das M. G. geprüft hat.

515. Nach dem Instandsetzen wird die Waffe sobald als angängig möglichst durch denselben Schützen erneut angeschossen.

516. Wird die Schußleistung eines M. G., das dem Anschuß genügt hat, aus irgendeinem Grunde noch einmal festgestellt, so muß ein neues Trefferbild verwendet werden.

517. Dauerfeuer zum Prüfen des fehlerfreien Arbeitens des M. G. (Gängigkeit).

518. Die Prüfung nimmt der Waffenoffizier in Gegenwart des Waffenmeisters und des Gewehrführers vor. Sie ist erforderlich nach:

a) dem Einstellen eines neuen Zuführergehäuses,
b) = = einer neuen Schloßkurbel,
c) = = einer Gleitwand oder beider Gleitwände,
d) dem Einstellen einer neuen Zugfeder (zum Ermitteln der Federspannung),
e) dem Einstellen eines neuen Patronenträgers,
f) = = neuer Winkelhebel,
g) den Ausbesserungen am Schloß 08, die ein Losnieten der Winkelhebel bedingen,
h) dem Ausbessern eines am Durchmesser des trichterförmigen Teils abgenutzten Hülsentrichters.

Zum Schießen auf Gängigkeit werden scharfe und Platzpatronen — scharfe Patronen beim l. M. G. mit Rückstoßverstärker (S) — benutzt.

519. Die M. G. sind vor dem Dauerfeuerbeschuß vom Waffenmeister in der Werkstatt eingehend zu prüfen, insbesondere ist festzustellen:

a) ob der Verschlußabstand richtig ist; nötigenfalls ist er zu berichtigen; nach dem Schießen wird er nochmal geprüft;
b) ob alle gleitenden Teile sich ohne zu klemmen im M. G. bewegen und keine Fehler aufweisen;
c) ob die Gurthebel im Zuführer nicht klemmen, die Federn nicht lahm sind.

Vor Beginn des Dauerfeuers ist durch den Waffenoffizier zu prüfen:

a) ob die Patronen richtig im Patronengurt sitzen, dieser nicht gerissen oder beschädigt ist;

b) ob die ermittelte Federspannung vorhanden — ausgenommen beim Schießen auf Grund der Nr. 518 d —;

c) ob beim Schießen mit Platzpatronen der Hülsentrichter mit dem ermittelten Abstand vom Lauftrichter entfernt — jedoch nicht weniger als eine halbe Umdrehung — richtig angeschraubt ist.

520. Beim Dauerfeuer werden abgegeben nach der Instandsetzung:

a) nach Nr. 518 a—d mit einem beliebigen Schloß: je 25 Schuß mit scharfen und Platzpatronen;

b) nach Nr. 518 e—g mit jedem der ausgebesserten Schlösser: je 25 Schuß mit scharfen und Platzpatronen;

c) nach Nr. 518 h mit einem beliebigen Schloß: 25 Schuß mit Platzpatronen.

Während des Schießens muß das M. G. vom ersten bis zum letzten Schutz tadellos arbeiten. Bei Hemmungen, die durch Versager oder sonstige Fehler der Munition herbeigeführt werden, ist durchzuladen. Ein Wiederholen des Beschusses ist in diesem Falle nicht notwendig.

521. Genügt ein M. G. den Bedingungen nicht und kann es nicht an Ort und Stelle instandgesetzt werden, so geht es zum Untersuchen und Ausbessern in die Waffenmeisterwerkstatt zurück.

Die Untersuchung ist nach dem IV. Fehlerverzeichnis — Anlage 5 der H. Dv. Nr. 264 —, soweit dieses für l. M. G. zutrifft, besonders eingehend vorzunehmen.

C. Schießvorschrift für Pistole.

I. Allgemeines.

522. Die Pistole 08 ist wegen ihrer Treffsicherheit, Geschoßwirkung, Feuerbereitschaft und Handlichkeit eine wertvolle Waffe für den Nahkampf.

523. Nur wer die Pistole genau kennt und richtig handhaben kann, wird sie sachgemäß verwenden. Falsches oder unvorsichtiges Handhaben gefährdet den Schützen und seine Umgebung.

524. Unrichtiges Behandeln oder schlechte Pflege schädigen die Waffe und beeinträchtigen die Schußleistung.

Schußleistung.

525. Anfangsgeschwindigkeit $V_0 = 320$ m/sec. Gesamtschußweite bei etwa 35° Erhöhung: 1600 m.

Die Visierschußweite der in der Schießmaschine eingespannten Pistole beträgt etwa 125 m; die größte Flughöhe bezogen auf die Mündungswagerechte beträgt hierbei etwa 25 cm.

526. Die mit der Pistole erschossenen Trefferbilder (vom Anschußtisch, Pistole auf Sandsack aufgelegt) ergeben im Durchschnitt die folgenden größten Abweichungen nach der Höhe und Breite.

Entfernung in Metern	Größte Abweichung in Zentimetern nach	
	der Höhe	der Breite
50	30	20
100	60	50
150	110	80

527. Durchschlagswirkung:

Bretter von 12 cm werden bis etwa 250 m
" 7 cm " " " 500 m
" 3 cm " " " 800 m

durchschlagen.

In Sand dringt das Geschoß auf 50 m Entfernung 25 cm ein. Stahlbleche von 1,5 mm Stärke decken auf allen Entfernungen. Ein Pferdeschädel wird bis auf etwa 800 m Entfernung durchschlagen.

II. Schießausbildung.

528. Die Ausbildung muß besonderen Wert auf schnelle und auch unvorbereitete Schußabgabe (Schnellschuß) legen, damit die Pistole wirklich als Nahkampfwaffe erfolgreich verwendet wird.

Vorbereitende Übungen.

529. Der Ausbildungsgang umfaßt:

Unterricht über Teile der Pistole und ihr Zusammenwirken (H. Dv. 255, Nr. 1—51);
Erklären des Auseinandernehmens und Zusammensetzens (H. Dv. 255, Nr. 59—61);
Pflege, Aufbewahren und Reinigen (H. Dv. 255, Nr. 62—66, 74—92);
Füllen und Entleeren des Magazins (A. V. J. II, 79 und 80);
Laden und Entladen (A. V. J. II, Nr. 81—83);
Sichern und Entsichern (H. Dv. 255, Nr. 54);
Abspannen (H. Dv. 255, Nr. 55—56);
Beseitigen von Hemmungen (H. Dv. 255, Nr. 70 bis 73).
Ziel- und Anschlagübungen.

Laden und Magazinfüllen sind stets mit Exerzierpatronen und auch bei Dunkelheit — Augenschließen — zu üben.

530. Durch die Kürze der Waffe und die Art des Anschlages wird bei falscher Handhabung die Umgebung des Schützen gefährdet. Deshalb ist ihm von Anfang an einzuprägen, daß er die Mündung der Pistole stets, ganz gleich ob mit Zielmunition, Exerzier-, Platz- oder scharfen Patronen geübt wird, nach vorn und zum Boden richten muß und den Abzug nicht berühren darf. Der Zeigefinger liegt oberhalb des Abzugbügels längs des Griffstückes. Erst zum Schuß wird die Waffe entsichert, auf das Ziel gerichtet und der Finger an den Abzug gelegt.

531. Wird nicht sofort geschossen, ist zu sichern, auch wenn mit Exerzier-, Platzpatronen oder Zielmunition geübt wird.

532. Es darf nie vergessen werden, daß die Waffe nach dem Schuß ohne weiteres wieder geladen und gespannt ist.

Zielen.

533. Die Zielübungen müssen den Schützen mit der kurzen Visierlinie vertraut machen.

534. Zunächst wird am Anschußtisch gezielt. Der Mann setzt sich hinter den Tisch, stützt den rechten Ellbogen auf und schlägt an. Die linke Hand darf den rechten Unterarm dicht hinter dem Handgelenk umfassen oder die rechte Hand von unten stützen.

535. Diese umfaßt den Griff so, daß Handteller und Finger fest um das Griffstück liegen.

536. Hat der Schütze hinreichende Sicherheit im Zielen erlangt, so wird mit Zielmunition (Anlage 4) geschossen.

Anschlag.

537. Meist wird im Stehen angeschlagen. Der Schütze stellt sich — die Pistole in der rechten Hand — mit der Front nach dem Ziel, wendet sich halblinks und setzt den linken Fuß in der neugewonnenen Linie etwa einen halben Schritt nach links. (Linksschützen machen die Wendung halbrechts usw.) Die Knie sind leicht durchgedrückt. Der linke Arm kann beliebig gehalten werden. Hüften und Schultern machen die gleiche Wendung wie die Füße. Das Gewicht des Körpers ruht gleichmäßig auf Hacken und Ballen beider Füße. Die Pistole wird geladen, der Blick auf das Ziel gerichtet. Während die Augen den Haltepunkt suchen, hebt die rechte Hand mit leicht gekrümmtem oder gestrecktem Arm die Pistole bis in Augenhöhe und richtet sie gleichzeitig auf das Ziel. Der Zeigefinger geht an den Abzug, das linke Auge wird geschlossen, die Visierlinie auf den Haltepunkt gerichtet. Langes Zielen ist zu vermeiden, die Hand wird dabei unruhig, auch fehlt im Kampf die Zeit.

538. Der Anschlag im Liegen und Knien wird wie der mit dem Gewehr nach Nr. 75, 76 ausgeführt. Im Anschlag liegend umfaßt die linke Hand den rechten Unterarm dicht hinter dem Handgelenk oder stützt die rechte Hand von unten.

539. Gelände und Kampfverhältnisse werden den Gebrauch der Pistole auch in anderen Körperlagen notwendig machen.

Haltepunkt.

540. Der Haltepunkt ist im allgemeinen „Mitte des Ziels". Der Eigenart der Pistole, den Entfernungen usw. wird durch Höher-, Tiefer- oder Seitwärtshalten entsprochen. Der Schütze muß wissen, welchen Haltepunkt er mit seiner Pistole auf den verschiedenen Entfernungen zu wählen hat.

Abkrümmen.

541. Der Abzug wird durch gleichmäßiges, entschlossenes Krümmen des Zeigefingers zurückgezogen, bis der Schuß fällt. Häufiges Üben ist notwendig, damit der Schütze lernt, während des Krümmens den Lauf in der Richtung festzuhalten. Reißen verschlechtert wegen der Kürze der Waffe und der Art des Anschlages das Ergebnis noch mehr als beim Schießen mit Gewehr.

Wenn nicht sofort weitergeschossen wird, gibt der Zeigefinger nach dem Schuß den Abzug langsam frei und legt sich oberhalb des Abzugsbügels. Die Pistole wird im Anschlag gesichert.

Das Deuten.

542. Wenn der Schütze nach Ansicht des Schießlehrers das überlegte Zielen und das Abkrümmen beherrscht und die Zielschußübungen mit Erfolg erledigt hat, wird er im Deuten ausgebildet. Der Mann „deutet" auf den Haltepunkt und krümmt ohne genaues Zielen rasch ab. Dabei wird ihm gestattet, mit dem längs des Gleitstückes ausgestreckten Zeigefinger auf das Ziel zu deuten und mit dem Mittelfinger abzukrümmen. Die Pistole wird bei „Deutübungen" mit vorwärts abwärts gerichteter Mündung entsichert.

Schulschießen.

Allgemeine Bestimmungen.

543. Das Schießjahr beginnt am 1. Oktober.

544. Der Schütze soll möglichst zu allen Übungen die gleiche Pistole benutzen.

545. Erst nach gründlichen Vorübungen mit Exerzier-, Platzpatronen und Zielmunition wird scharf geschossen.

546. Am Schulschießen nehmen die Oberleutnante, Leutnante, Unteroffiziere und Mannschaften, die mit der Pistole ausgerüstet sind, und die Krankenträger teil. Nur die dem Reichswehrministerium angehörenden oder dorthin kommandierten Soldaten können davon befreit werden.

547. Die Hauptleute und Rittmeister, außer denen des Reichswehrministeriums, schießen die Übungen einer selbst gewählten Schießklasse.

548. In jedem Schießjahre sind die vorgeschriebenen Schulübungen zu schießen und die Bedingungen zu erfüllen, soweit der Munitionsbestand es zuläßt. Keine Übung darf aber mehr als dreimal geschossen werden, damit Patronen für andere Zwecke bleiben.

549. Es ist verboten, den Schützen an einem Tage mehr als eine Übung schießen oder eine nicht erfüllte wiederholen zu lassen.

550. Der Kompanie- usw. Chef darf den Schützen in die I. oder besondere Schießklasse versetzen, wenn er alle Übungen der II. oder I. Schießklasse erfüllt hat und nach seinem ganzen Verhalten beim Schießen dafür geeignet erscheint. Für Rückversetzen in eine niedere Klasse gilt die Bestimmung der Nr. 91.

551. Die beim Schulschießen nicht verbrauchte Munition ist zu besonderen Übungen und Gefechtsschießen zu verwenden.

552. Wenn vermutet wird, daß schlechtes Schießen der mangelhaften Beschaffenheit der Pistole oder der Munition zuzuschreiben ist, hat der Leitende Probeschüsse abzugeben oder durch einen anderen sicheren Schützen machen zu lassen. Sie werden in der Schießkladde und im Schießbuch des Mannes hinter der Übung mit ihren Treffergebnissen und dem Namen des Schützen vermerkt. Lassen die Probeschüsse einen Waffenfehler vermuten, muß die Pistole untersucht und, falls erforderlich, instand gesetzt werden.

553. Schulschießbedingungen für die Pistole.

II. Schießklasse.

Nr. und Art der Übung	Meter	Anschlag	Scheibe	Patronenzahl	Bedingung	Anzug	Bemerkungen
1. Zielschußübung	25	sitzend am Anschußtische	Knieringscheibe (Nr. 340, Bild 36)	3	Kein Schuß unter 7	Kleiner Schießanzug mit Mütze	1—2 Patronen dürfen nachgegeben werden, wenn damit die Übung erfüllt werden kann.
2. Zielschußübung	25	stehend freihändig	Knieringscheibe	5	3 Treffer in der Figur	Kleiner Schießanzug mit Stahlhelm	1—2 Patronen dürfen nachgegeben werden, wenn damit die Übung erfüllt werden kann.
3. Schnellschußübung	25	kniend	Knieringscheibe	5	3 Treffer in der Figur	Großer Schießanzug	Wenn der Schütze geladen hat, gibt der Leitende das Kommando „Feuer!". Die 5 Schüsse sind in 15 Sekunden abzugeben. Nach Ablauf der Zeit folgt das Kommando „Stopfen!" Es wird angezeigt. Nicht abgegebene Schüsse rechnen als Fehler und sind mit ⊕ zu vermerken.

I. Schießklasse.

Nr. und Art der Übung	Meter	Anschlag	Scheibe	Patronenzahl	Bedingung	Anzug	Bemerkungen
1. Zielschußübung	25	liegend	Knieringscheibe	3	Kein Schuß unter 8	Kleiner Schießanzug mit Stahlhelm	1—2 Patronen dürfen nachgegeben werden, wenn damit die Übung erfüllt werden kann.
2. Zielschußübung	25	stehend freihändig	Knieringscheibe	5	4 Treffer in der Figur	Großer Schießanzug	1—2 Patronen dürfen nachgegeben werden, wenn damit die Übung erfüllt werden kann.
3. Deutübung	25	stehend freihändig	Knieringscheibe	5	Jeder Schuß innerhalb von 2 Sekunden, 2 Treffer in der Figur	Großer Schießanzug	Der Schütze steht im Anschlag und hält vor jedem Schusse die gesicherte Pistole vor- und abwärts. Der Leitende ruft „Fertig!“, der Schütze entsichert und schießt auf das Kommando „Feuer!“. Nach 2 Sekunden ruft der Leitende „Stopfen!“, wenn der Schuß nicht gelöst worden ist. Nicht abgegebene Schüsse rechnen als Fehler und sind mit ⊕ zu vermerken. Nach jedem Schuß wird angezeigt.

Besondere Schießklasse.

Nr. und Art der Übung	Meter	Anschlag	Scheibe	Patronenzahl	Bedingung	Anzug	Bemerkungen
1. Zielschußübung	50	stehend freihändig	Knieringscheibe	5	3 Treffer in der Figur	Kleiner Schießanzug mit Stahlhelm	1—2 Patronen dürfen nachgegeben werden, wenn damit die Übung erfüllt werden kann.
2. Schnellschußübung	25	stehend freihändig	Knieringscheibe	3	2 Treffer in der Figur	Kleiner Schießanzug mit Stahlhelm	50 m von der Scheibe ladet und sichert der Schütze. Auf „Marsch!" geht er in lebhaftem Schritt vor; ist er bis 25 m an die Scheibe herangekommen, folgt das Kommando „Halt Feuer!". Der Mann entsichert und schießt. Die 3 Schüsse sind in 6 Sekunden abzugeben. Nach Ablauf der Zeit folgt das Kommando „Stopfen!". Es wird angezeigt. Nicht abgegebene Schüsse rechnen als Fehler und sind mit ⊕ zu vermerken.
3. Deutübung	25	stehend freihändig	Knieringscheibe	5	Jeder Schuß innerhalb von 2 Sekunden, 3 Treffer in der Figur	Großer Schießanzug	Bemerkungen wie I. Schießklasse, 3. Übung.

Schießordnung.

554. Die in Nr. 119—144 gegebene Schießordnung mit ihren Bestimmungen über Vorbereitung, Sicherheitsmaßnahmen, Aufsicht und Dienst an der Scheibe gilt auch beim Schießen mit der Pistole.

Im folgenden sind nur Abweichungen und Ergänzungen erwähnt.

555. Vor dem Abmarsch zum Schießen sieht der Abteilungsführer nach, ob die Pistolen richtig zusammengesetzt, das Laufinnere und der Verschluß frei von Fremdkörpern sind.

Ein leeres Magazin wird in die Pistole eingeführt, der Verschluß geöffnet, das Laufinnere ist durch Hineinsehen vom Patronenlager und von der Mündung aus zu prüfen, das Magazin ist etwas zurückzuziehen oder herauszunehmen, damit das Kammerfangstück beim Zurückziehen des Verschlusses nach unten treten und dieser beim Loslassen vorschnellen kann. Nach dem Schließen des Verschlusses ist zu sichern und festzustellen, ob das Abziehen im gesicherten Zustand nicht möglich ist; dann wird entsichert und der Abzug durch Abziehen auf richtigen Gang geprüft.

556. Der Leitende — ein Offizier, nur ausnahmsweise ein Portepeeunteroffizier — achtet darauf, daß die der Sicherheit dienenden Vorschriften von dem Soldaten, der die Munition ausgibt, dem Unteroffizier beim Schützen und diesem selbst befolgt werden.

Bei Deut- und Schnellschußübungen gibt er die Kommandos und sorgt mit der Stoppuhr für das Einhalten der vorgeschriebenen Zeit.

557. Der Unteroffizier zur Aufsicht beim Schützen prüft nach deren Antreten am Stand die Pistolen nach Nr. 555 und meldet hierüber dem Leitenden. Während des Schießens steht er etwa einen halben Schritt schräg rückwärts vom Schützen und überwacht das Einführen des Magazins, das Laden, Sichern und Entsichern. Er achtet darauf, daß erst geladen wird, wenn die Scheibe sichtbar ist, und daß nach dem Schuß der Finger aus dem Abzug genommen und im Anschlag gesichert wird, wenn sofort angezeigt wird. Hat der Schütze abgeschossen, beobachtet der Unteroffizier das Entladen, nimmt die Meldung hierüber entgegen und überzeugt sich von ihrer Richtigkeit.

558. Der mit der Ausgabe der Munition beauftragte Soldat füllt das Magazin mit Hilfe des Schraubenziehers mit der für die Übung vorgeschriebenen Patronenzahl und gibt es dem Manne, wenn er zum Schießen vortritt.

Wenn die Abteilung abgeschossen hat, händigt er den Schützen die leeren Magazine aus.

559. Der Schreiber trägt den wirklichen, nicht den angesagten Sitz des Schusses ein.

Schießende Abteilung.

560. Die Abteilung — nicht mehr als 5 Mann — stellt sich einige Schritte hinter dem Standort des Schützen in einem Gliede mit der Front nach der Scheibe auf und gibt nach Prüfung der Waffen (Nr. 557) die Magazine bei der Munitionsausgabe ab. Der einzelne Schütze empfängt dann das gefüllte Magazin, tritt auf den Schützenstand, nimmt die Schießstellung ein, gibt dem Schreiber Namen und Pistolennummer an, ladet nach Sichtbarwerden der Scheibe und schlägt an. Nach dem Schuß sagt er den voraussichtlichen Sitz des Schusses an und sichert im Anschlag. Wenn angezeigt worden ist, meldet er Namen und Ergebnis.

561. Bei „Schnellschußübungen" wird weder der Sitz des Schusses angesagt, noch zwischendurch gesichert.

562. Bei allen Übungen soll der Schütze die einzelnen Schüsse hintereinander abgeben, ohne wegzutreten. Ist es doch notwendig, die Übung zu unterbrechen, oder ist sie beendet, entladet er und meldet dem Unteroffizier: „Magazin entnommen! Entladen! Lauf frei!" Dann geht er zu dem Soldaten, der die Munition ausgibt, händigt ihm etwa übriggebliebene Patronen und das Magazin aus mit den Worten: „Abgeschossen, Magazin leer."

563. Ist eine Übung mit der vorgeschriebenen Patronenzahl nicht erfüllt worden, Nachgabe aber gestattet und angebracht, wird das Magazin auf Befehl des Leitenden bei der Munitionsausgabe mit 1 oder 2 Patronen gefüllt und dem Schützen wieder ausgehändigt.

564. Versagt eine Patrone, wartet der Schütze einige Sekunden im Anschlage, dann wirft er die Patrone aus. Sie wird in das Magazin einer anderen Pistole geladen. Entzündet sie sich wieder nicht, gilt sie als Versager.

Gefechtsschießen.

565. Nur der einzelne Mann wird im Gefechtsschießen ausgebildet. Es soll seine Schießfertigkeit in Lagen, die der Wirklichkeit möglichst nahe kommen, vervollkommnen. Er muß geübt sein, mehrere Schüsse hintereinander — Wechsel des Standorts und der Ziele — abzugeben und die Pistole in der Dämmerung, bei Mondschein, schließlich bei Dunkelheit, im Licht von Leuchtkugeln usw. zu benutzen.

Auch beim Gefechtsschießen überwacht ein Unteroffizier die Tätigkeit des Schützen nach Nr. 557.

566. Bei den berittenen und den Kraftfahrtruppen ist auch das Schießen vom Pferde, vom Kraftrade und aus dem Kraftwagen zu üben.

567. Nur rasches Erfassen des Zieles, richtige Wahl des Anschlags, wenn dazu Zeit ist, des Haltepunktes, schnelles Zielen und entschlossenes Abkrümmen bringen Erfolg.

568. Dem Schießen mit scharfer Munition müssen vorbereitende Übungen mit Exerzierpatronen und Zielmunition vorausgehen.

569. Zum Gefechtsschießen sind die Soldaten heranzuziehen, die am Schulschießen teilnehmen.

570. Das Schießen findet auf Gefechtsschießständen, Truppenübungsplätzen oder im Gelände auf Entfernungen bis etwa 50 m statt.

571. Schulschießstände können benutzt werden, wenn sie den in Nr. 203 gegebenen Bestimmungen entsprechen.

572. Wird nur mit der Pistole geschossen, genügt eine Absperrung von 2000 m in der Schußrichtung. Es ist aber zu bedenken, daß der Gefahrenbereich nach der Seite groß ist, weil bei der kurzen Waffe leicht Abweichungen vorkommen können.

Sportliches Schießen.

573. Sobald der Schütze mit der Waffe vertraut ist und die vorgeschriebenen Schulübungen geschossen hat, darf die weitere Ausbildung auch sportgemäß betrieben werden. Besonders anregend wirkt das Wettschießen in den verschiedenen Körperlagen und in der Bewegung auf Gefechtsziele.

III. Munition.

574. In jedem Jahr wird bekanntgegeben, wieviel Munition der Kompanie usw. zur Verfügung steht. Die Verwendung regelt der Kompanie- usw. Chef.

IV. Anschießen.

575. Eine Pistole wird nur angeschossen, wenn bei der Truppe ein neues Korn oder Hintergelenk eingestellt worden ist.

Nach Instandsetzen in der Wehrkreiswaffenmeisterei wird auch der Anschuß dort ausgeführt. (Siehe H. Dv. 255, Abschn. III.)

576. Es wird auf 50 m am Tisch sitzend geschossen. Ein fester Anschußtisch und Stuhl sind für eine sichere Schußabgabe erforderlich.

Die Visiereinrichtung darf nicht blank und muß gegen Sonnenschein geschützt sein.

Bei ungünstigem Wetter (starkem Winde) darf nicht angeschossen werden.

577. Zum Anschlag stützt der Schütze die Ellbogen auf, umfaßt mit beiden Händen den Griff der Pistole und legt die Fäuste und das Bodenstück auf einen genügend hohen Sandsack. Dann werden 5 Schuß auf die Anschußscheibe abgegeben (Bild 61).

578. Die Pistole genügt, wenn 4 von 5 Treffern innerhalb des Rechtecks sitzen. Ist dies nicht der Fall, darf der Anschuß durch einen anderen sicheren Schützen wiederholt werden.

Genügt auch dieser Anschuß nicht, so ist die Pistole dem Waffenmeister zum Untersuchen und Instandsetzen zu übergeben. Werden Waffenfehler festgestellt, für deren Abstellen die Wehrkreiswaffenmeisterei zuständig ist, wird die Waffe dorthin gesandt.

579. Das Ergebnis des Anschusses wird von dem Unteroffizier an der Scheibe mit Tintenstift in ein Trefferbild (verkleinertes Scheibenbild, Maßstab 1 : 10)

Bild 61.
Anschußscheibe für Pistole. Maße in Zentimetern.

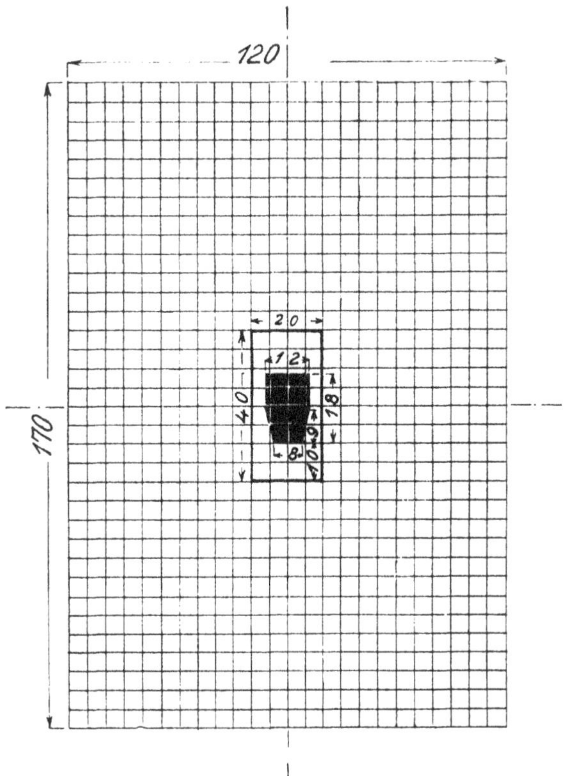

Haltepunkt: Anker aufsitzen.

eingetragen, auf dem nach dem **Anschuß** Tag, Name des Schützen und Waffennummer vermerkt werden.

580. Die Trefferbilder werden für das laufende und das folgende Jahr aufbewahrt und zu den Waffenbesichtigungen mitgebracht.

D. Vorschrift für den Gebrauch der Handgranaten.

I. Verwendung.

581. Die Handgranate dient als Nahkampfwaffe beim Angriff und in der Verteidigung.

Ihre Wirkung zwingt den Feind, sich unmittelbar vor dem Einbruch oder bei der Sturmabwehr zu decken, und hindert ihn am Gebrauch seiner Waffen.

Mit Handgranaten kann man Ziele in oder hinter Deckungen treffen, die mit der Schußwaffe nicht zu erreichen sind, und den Feind zwingen, Deckungen zu verlassen (Ortskampf, Unterstände im Grabenkampf).

582. Die Handgranate wirkt durch Splitter 10 bis 15 m im Umkreis, durch Luftdruck 3 bis 6 m und seelisch durch starken Knall.

583. Ruhiger und überlegter Gebrauch der Handgranate im Verein mit der Schußwaffe verbürgt den Erfolg.

Der Schütze muß sich stets bewußt sein, daß die Handgranate die Schußwaffe ergänzen, aber niemals ersetzen kann.

584. Mehrere Handgranaten, zu geballten oder gestreckten Ladungen vereint, können als Notbehelf zum Sprengen von Hindernissen und Unterständen verwendet werden. Das Werfen geballter Ladungen unter die Raupen von Kampfwagen ist schwierig und nur erfolgreich, wenn die Wagen langsam fahren oder vor Sperren, Geländehindernissen oder wegen Motorschäden stillstehen.

II. Handgranatenarten.

585. Im Gebrauch sind:

die Stielhandgranate 24 mit Bz (Brennzünder) 24,

die Übungsstielhandgranate 24 mit Bz 24, Ladungsbüchsen 24 und Übungsladung 24.

Beschreibung der Handgranaten und Zünder, Zusammenwirken der einzelnen Teile, Scharfmachen siehe Anhang zur H. Dv. 257.

III. Ausbildung.

586. Teilnahme:

Im Handgranatenwerfen sind alle Soldaten auszubilden.

587. Ziel der Ausbildung:

a) Kenntnis der Bauart der Waffe, der einzelnen Teile und ihrer Wirkung,
b) treffsicherer Wurf gegen gedeckte und ungedeckte Ziele innerhalb 45 m Entfernung,
c) Kenntnis der Verwendungsmöglichkeiten bei Angriff und Verteidigung, insbesondere im Zusammenwirken mit der Schußwaffe.

Völliges Vertrautsein mit der Waffe ist erforderlich für ruhigen und sachgemäßen Gebrauch.

588. Ausbildungsgang:

a) Unterricht,
b) Wurfschule,
c) Schulwerfen mit Übungsstielhandgranaten 24,
d) Schulwerfen mit scharfen Stielhandgranaten 24,
e) Gefechtswerfen,
f) Wettkämpfe,
g) Verwenden der Handgranaten bei Mangel an Sprengmitteln; Herstellen geballter und gestreckter Ladungen (siehe Dv. 316 „Allgemeine Pionier-Vorschrift für alle Waffen", Nr. 160 ff.).

a) Unterricht.

589. Er befaßt sich mit den einzelnen Teilen der Stielhandgranate und Übungsstielhandgranate, der Bauart und Wirkungsweise der Zünder und Sprengkapseln, der Sprengladung und ihrer Wirkung, dem Zusammenwirken aller Teile, dem Scharfmachen und Entschärfen, Abreißen vor dem Wurf und Verhalten beim Wurf, den Sicherheitsbestimmungen (auch für Übungsstielhandgranaten), dem Verhalten auf dem Wurfstande, dem Mitführen, der Trageweise und Behandlung auf dem Marsch und im Kampfe, den Handgranaten fremder Heere.

Die Sicherheitsbestimmungen und das Verhalten auf dem Wurfstand sind oft und besonders eingehend zu behandeln.

b) Wurfschule.

590. Da beim Wurf der ganze Körper tätig ist, müssen alle seine Teile darauf vorbereitet und durchgebildet werden. Nur dadurch wird ein kräftiger und treffsicherer Wurf erzielt.

591. Die Technik des Nah- und Weitwurfes, des Bogen- und Flachwurfs wird bei den Leibesübungen erlernt.

Da die Handgranate meist gegen Ziele hinter Dekkungen verwendet wird, ist der hohe Bogenwurf vorzugsweise zu üben. H. Dv. Nr. 475 (Lb.) gibt im Heft 3 die nötigen Hinweise.

592. Die Vorübungen zum Handgranatenwerfen gem. H. Dv. Nr. 475 (Lb.), Heft 3, werden im Sportanzug oder in beliebigem leichten Anzug ausgeführt.

c) Schulwerfen mit Übungsstielhandgranaten 24.

593. Beim Handhaben der Übungsstielhandgranaten verhält sich der Mann grundsätzlich ebenso wie beim Werfen mit scharfen Stielhandgranaten.

Bild 62.

Sicherheitsbereich beim Werfen mit Übungsstielhandgranaten.

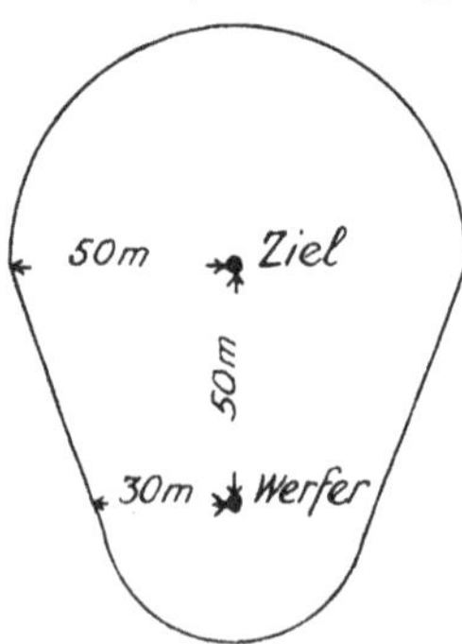

Sicherheitsbestimmungen.

594. Die Beteiligten nehmen wie beim scharfen Wurf Deckung. Zuschauer bleiben außerhalb des Sicherheitsbereichs (Bild 62).

595. Bild 63 gibt einen Anhalt für eine Wurfbahn.

Bild 63.

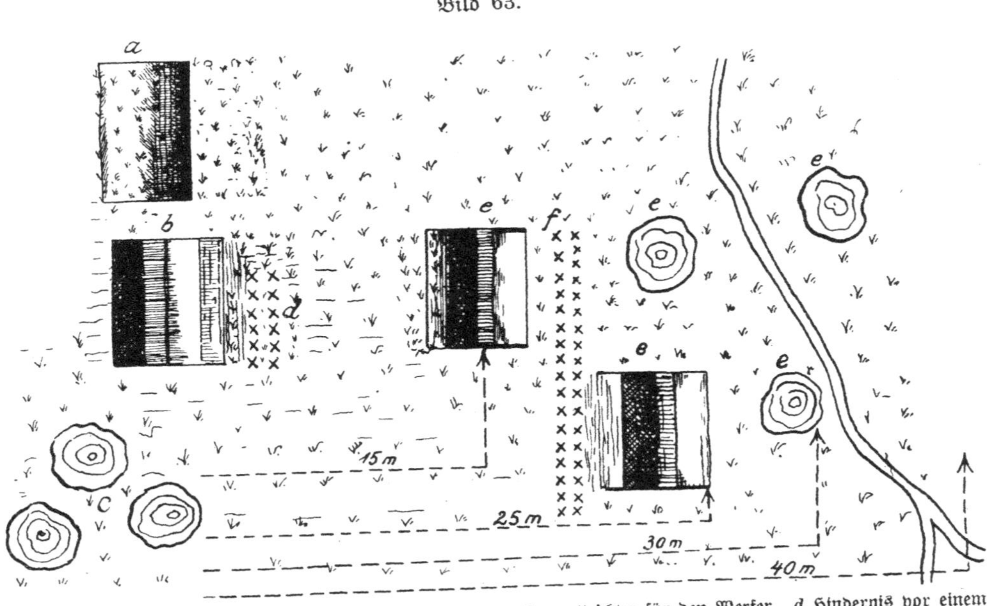

a etwa 50 cm hoher Erdwall. *b* Graben für den Werfer. *c* Granattrichter für den Werfer. *d* Hindernis vor einem Teil des Wefergrabens. *e* Graben- oder Granattrichter für die Ziele. *f* Hindernis vor den Zielen.

Werferstände und Zielfeld müssen Abwechslung bieten. Es empfiehlt sich, den Graben b teilweise tief und schmal, teilweise seicht und breit zu machen und die Zielstellen mit Nummern, die von den Werferständen zu sehen sind, zu versehen.

596. Die Abwurfstellen sollen so angelegt sein, daß
im Stehen mit begrenzter Bewegungsfreiheit beim Ausholen zum Wurf (z. B. aus tiefen, engen Gräben),
im Knien auf einem oder auf beiden Knien (z. B. hinter dem Wall),
aus dem Liegen, wobei die Höhe der Deckung zum raschen Aufrichten zwingt, und
im Liegen
geworfen werden kann.

597. In allen Körperlagen ist nicht nur der Wurf über den Kopf, sondern auch der seitlich mit gestrecktem Arm zu üben. Bei ihm liegt der Körper des Werfers nicht in der Wurfrichtung, sondern seitlich zu dieser, z. B. an eine Deckung angepreßt.

Das Abziehen der Handgranate im Laufen und das Werfen unter Ausnutzen des Körperschwunges sind zu üben. Nach dem Wurf wirft sich der Mann zu Boden oder in eine Deckung.

598. Granattrichter von verschiedener Tiefe und Größe zwingen zum Werfen in unbequemen Körperlagen.

599. Zum Wurf wird die Handgranate mit der Wurfhand am verjüngten Teil des Stiels fest umfaßt. Der Topf zeigt im Stehen und Knien bei natürlich herabhängendem Arm schräg nach außen, im Liegen der Armhaltung entsprechend nach vorn. Die Sicherheitskappe wird mit der anderen Hand abgeschraubt, der Knopf der Abreißschnur zwischen Mittel- und Ringfinger erfaßt, mit kurzem Ruck herausgerissen und die Handgranate ruhig, aber sofort geworfen. Jedes Lockern und Nachgreifen der Wurfhand nach dem Abziehen birgt die Gefahr, daß die Handgranate entgleitet, und ist deshalb verboten. Darauf ist bei allen Übungen besonders zu achten.

600. Auf der Wurfbahn ist auch zu lehren, wie der Mann dem Handgranatenwurf des Feindes ausweicht. Bleibt die Handgranate außerhalb des Grabens, Erdlochs, Granattrichters, deckt er sich in ihm, fällt sie in die Deckung, springt er, wenn dies möglich ist, rasch in eine andere oder wirft sich mit dem Kopf nach der der Handgranate abgewandten Seite auf den Bauch oder ergreift kurz entschlossen die Handgranate und wirft sie hinaus. Gewandtheit und vor allem Willenskraft sind hierzu notwendig.

601. Die Übungen werden zunächst im Exerzieranzug und schließlich in feldmäßiger Ausrüstung durchgeführt. Mit aufgesetzter Gasmaske ist häufig zu üben.

602. Werfen bei Wind, im Schnee, in der Dämmerung, im Nebel, beim Licht von Leuchtpatronen und Scheinwerfern ist notwendig.

d) Schulwerfen mit scharfen Stielhandgranaten.

603. Erst wenn der Soldat durch Üben mit der Übungsstielhandgranate 24 Sicherheit im Werfen und Vertrauen zu dieser Waffe gewonnen und durch Unterricht die scharfe Stielhandgranate 24 gründlich kennengelernt hat, darf zum Schulwerfen übergegangen werden.

604. Am Schulwerfen nehmen die in der Truppe (bis Regimentsstab einschl.) diensttuenden Soldaten vom Hauptmann usw. abwärts teil.

605. Das Schulwerfen mit scharfen Handgranaten findet nur auf den vorgeschriebenen Schulwurfständen statt. Skizze eines Schulwurfstandes siehe Anlage 5.

606. Für den Aufbau des Zielfeldes gibt Nr. 595 einen Anhalt.

607. Anzug:

Alle an der Übung Beteiligten und die Zuschauer tragen Stahlhelm.

Bei der ersten Übung mit scharfen Handgranaten kleiner Schießanzug mit Stahlhelm, ohne Gewehr; dann großer Schießanzug.

Mindestens eine Übung ist mit aufgesetzter Gasmaske zu werfen.

Sicherheitsbestimmungen.

608. Der Platz, an dem mit scharfen Handgranaten geworfen wird, muß in einem Umkreis von mindestens

200 m im Halbmesser um Abwurfstelle und Ziel — größte Wurfweite 50 m — abgesperrt werden. (S i c h e r h e i t s b e r e i c h siehe Bild 64.)

Bild 64.
Sicherheitsbereich beim Werfen mit scharfen Handgranaten.

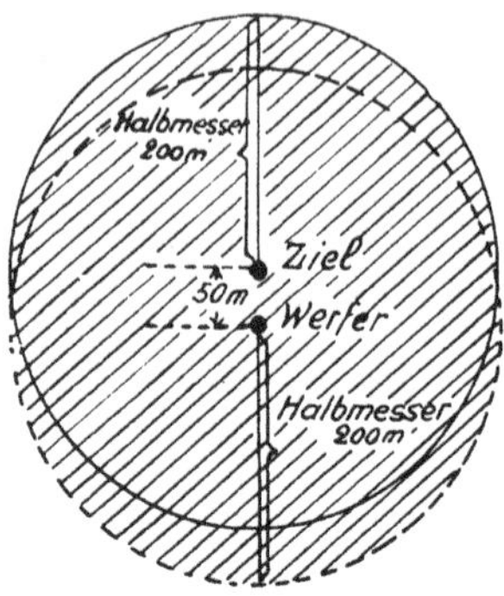

Erläuterung. Das umkreiste Feld ist abzusperren.

609. Auf dem Wurfplatz darf nicht geraucht werden.

610. Der W u r f p l a t z wird während des Übens durch eine rote Flagge als gefährdet gekennzeichnet. Außerdem ist im Mannschaftsunterstand, Handgranatenunterstand und Untertreteraum für den Leitenden je eine rote Flagge bereitzuhalten, die bei Gefahr gezeigt wird.

611. Der Offizier, der das Werfen leitet, ist für die Absperrung verantwortlich. Er bestimmt einen Unteroffizier als S i c h e r h e i t s unteroffizier, bezeichnet ihm an Ort und Stelle die Grenzen des Sicherheitsbereichs, die Plätze für Zuschauer, Zahl und Platz der Absperrposten und belehrt diese über ihre Pflichten.

612. Nach den erteilten Weisungen stellt der Sicherheitsunteroffizier die Posten auf und überwacht sie. Zuschauern weist er die vorgesehenen Plätze an. Für sich selbst wählt er einen am Rande des Sicherheitsbereichs, von dem er das abgesperrte Übungsgelände übersehen kann.

Wenn die Posten stehen, überblickt der Sicherheitsunteroffizier noch einmal den Sicherheitsraum und meldet dem Leitenden: „Sicherheitsbereich frei“. Dieser läßt dann das Signal „Sammeln“ und „Feuer“ blasen.

613. Bemerkt der Sicherheitsunteroffizier, daß sich Personen nicht genügend decken oder versehentlich in den Sicherheitsbereich geraten, oder daß aus einem der Unterstände die rote Flagge (Nr. 610) gezeigt wird, läßt er das Signal „Achtung“ geben. Das Werfen ist *sofort* zu unterbrechen und erst nach dem Signal „Sammeln“, „Feuer“ fortzusetzen.

614. Der leitende Offizier hebt die Absperrung erst auf, wenn das Werfen beendet ist, und die Blindgänger vernichtet worden sind (siehe Nr. 651—662).

Aufsicht.

615. Beim Werfen mit scharfen Stielhandgranaten sind erforderlich:

ein Offizier, nur in zwingenden Ausnahmefällen ein Portepeeunteroffizier (siehe Nr. 127), als Leitender,
ein Unteroffizier als Sicherheitsunteroffizier,
ein Unteroffizier zur Ausgabe der Handgranaten,
ein Schreiber zum Eintragen in das Wurfbuch,
ein Hornist,
ein Sanitäts-Unteroffizier oder -Gefreiter mit ausreichendem Verbandzeug, der wissen muß, wie er einen Arzt erreicht.

616. Der Leitende verwarnt vor Beginn der Übung *alle* Beteiligten.

617. Er übernimmt die mitgebrachten Stielhandgranaten und Sprengstoffe, zählt sie und übergibt sie dem Handgranatenausgeber.

Die *Sprengkapseln* nimmt er mit auf den Werferstand und bringt sie in der dafür vorgesehenen Nische unter.

618. Die Aufgaben, die dem Leitenden und dem Handgranatenausgeber beim Werfen der Handgranaten obliegen, sind in dem Abschnitt „Verhalten auf dem Wurfstande“ (Nr. 623—638) aufgeführt.

619. Der Leitende zählt die *Knalle* der losgehenden Handgranaten und läßt sie vom Schreiber, der sie ebenfalls zählt, im Wurfbuch vermerken.

620. Nach beendetem Werfen zählt er die noch vorhandenen Handgranaten und Sprengkapseln und errechnet durch Vergleich mit der Zahl der Knalle die Blindgänger.

621. Dann überwacht er das Absuchen des Standes, das Sammeln der Blindgänger und veranlaßt ihre Vernichtung (gem. Nr. 651—662). Kann sie nicht sogleich ausgeführt werden, stellt er einen Posten bei den Blindgängern auf und unterweist ihn (siehe Nr. 653).

622. Sind diese Maßnahmen durchgeführt, hebt der Leitende die Absperrung durch das Signal „Marsch" auf. Bevor er den Wurfplatz verläßt, vermerkt er im Wurfbuch die Zahl der übriggebliebenen Handgranaten und der Blindgänger und bescheinigt gegebenenfalls die Vernichtung der letzteren (siehe Muster 17).

Verhalten auf dem Wurfstande.

(Siehe hierzu Anlage 5.)

623. Das Verhalten auf dem Wurfstande ähnelt dem auf dem Schießstande. Jeder Soldat hat sich streng an die erteilten Weisungen zu halten und macht sich strafbar, wenn er dagegen verstößt.

624. Der Leitende läßt das Werfen beginnen, sobald das Signal „Feuer!" gegeben ist.

625. Die Soldaten, die werfen sollen, und der Sanitäts-Unteroffizier oder -Gefreite begeben sich in den Mannschaftsunterstand — **Ma** —, doch dürfen nicht mehr als zehn Mann gleichzeitig darin sein. Der übrige Platz ist für den Verkehr freizuhalten. Ein Unteroffizier oder Mann ist als „Truppführer" zu bestimmen.

Ohne seine Erlaubnis darf niemand den Mannschaftsunterstand — **Ma** — verlassen.

626. In der Ausgabestelle für Handgranaten, im Handgranatenunterstand — **Ha** — dürfen höchstens 100 Stielhandgranaten ohne eingesetzte Sprengkapseln — also nicht wurfbereit — vorhanden sein.

627. Stielhandgranaten mit Brennzünder 24 sind am Übungstage vor dem Abmarsch in der Kaserne mit Zündern — aber nicht mit Sprengkapseln — zu versehen.

628. Soll das Werfen beginnen, schickt der Truppführer 2 Mann nach dem Handgranatenunterstand — **Ha** —. Der eine erhält vom Handgranatenausgeber eine Handgranate und begibt sich damit zum

Werferstand — W. Hier empfängt er vom Leitenden eine Sprengkapsel, setzt sie unter Aufsicht ein und macht die Handgranate dadurch wurfbereit. Es ist verboten, im Ha an der Handgranate herumzuschrauben; die Sprengkapsel darf nur auf dem Werferstande eingesetzt werden.

629. Jetzt dürfen auf dem Werferstande — W — nur der Leitende und der Werfende, im Unterstande — A — darf nur e i n Vorgesetzter sein.

630. Der Leitende stellt sich links seitwärts oder etwas rückwärts vom Werfer so auf, daß er alle Tätigkeiten überwachen kann.

Der Werfer schraubt auf das Kommando „Fertig!" des Leitenden die Sicherheitskappe ab und holt auf „Feuer!" mit dem Wurfarm aus, wobei die Abreißschnur oder -kette mit einem kurzen, kräftigen Ruck durch die andere Hand aus dem Zünder gerissen wird. Die Handgranate wird r u h i g, aber s o f o r t in der vorgeschriebenen Richtung nach dem angegebenen Ziel fortgeworfen. Z ö g e r n m i t d e m A b w u r f o d e r Z ä h l e n n a c h d e m A b z i e h e n, z. B. 21 — 22 — 23, L o c k e r n o d e r l e i c h t e s A n - s p a n n e n d e r S c h n u r v o r d e m A b r e i ß e n g e f ä h r d e n d e n W e r f e r u n d s i n d s t r e n g v e r b o t e n.

631. Unmittelbar nach dem Wurf treten der Leitende in den Unterstand A, der Werfer in den Unterstand W 1, in dem er nur allein sein darf.

632. Der Leitende oder der Vorgesetzte und der Werfer beobachten nun durch die Spiegel in ihrer Deckung die Wirkung der Handgranate.

633. Nach dem Knall verläßt der Werfer erst auf Befehl des Leitenden den Untertreteraum W 1, begibt sich unverzüglich zum Mannschaftsunterstand Ma und meldet sich bei dem Truppführer zurück.

Bei Blindgängern ruft der Leitende den Werfer nach drei Minuten aus dem Unterstand W 1 und sendet ihn mit der Meldung an den Truppführer: „Schütze X hat Blindgänger geworfen" nach dem Mannschaftsunterstand Ma zurück. Dies wird durch den nächsten Mann an den Schreiber im Ha weitergesagt.

634. Erst wenn der Mann, der eben geworfen hat, im Mannschaftsunterstand **Ma** ankommt, sendet der Truppführer den nächsten zum Handgranatenunterstand **Ha**.

635. Trifft dieser im **Ha** ein, schickt der Handgranatenausgeber den vorher eingetroffenen Soldaten zum Werferstand, belehrt den neuen über die Trageweise der Handgranate und gibt sie ihm, wenn der Knall anzeigt, daß der vorhergehende Mann geworfen und die Handgranate gezündet hat.

636. Der neue Werfer geht erst zum Werferstand, wenn der nächste Mann vom **Ma** kommt.

637. Der Einbau von Nachrichtenmitteln zum Verkehr zwischen dem Leitenden, **Ha** und **Ma** ist zweckmäßig.

638. Während des Werfens befindet sich der Schreiber im **Ha** und führt das Wurfbuch, das alle im Muster vorgesehenen Angaben enthalten muß.
Wurfbuch siehe Muster 17.

e) Gefechtswerfen.

639. Beim Gefechtswerfen erlernt der Soldat den Gebrauch der Handgranate im Kampfe. Diese Übungen finden statt, sobald der Mann sicher mit der Waffe umgehen kann.

640. Das Gefechtswerfen mit scharfen Stielhandgranaten ist vorläufig verboten.

641. Im Unterricht und am Sandkasten sind Kampflagen zu erläutern und das richtige Zusammenwirken der Schußwaffe und Handgranate klarzumachen.

642. Das Gefechtswerfen findet

a) als Einzelwerfen,
b) als Gruppenwerfen

statt.

643. Beim Einzelwerfen lernt der Mann beurteilen, ob ein Wurf mit der Handgranate Erfolg verspricht, ob es möglich und günstiger ist, sich im Gelände anzuschleichen oder abzuwarten, bis der Feind sich zeigt, ob es zweckmäßiger ist, auch auf nächster Entfernung zu schießen. Er wird in Kampflagen versetzt, die den Gebrauch der Handgranate verlangen.

644. Beim Gruppenwerfen wird das Zusammenarbeiten der Handgranatenwerfer unter sich und mit den Gewehrschützen geübt. Die Werfer schleichen sich unter dem Schutz der Schützen, die den Feind durch Schießen zwingen, sich zu decken, an, überfallen ihn dann mit Handgranaten und stürzen sich auf ihn.

Einmal wird nach einem bestimmten Auftrag gehandelt, dann wieder das Verhalten aus der Lage heraus vereinbart.

Wichtig ist auch der Nachschub der Handgranaten während des Kampfes.

645. Einzel- und Gruppenwerfen finden auf der Wurfbahn, auf Nahkampfmittelplätzen, im Gelände, in vorbereiteten Trichter- und Grabenfeldern mit Unterständen, Fuchslöchern, Grabensperren, Hindernissen usw. oder in Verbindung mit Gefechtsschießen auf den Gefechtsschießplätzen statt (siehe Nr. 249). Bewegliche Ziele sind besonders wertvoll.

646. Salven- und Reihenwurf mit scharfen Handgranaten sind bei Übungen verboten.

647. Scharfe und Übungshandgranaten dürfen nicht zusammengelagert werden und nicht gleichzeitig auf dem Übungsplatz oder Gefechtsfelde sein.

648. Anzug beim Gefechtswerfen: großer Schießanzug. Das Gepäck darf abgelegt werden, wenn es der Kampflage entspricht.

649. Die folgenden Aufgaben dienen nur als Anhalt.

Erfindungsgabe und Erfahrung des Lehrers sollen in abwechslungsreichem Gelände immer wieder neue Kampflagen schaffen.

a) Auf Horchposten. Etwa 50 m vom Schützen tauchen die Köpfe feindlicher Späher auf. Der Posten schießt. Zwei Gegner sind in etwa 30 m entfernte Granatlöcher gesprungen. Der Posten wirft mit Handgranaten. Der eine Gegner springt vom Granattrichter hinter einen in Wurfweite liegenden Erdaufwurf. Auch dort wird er mit der Handgranate bekämpft.

b) *Flankendeckung für ein l. M. G.-Nest.* Ein Schütze, mit Handgranaten ausgerüstet, soll sein l. M. G. in der Flanke decken. Der Feind hält das l. M. G. von vorn durch Feuer nieder und sucht es zu umgehen. Abwehr je nach der Entfernung und Deckung durch Schußwaffe oder Handgranate.

c) *Angriff auf ein feindliches Widerstandsnest.* Ein oder zwei Mann mit Handgranaten schleichen sich unter Ausnutzen vorhandener Deckungen auf Wurfweite an und zwingen den Feind durch Handgranatenwurf in die Deckung. Die Knalle der zerspringenden Handgranaten geben dem Stoßtrupp das Zeichen zum Vorbrechen.

d) *Abwehr eines feindlichen Gegenstoßes.* Ein Gegenstoß ist im Gewehrfeuer zusammengebrochen. Einzelne Schützen haben sich aber nahe vor der eigenen Stellung eingenistet. Sie werden durch Handgranaten vernichtet.

e) *Beispiel eines Handgranatenangriffs im Trichterfeld.*

Bild 65.

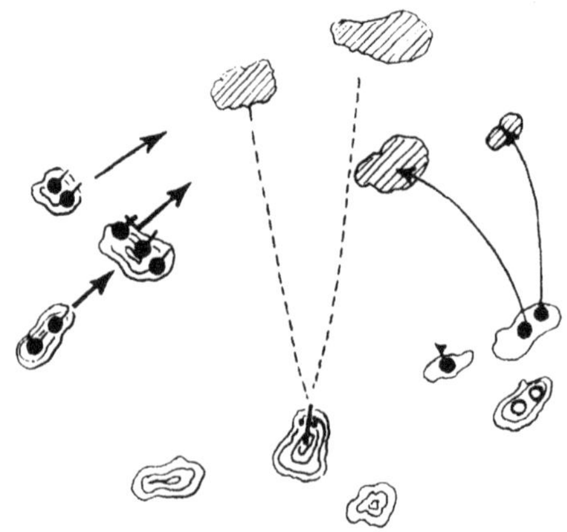

Führer.

l. M. G. zwingt den Feind durch Feuer, sich zu decken.

Handgranaten-Werfer.

Schützen für Handgranaten-Nachschub.

Deckungsschützen und Stoßtrupp.

f) Beispiel für den Kampf um einen Graben, Hohlweg oder ähnliche langgestreckte und gewundene Deckungen.

Bild 66.

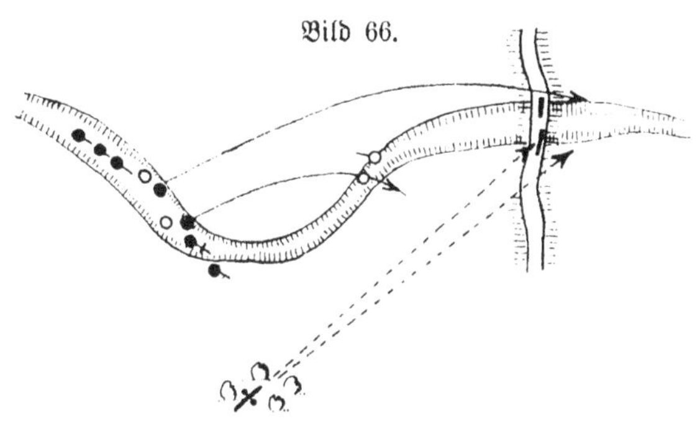

Bild 67.

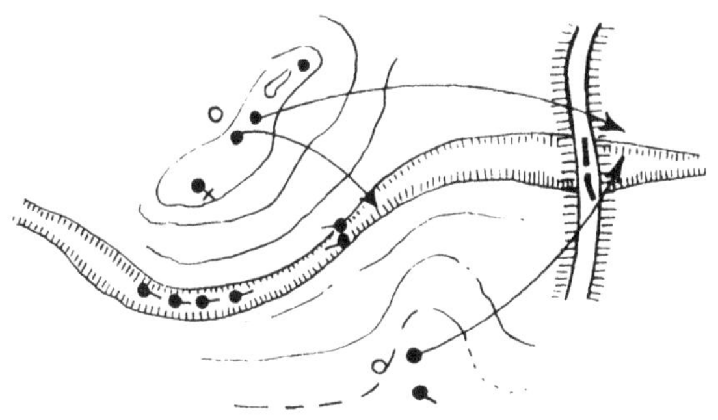

f) Wettkämpfe.

650. Sie fördern die Freude an der Ausbildung.

Weitwürfe werden hierbei nach Metern und halben Metern bewertet,

Zielwürfe nach Punkten.

Es empfiehlt sich folgende Wertung:

Bild 68.

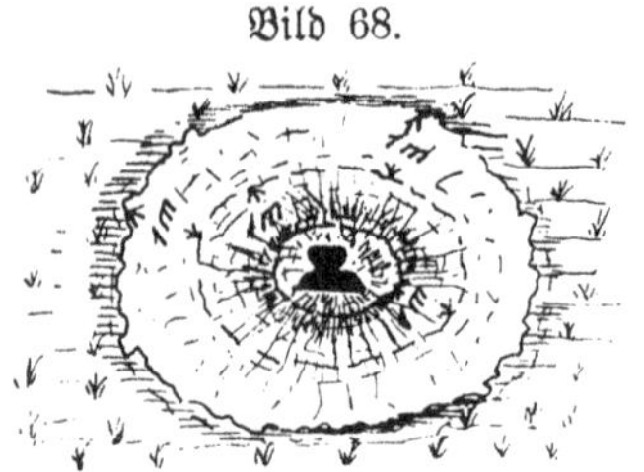

Treffer im Trichter = 3 Punkte.
Treffer innerhalb eines Kreises, 1 m vom Trichterrand entfernt = 2 Punkte.
Treffer zwischen mittlerem und äußerem Kreis = 1 Punkt.

Durch Werfen auf Kommando (z. B.: Scheibe 2, Scheibe 4) nach mehreren in der Weise abgegrenzten Trichtern auf verschiedenen Entfernungen wird die Wertungsmöglichkeit erhöht.

IV. Behandeln und Vernichten der Blindgänger.

651. An Blindgänger von Handgranaten darf man erst 15 Minuten nach dem Wurf herangehen. Sie sind durch Sprengen zu vernichten.

652. Wenn irgend möglich, soll dies in allen Standorten durch ausgebildete Feuerwerker geschehen. Stehen sie nicht zur Verfügung, werden die Blindgänger unter Aufsicht eines hierin ausgebildeten Offiziers, der dabei nicht durch einen Portepeeunteroffizier oder anderen Unteroffizier vertreten werden darf, gesprengt.

653. Können die Blindgänger nicht sofort nach Schluß des Werfens vernichtet werden, so muß ein Posten bei ihnen bleiben. Er verhütet, daß die Blindgänger berührt werden, und verläßt den Platz erst, wenn sie vernichtet worden sind.

654. Die Blindgänger von Stielhandgranaten mit Brennzündern werden bis zu 5 Stück in einem 1 m tiefen Loch oder Graben so zusammengelegt, daß alle Töpfe sich berühren. Auf ihre Mitte legt man eine Zündladung, einen Sprengkörper oder Handgranatentopf mit langem Sprengkapselzünder oder Sprengkapsel mit 1,5 m langer Zeitzündschnur (Guttapercha, Brennzeit etwa 150 Sekunden). Die ausgestreckte Zündschnur legt man durch Rasenstücke fest, damit sie sich während des Brennens nicht umbiegen kann.

Zum Abfangen der Splitter deckt man das Loch mit Strauch- oder Strohbündeln oder Faschinen ab.

655. Auf das Signal „Sammeln" begibt sich alles in Deckung mit Ausnahme des Zündenden und eines Begleitmannes. Das Verweilen anderer Personen in dem Gefahrbereich ist verboten.

Der Offizier überzeugt sich, daß der Sprengplatz frei ist, oder daß die befohlenen Plätze eingenommen worden sind, und läßt dann das Signal „Feuer" geben. Nun wird die Zündschnur mit einem Streichholz, Anzünder oder dergleichen angesteckt, der Zündende und sein Begleitmann gehen in Deckung oder ohne Eile 300 m von der Sprengstelle fort.

656. Nach dem Sprengen läßt der leitende Offizier „Marsch" blasen. Jetzt dürfen die Absperrposten eingezogen und der Sprengplatz betreten werden.

657. Der Sprengplatz muß mindestens 300 m im Umkreis abgesperrt und je nach dem Gelände, der Bewachsung und dem Grundwasserstand möglichst 500 m von Gebäuden mit Fensterscheiben entfernt sein. Liegt er näher, sind die Fenster zu öffnen.

Für Schäden, die durch Fahrlässigkeit entstehen, kann der die Sprengung Leitende haftbar gemacht werden.

658. Erfolgt nach Ablauf der Brennzeit des Zünders kein Knall, darf die Deckung erst nach 15 Minuten verlassen und an die Ladung herangegangen werden.

659. Hat die Zündschnur versagt, ist sie *nicht* wieder anzuzünden. Entweder setzt man eine neue Zündung ein, nachdem man deren Zündschnur durch Abbrennen eines 10 bis 20 cm langen Stückes geprüft hat, oder legt eine neue Zündladung mit Zündung auf.

660. Blindgänger von *Nahkampfmitteln mit Aufschlagzündern* dürfen nicht berührt werden. Sie werden am Fundort gesprengt.

661. Man ebnet den Boden neben dem Blindgänger vorsichtig ab und legt eine Zündladung (Sprengkörper oder Bohrpatrone mit langem Sprengkapselzünder oder Sprengkapsel mit 1,50 m langer Zündschnur) dicht neben den zu sprengenden Blindgänger, ohne ihn selbst zu berühren, packt die Zündschnur durch Rasenstücke fest, zündet und begibt sich in Sicherheit. Die Sicherheitsbestimmungen (Signale usw.) sind hierbei wie bei jeder anderen Sprengung zu beachten.

662. Wenn Blindgänger vorkommen, ist die betreffende Kiste mit den noch darin befindlichen Handgranaten der Inspektion für Waffen und Gerät einzusenden.

Der Abnahmeschein muß beigefügt werden. Auf ihm sind vermerkt:

Art und Anzahl des Inhalts,
Nummer der Lieferung,
Tag der Abnahme,
Name und Dienststempel des Abnahmebeamten,
Ort und Fabrik der Herstellung.

E. Schießübersicht, Schießbücher, Schießkladden, Gefechtsschießheft, Wurfbuch für Handgranaten.

Schießübersicht.

663. Die Kompanie usw. legt für jedes Schießjahr Schießübersichten

a) für Gewehre und Karabiner nach Muster 1,
b) für l. M. G. nach Muster 2,
c) für Pistole nach Muster 3

an. Vordrucke können benutzt werden.

664. Die Übersichten sollen jederzeit Auskunft geben über den Stand des Schulschießens, die Leistungen der einzelnen Schützen und über die Teilnahme am Gefechtsschießen. Bei Gefechtsübungen mit scharfer Munition gilt der Soldat als Teilnehmer, auch wenn er selbst nicht geschossen hat.

665. Da die Übersicht für Gewehr und Karabiner recht unhandlich würde, kann je nach Stärke der Schießklassen jede für sich geführt, oder mehrere können in einer Übersicht zusammengefaßt werden. Um sie gut unterzubringen und für das Eintragen handlicher zu machen, läßt man sie auf Leinwand aufziehen, so daß sie sich ähnlich wie Karten zusammenlegen lassen, oder klebt sie auf zusammenlegbare Pappdeckel oder legt sie in große Umschlagdeckel. Jedenfalls muß es aber möglich sein, jede Schießklasse mit einem Blick zu übersehen.

666. Die Übersichten sind als Urkunden zu betrachten und entsprechend aufzubewahren. Eine Zweitschrift kann zur allgemeinen Einsicht ausgehängt werden.

667. Außer der Schießübersicht wird eine „Übersicht der Schießtage und der verschossenen Munition" nach Muster 4 (Gewehr, Karabiner, l. M. G.) und 5 (Pistole) geführt.

668. Die Schießübersicht und die Übersicht der Schießtage und der verschossenen Munition sind stets auf dem laufenden zu erhalten und am Ende des Schießjahres vom Kompanie- usw. Chef zu beglaubigen. Dann werden sie noch drei Jahre aufbewahrt.

669. Auch die Stäbe, Kommandanturen usw. führen die Übersichten.

Schießbücher.

670. Die Kompanie usw. führt für jeden Schützen ein Schießbuch in handlicher Form.

Muster 6 (Gewehr und Karabiner), 7 (l. M. G.), 8 (Pistole) zeigen die Einteilung des Buches.

671. Das Schießbuch gilt als Urkunde, den Blättern ist deshalb ein Untergrund zu geben, der jedes Wegschaben, das verboten ist, erkennen läßt. Außerdem sind die Teile, auf denen die Schießergebnisse eingetragen werden, durch gleichlaufende wagerechte oder schräge Linien noch besonders gegen unerlaubte Änderungen zu sichern.

672. Das Schießbuch ist im Besitz des Soldaten, der es gut verwahrt, durch Umschlag oder Schutzdeckel gegen Verschmutzen schützt und zu jedem Schießen mitbringt. Die Ergebnisse des Schulschießens werden auf dem Stande (bei ungünstigem Wetter in der Kaserne) eingetragen, notwendige Verbesserungen und Änderungen vom Leitenden bescheinigt.

673. Wird ein Soldat versetzt oder kommandiert, wird sein Schießbuch vom Kompanie- usw. Chef durch Unterschrift beglaubigt und der neuen Dienststelle überwiesen. Nach Einsichtnahme und Übertragung in die Schießübersicht wird das Buch dem Inhaber wieder ausgehändigt.

674. Bei Schützen des zweiten Jahrganges werden die Ergebnisse des ersten Schießjahres, bei länger dienenden Soldaten die der zwei vorhergehenden Schießjahre dem Schießbuch vorgeheftet.

675. Wird ein Schießbuch verloren, ist mit Hilfe der Schießübersicht und der Schießkladden eine Zweitschrift des laufenden Schießbuches zu fertigen.

Schießkladden.

676. Auf dem Schießstande führen die Kompanien usw. Schießkladden. Muster 9 (Gewehr, Karabiner, Pistole), 10 (l. M. G.) dienen als Anhalt. Jede Schießkladde und ihre Seiten erhalten Nummern. Die Seitenzahl ist vom Kompanie- usw. Chef zu beglaubigen. Es dürfen keine Seiten herausgenommen werden.

677. Ein Vergleich der Eintragungen im Schießbuche mit Schießübersicht und Kladde wird dadurch erleichtert, daß die Nummer der Kladde, Seite und die laufende Nummer in der Übersicht vermerkt sind.

678. In der Schießkladde für Gewehr und Karabiner werden in einer besonderen Zeile über dem Ergebnis des Schusses der angesagte Sitz oder das gemeldete Abkommen eingetragen.

Im Schießbuch wird nur der Sitz des Schusses vermerkt.

679. Die Schüsse sind mit folgenden Bezeichnungen einzutragen:

a) bei Ring- und Figurringscheiben:
   1—12: Treffer innerhalb der Ringe,
   + : Treffer außerhalb der Ringe,
   F : Treffer in der Figur;

b) bei allen Scheiben:
   0 : Fehler,
   ∞ : Aufschläger, die die Scheibe getroffen haben;
   bei Übungen mit Zeitbegrenzung für die Sichtbarkeit des Ziels:
   ⊕ : nicht gefeuert.

Schießjahr 19 . . .

Laufende Nummer	Name	Dienstgrad	Schulschießen											
			1. Übung			2. Übung			3. Übung			4. Übung		
			Schußzahl 5	Tag	Schießkladde	Schußzahl 16	Tag	Schießkladde	Schußzahl 16	Tag	Schießkladde	Schußzahl 3	Tag	Schießkladde
1	Werner	Ober-gefreiter	5	5. 1. 25	I 4,1	16	9. 2. 25		16	13. 3. 25		3	6. 5. 25	
~~2~~	~~Zeller~~	~~Ober-~~ [illegible]	5	5. 1. 25	I 4,4	16 16	9. 2. 25 13. 3. 25		16 16	20. 3. 25 1. 4. 25		5	6. 5. 25	
3	Albert	Ober-schütze	5	5. 1. 25	I 4,10	16	9. 2. 25		16	13. 3. 25		3	6. 5. 25	
4	David	Ober-schütze	7	5. 1. 25	II 2,10	16 16	9. 2. 25 13. 3. 25		16	13. 3. 25		6	6. 5. 25	
5	Bartel	Schütze	6	5. 1. 25	II 2,2	16	9. 2. 25		16	13. 3. 25		3	6. 5. 25	
6	Elster	Schütze	5	5. 1. 25	II 2,1	16	9. 2. 25		16 16	13. 3. 25 20. 3. 25		3	6. 5. 25	
~~7~~	~~Fiedler~~	~~Schütze~~	5	5. 1. 25	II 2,4	16	9. 2. 25		16	20. 3. 25		6	6. 5. 25	
8	Müller	Schütze	5	5. 1. 25	II 3,14	16	13. 3. 25		16	20. 3. 25		3	6. 5. 25	

Erläuterungen siehe Muster 1.

Verlag von E. S. Mittler & Sohn, Berlin SW 68.

Schießübersicht der 10. Kompanie 12. Infanterie-Regiments für I. M.

II. Schießklasse.

5. Übung			Schußzahl für Schulschießen	Besondere und sportliche Übungen des Kompaniechefs											
				1.			2.			3.			4.		
Schußzahl 30	Tag	Schießkladde	70	Schußzahl	Tag	Schießkladde	Schußzahl	Tag	Schießkladde	Schußzahl	Tag	Schießkladde	Schußzahl	Tag	Schießkladde
30	20. 7. 25		70	16	25. 7. 25		20	2. 8. 25							
30	20. 7. 25		104	16	25. 7. 25		Am 1. 8. 25 zur 4. Division versetzt								
30	20. 7. 25		70	16	25. 7. 25		20	2. 8. 25							
30	20. 7. 25		91												
30	20. 7. 25		70												
30	20. 7. 25		70												
			43	Am 1. 6. 25 entlassen											
30	20. 7. 25		70	16	25. 7. 25		20	2. 8. 25							

Schuß-zahl für be-sondere und sport-liche Übun-gen des Komp. Chefs	Prüfungs-schießen			Ehren-preis-schießen			Besondere Übungen der Vor-gesetzten			Schuß-zahl	Ge-samt-schuß-zahl für Schul-schießen usw.	Schulgefechtsschießen des Einzelschützen		
	Schußzahl	Tag	Schießkladde	Schußzahl	Tag	Schießkladde	Schußzahl	Tag	Schießkladde			1	2	3
36	30	25. 9. 25		30	30. 7. 25					60	168	16 10. 1. 25	16 15. 1. 25	16 17. 1. 25
16											121			
36	30	25. 9. 25		30	30. 7. 25					60	168	16 10. 1. 25	16 15. 1. 25	16 17. 1. 25
											92	25 10. 1. 25	25 17. 1. 25	
											72	25 15. 1. 25	25 17. 1. 25	
											72	16 10. 1. 25	16 15. 1. 25	16 17. 1. 25
											43			
36	30	25. 9. 25		30	30. 7. 25					60	168	25 10. 1. 25	25 17. 1. 25	

Muster 2.

der l. M. G.-Gruppe 1	der l. M. G.-Gruppe 2	Schußzahl	Gefechtsübungen mit scharfer Munition: Kampfgruppe	Zug	Kompanie	Kompanie	Bataillon	Versetzt in Schießklasse	Ehrenpreis oder Schützenabzeichen zum wievielten Male
krank		30 10. 9. 25			krank beurlaubt			I 1. 10. 25	
kommandiert		30 10. 9. 25		30 12. 9. 25	15. 9. 25	15 20. 9. 25		I 1. 10. 25	Ehrenpreis 1925
25 20. 8. 25				12. 9. 25	30 15. 9. 25	20. 9. 25		nicht versetzt	
25 20. 8. 25								nicht versetzt	
25 20. 8. 25								nicht versetzt	
25 20. 8. 25		30 10. 9. 25	15 10. 9. 25		15. 9. 25			I 1. 10. 25	Schützenabzeichen 1. 10. 25 zum 1. Male

Schießjahr 19 . . .

Lfd. Nr.	Name	Dienstgrad	Vorübungen												Schußzahl für Vorübungen
			1			2			3			4			
			Schußzahl 3	Tag	Schießkladde	Schußzahl 3	Tag	Schießkladde	Schußzahl 3	Tag	Schießkladde	Schußzahl 3	Tag	Schießkladde	
1	Schmidt	Unteroff.	3	2. 10. 24	I 3,1	3	8. 10. 24		3	11. 11. 24		4	15. 12. 24		13
2	Adolf	Gefr.	4	2. 10. 24	I 3,11	5	8. 10. 24		3 4	11. 11. 24 1. 12. 24		3 4	15. 12. 24 20. 12. 24		23
~~3~~	~~Bäcker~~	~~Gefr.~~	3	2. 10. 24	I 4,20	3	8. 10. 24		3	11. 11. 24					9
~~4~~	~~Arnsdorf~~	~~Schütze~~	3 3	2. 10. 24 8. 10. 24	I 3,2 II 3,10	3 4 3	20. 10. 24 11. 11. 24 1. 12. 24		3 4	11. 11. 24 1. 12. 24		3 4	15. 12. 24 20. 12. 24		30
5	Becher	Gefr.	3	2. 10. 24	I 3,12	3	20. 10. 24		3	11. 11. 24		3	20. 12. 24		12
6	Gärtner	Schütze	3	2. 10. 24	I 4,21	3	11. 11. 24		5	1. 12. 24		4 3	15. 12. 24 20. 12. 24		18
7	Martin	Schütze													
8	Simon	Schütze													

Führung der Schießübersicht:

1. Die **Namen** werden innerhalb der Schießklassen nach Dienstgrad und Buchstabenfolge eingetragen. Während des Schießjahres zur Kompanie kommende Unteroffiziere und Mannschaften werden am Schluß ihrer Schießklasse in der Reihenfolge ihres Dienstantritts nachgetragen.

Verlag von E. S. Mittler & Sohn, Berlin SW 68.

Schießübersicht der 10. Kompanie 12. Infanterie-Regiments für Gewehr 98.

I. Schießklasse.

Hauptübungen 5			Hauptübungen 6	Schußzahl für Hauptübungen	Besondere und sportliche Übungen des Kompaniechefs 1			2			3	Schußzahl für besondere und sportliche Übungen	Prüfungsschießen		
Schußzahl 5	Tag	Schießkladde	usw.		Schußzahl	Tag	Schießkladde	Schußzahl	Tag	Schießkladde	usw. bis 5		Schußzahl	Tag	Schießkladde
6	5. 1. 25		usw.	....	5	10. 3. 25	III 6,1	5	15. 4. 25		usw.	....	5	10. 7. 25	
5	5. 1. 25		usw.	....	5	10. 3. 25	III 6,12	5	15. 4. 25		usw.	....	5	10. 7. 25	
Am 1. 1. 25 zum Rw. Min. versetzt				....											
7	5. 1. 25		usw.	....	Am 10. 2. 25 entlassen										
5	5. 1. 25		usw.	....	5	10. 3. 25	III 6,2	5	15. 4. 25		usw.	....	5	10. 7. 25	
5 6 5	5. 1. 25 10. 1. 25 1. 2. 25		usw.	....										Lazarett	

2. Versetzte, Entlassene usw. werden „rot" gestrichen. Der Grund wird hinter der letzten geschossenen Übung in „rot" eingetragen.
3. In Spalte „Schußzahl" wird die bei dem Schießen tatsächlich gebrauchte Patronenzahl, in Spalte „Tag" der Schießtag eingetragen. Bei den Gefechtsschießen wird die verschossene Patronenzahl über dem Tage angegeben. In Spalte „Schießkladde" werden Nummer und Seite der Schießkladde und die lfd. Nummer vermerkt (z. B. I, 3, 16 — II, 7, 2).

Ehrenpreisschießen			Besondere Übungen der Vorgesetzten						Schußzahl	Gesamtschußzahl für Schulschießen usw.	Schulgefechtsschießen des Einzelschützen			
Schußzahl	Tag	Schießkladde	Schußzahl	Tag	Schießkladde	Schußzahl	Tag	Schießkladde			1	2	3	4 usw. bis 6
5	13. 9. 25		3	5. 6. 25					13	....	5 3. 2. 25	5 5. 2. 25	5 10. 2. 25	
5	13. 9. 25		3	5. 6. 25					13	....	7 3. 2. 25	8 5. 2. 25		
										....				
										....				
5	13. 9. 25		3	5. 6. 25					13	....	5 3. 2. 25	5 5. 2. 25	5 10. 2. 25	
	beurlaubt			Lazarett						....		Lazarett		

4. Reichen die für eine bestimmte Übung vorgesehenen Längsspalten nicht aus, sind mehrere Übungen untereinander einzutragen.

5. Hat ein Schütze eine vorgeschriebene Übung nicht geschossen, so wird der Grund in der entsprechenden Spalte kurz angegeben, z. B. krank, beurlaubt, kommandiert, Arrest.

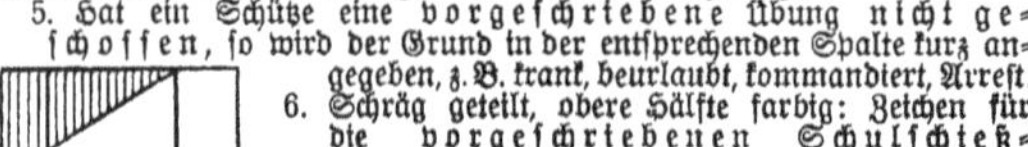

6. Schräg geteilt, obere Hälfte farbig: Zeichen für die vorgeschriebenen Schulschießübungen.

Muster 1.

der Schützengruppe		Schußzahl	Gefechtsübungen mit scharfer Munition						Versetzt in Schießklasse	Ehrenpreis oder Schützenabzeichen zum wievielten Male
			der Kampfgruppe	des Zuges		der Kompanie		des Bataillons		
1	2									
10 12. 2. 25						— . 8. 25	— 10. 8. 25	— 20. 8. 25	Bef. 1. 10. 25	—
10 12. 2. 25			4 23. 7. 25	5 30. 7. 25		4 6. 8. 25	— 10. 8. 25	2 20. 8. 25	Bef. 1. 10. 25	—
8 12. 2. 25	7 14. 2. 25			— 30. 7. 25		3 10. 8. 25		— 20. 8. 25	Bef. 1. 10. 25	Schützenabzeichen 1. 10. 25 zum 1. Male
8 12. 2. 25	7 14. 2. 25			6 30. 7. 25		krank		beurlaubt	nicht versetzt	—

Bedeutung der Farben:

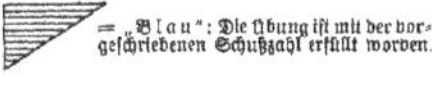
= „Blau": Die Übung ist mit der vorgeschriebenen Schußzahl erfüllt worden.

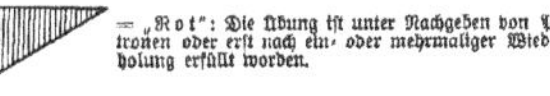
= „Rot": Die Übung ist unter Nachgeben von Patronen oder erst nach ein- oder mehrmaliger Wiederholung erfüllt worden.

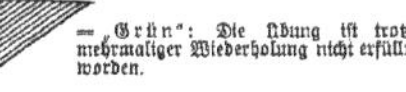
= „Grün": Die Übung ist trotz mehrmaliger Wiederholung nicht erfüllt worden.

Schießjahr 19 . .

Schießübersicht der . . . . Kompanie . . . .

II. Schießklasse.

Lfd. Nr.	Name	Dienstgrad	Schulübungen 1. Schußzahl 3	1. Tag	1. Schießkladde	2. Schußzahl 5	2. Tag	2. Schießkladde	3. Schußzahl 5	3. Tag	3. Schießkladde	Schußzahl für Schulübungen
1	Martin	Feldwebel	3	10. 7. 25	III 2,6	5	15. 8. 25		5	3. 9. 25		13
2	Schmidt	Unteroffizier	3	10. 7. 25	III 2,1	5 5	21. 7. 25 15. 8. 25		5	3. 9. 25		18
3	Bäcker	Gefreiter	3	10. 7. 25	III 2,11	5	15. 8. 25		5 5	1. 9. 25 3. 9. 25		18
4	Arnsdorf	Schütze	3	10. 7. 25	III 2,5	5	15. 8. 25		5	3. 9. 25		13
5	Gärtner	Schütze	5	10. 7. 25	III 2,9	5	15. 8. 25		5	3. 9. 25		15

Erläuterungen siehe Muster 1.

Verlag von E. S. Mittler & Sohn, Berlin SW 68.

Muster 3.

Infanterie-Regiments für Pistole 08.

Besondere Übungen (einschl. Gefechtsschießen)									Schußzahl für besondere Übungen	Gesamtschußzahl	Versetzt in Schießklasse
Schußzahl	Tag	Schießkladde	Schußzahl	Tag	Schießkladde	Schußzahl	Tag	Schießkladde			
4	20. 8. 25		3	10. 9. 25					7	20	I. 1. 10. 25
									—	18	
5	20. 8. 25								5	23	
3	20. 8. 25		3	10. 9. 25					6	19	
									—	15	

Schießjahr 19...

Übersicht der Schießtage und der verschossenen Munition.

(Gewehr, Karabiner, l. M. G.)

1.	2.		3.	4.																					
	Schießtage			Munitionsverbrauch																					
						Besondere Übungen						Schul-Gefechtsschießen						Gefechtsübungen mit scharfer Munition							
								Unteroffiz. u. Mannschaften																	
Laufende Nummer	Tag	Monat	Zahl der Schützen	Schulschießen		Offiziere		Vom Komp.- usw. Chef angesetzt		Von den Vorgesetzten angesetzt		des Einzelschützen		der Schützen oder l. M. G.-Gruppe		Schützen- und l. M. G.-Gruppe		Schützen- und l. M. G.-Gruppe oder Kampfgruppe		Verstärkter Zug		Kompanie		Komp. m. schwer. Inf. Waffen	
				a	b	a	b	a	b	a	b	a	b	a	b	a	b	a	b	a	b	a	b	a	b

Bemerkungen

Spalte a ist für Gewehr und Karabiner, Spalte b ist für l. M. G.

Verlag von E. S. Mittler & Sohn, Berlin SW 68.

... Regiment ... Kompanie usw.

Größerer Verband		Prüfungsschießen		Belehrungsschießen		Preisschießen		Anschießen		Probeschüsse		Summe		5. Versager	6. Unbrauchbare Patronen
a	b	a	b	a	b	a	b	a	b	a	b	a	b		

Werden beim Schießen auf die Figurringscheibe „Treffer in der Figur" verlangt, bezeichnet „F" einen solchen Treffer. Ist die Figur nicht getroffen worden, wird der Ring eingetragen.

Der genaue Sitz des Schusses ist durch einen Punkt zu bezeichnen, z. B.:

+· 9· .9 6· 3̇.

Alle an einem Schießtage zur Erfüllung einer Übung abgegebenen Schüsse werden auf eine Linie gesetzt. Die Schüsse, mit denen die Bedingung erfüllt wurde, werden unterstrichen.

680. Die Vorgesetzten können durch Einsicht in die Schießübersichten den Ausbildungsgang und die Fortschritte der Kompanie verfolgen. Auszüge aus den Übersichten, um nach Zahl der Patronen und Treffer die Schießleistungen einer Kompanie usw. zu beurteilen, dürfen nicht gefordert werden.

Gefechtsschießhefte.

681. Die Kompanien usw. führen Gefechtsschießhefte, für die kein besonderes Muster vorgeschrieben wird. Sie sollen jedes Schießen nach der Übersicht (Nr. 167) bezeichnen (z. B. Schützengruppe A, 2 oder Kampfgruppe B, 1) und enthalten: Ort, Tag, Stunde, Witterung, Beleuchtung, Wind, kurze Angabe der Aufgabe, Namen des Leitenden, des Führers, des Einzelschützen oder Zahl der Schützen, Schußzahl, Feuerdauer, Entfernung, Zielbild mit Treffergebnissen (siehe Anlage 2).

Wurfbuch für Handgranaten.

682. Die Seiten erhalten Nummern, ihre Zahl ist zu bescheinigen. Bei jedem Werfen mit scharfen Handgranaten sind die Eintragungen nach Muster 17 zu machen.

683. Es ist untersagt, noch andere Bestimmungen über die Führung der Schießübersichten, Schießbücher, Kladden usw. zu geben; nur der Kompanie- usw. Chef darf im Einklang mit dieser Vorschrift Einzelheiten anordnen.

Listenführung beim Prüfungs- und Ehrenpreisschießen.

684. Beim Prüfungs-, Ehrenpreisschießen und wenn es der Kompanie- usw. Chef sonst für erforderlich hält, sind in der Anzeigerdeckung Listen über die einzelnen Schüsse zu führen, die mit den Eintragungen auf dem Schützenstand zu vergleichen sind.

1.	2.	3.	4.	5.	6.	7.	8.	9.	10.
1̣1	2·	·4	3·	7̣	·9	12	4.	5·	11̇
2·	·6	·6	·1	+̇	4.	O	2·	9·	10̣

Schießjahr 19 . . .

Muster 5.

Übersicht der Schießtage und der verschossenen Munition.

(Pistole.)

. . . . Regiment . . . . Kompanie usw.

1.	2.		3.	4.				5.	6.
Lfd. Nr.	Schießtage		Zahl der Schützen	Munitionsverbrauch				Versager	Unbrauchbare Patronen
	Tag	Monat		Schulschießen	Besondere Übungen einschl. Gefechtsschießen	Anschießen	Probeschüsse		

Muster 6.

Schießbuch.

Gruppe A.

Name	Dienstgrad	Truppenteil
Müller, Franz	Schütze	10. Kompanie 12. Inf. Regt.

Schießjahr: 192 . . .

Schießklasse: II.

Gewehr:

Trefferbild des Gewehrs 98 Nr. . . .
(siehe Muster 14)

Bemerkungen:

Zum Beispiel: Linksschütze.
Schießt mit Brille.

Am 1. 10. 25 in die I. Schießklasse versetzt.

Am 1. 10. 26 in die II. Schießklasse zurückversetzt.

Vorübungen.

Bedingung	Tag der Übung	Reihenfolge und Bezeichnung der Schüsse	Zahl der Schüsse	Bemerkungen
1. 100m liegend aufgel. Kopfringscheibe 3 Schuß. Kein Schuß unter 8 od. 3 Treff. 27 Ringe.				
2.				
3.				
4.				

Hauptübungen.

Bedingung	Tag der Übung	Reihenfolge und Bezeichnung der Schüsse	Zahl der Schüsse	Bemerkungen
5.				
6.				
7.				
8.				

Bemerkung: Diese Seite ist mit Untergrund versehen wie S. 197.

Besondere vom Kompaniechef angesetzte und sportliche Übungen.

Lfd. Nr.	Tag der Übung	Reihenfolge und Bezeichnung der Schüsse	Zahl der Schüsse	Bemerkungen

Bedingung:

1.				

Bedingung:

2.				

Bedingung:

3.				

Bedingung:

4.				

Bedingung:

5.				

Bemerkung. Diese Seite ist mit Untergrund versehen wie S. 197.

Gefechts-

1. Teilgenommen am

a) des Einzelschützen

b) der Schützengruppe

2. Teilgenommen an Gefechtsübungen

a) der Kampfgruppe

b) des Zuges

c) der Kompanie

d) des Bataillons

B e m e r k u n g: Diese Seite ist mit Untergrund versehen wie S. 197.

Schießen.

Schulgefechtsschießen:				Bemerkungen

mit scharfer Munition:

Bemerkung: Diese Seite ist mit Untergrund versehen wie S. 197.

Prüfungsschießen.

Tag der Übung	Reihenfolge und Bezeichnung der Schüsse	Zahl der Schüsse	Bemerkungen

Bedingung:

Bedingung:

Ehrenpreisschießen.

Besondere von den Vorgesetzten angeordnete Übungen.

Lfd. Nr.	Tag der Übung	Reihenfolge und Bezeichnung der Schüsse

Bedingung:

1.		

Bedingung:

2.		

Versetzt am .... in .... Schießklasse.

Ehrenpreis
Schützenabzeichen erworben ....

Bemerkung. Diese Seite ist mit Untergrund versehen wie S. 197.

Muster 7.

L. M. G.

Name	Dienstgrad	Truppenteil
Müller, Emil	Reiter	2. Eskadron 10. Reit. Regt.

Schießjahr: 192...

Schießklasse: II.

Bemerkungen: (auf Innenseite).

Schul-

Lfd. Nr.	Bedingung (Zweck der Übung)	Tag der Übung	Treffer
1.	25 m liegend, Scheibe für l. M. G. mit 5 eingezeichneten 6 cm-Quadraten, 5 Patronen Einzelfeuer, 3 getroffene 6 cm-Quadrate		
2.			
3.			
4.			
5.			

Bemerkung: Diese Seite ist mit Linien und Untergrund versehen wie S. 197.

Schießen.

Quadrate oder Figurengruppen	Feuerstöße	Zeit in Sek.	Hemmungen*)	Zahl der Schüsse	Bemerkungen

Bemerkung: Diese Seite ist mit Linien und Untergrund versehen wie S. 197.

*) In Spalte „Bemerkungen“ ist anzugeben, ob die Hemmung verschuldet oder unverschuldet ist (s. Nr. 434, 435).

Gefechts-

1. Teilgenommen am

a) des Einzelschützen

b) der l. M. G.-Gruppe

2. Teilgenommen an Gefechtsübungen

a) der Kampfgruppe

b) des Zuges

c) der Kompanie, Eskadron

d) des Bataillons, Reiter-Regiments

Bemerkung: Diese Seite ist mit Untergrund versehen wie S. 197.

Schießen.

Schulgefechtsschießen:				Bemerkungen

mit scharfer Munition:

Bemerkung: Diese Seite ist mit Untergrund versehen wie S. 197.

Besondere und

Lfd. Nr.	Bedingung (Zweck der Übung)	Tag der Übung	Treffer

Bemerkung: Diese Seite ist mit Linien und Untergrund versehen wie S. 197.

sportliche Übungen.

Figuren-quadrate oder Figuren-gruppen	Feuer-stöße	Zeit in Sek.	Hemmungen*)	Zahl der Schüsse	Bemerkungen

Bemerkung: Diese Seite ist mit Linien und Untergrund versehen wie S. 197.

*) Siehe Fußnote auf S. 205.

Tag der Übung	Treffer	Quadrate od. Figurengruppen	Feuerstöße	Zeit in Sek.	Hemmungen	Zahl der Schüsse	Bemerkungen

Prüfungsschießen.

Bedingung:

Ehrenpreisschießen.

Bedingung:

Versetzt am .... in .... Schießklasse. ‖ **Ehrenpreis Schützenabzeichen** erworben ....

Bemerkung: Diese Seite ist mit Untergrund versehen wie S. 197.

Muster 8.

Pistole 08.

Name	Dienstgrad	Truppenteil
Müller, Franz	Schütze	10. Kompanie 12. Inf. Regt.

Schießjahr: 192 . .

Schießklasse: II.

Bemerkungen (auf Innenseite).

Schulübungen.

Bedingung	Tag der Übung	Reihenfolge und Bezeichnung der Schüsse	Zahl der Schüsse	Bemerkungen
1. 25 m sitzend am Anschußtisch, Knieringscheibe, 3 Patronen, kein Schuß unter 7				

Besondere Übungen und Gefechtsschießen.

Tag der Übung	Reihenfolge und Bezeichnung der Schüsse	Zahl der Schüsse	Bemerkungen
Nr. 1. Bedingung:			

Bemerkung: Diese Seite ist mit Linien und Untergrund versehen wie S. 197.

Besondere Übungen.

Tag der Übung	Reihenfolge und Bezeichnung der Schüsse	Zahl der Schüsse	Bemerkungen

Nr. 2. Bedingung:

Nr. 3. Bedingung:

Versetzt am ______________ in ______ Schießklasse.

Bemerkung: Diese Seite ist mit Untergrund versehen wie S. 197.

Muster 9.

Schießkladde I.

Inhaltsverzeichnis — Gewehr 98.

Lfd. Nr.	Tag	Seite	Bemerkungen	Lfd. Nr.	Tag	Seite	Bemerkungen
1	2.10.24	1—3	Schulschießen				
2	8.10.24	3—4	Schulschießen				
3	1.12.24	5—6	Besondere Übung				
4							
5							
6							

Lfd. Nr.	Schießklasse	Dienstgrad	Name	Bedingung	Ergebnis 1	2	3	4	5	6	7	8	9	10	Schußzahl	Bedingung erfüllt	Bemerkungen

Schulschießen.

Wetter: trübe und regnerisch.
Beginn des Schießens: 8 Uhr 30 Min. vorm.
In Deckung: Gefreiter N.
Schreiber: Gefreiter O.
Anzeiger und Schreiber sind verwarnt.
Patronenzahl: 350 Schuß.

Kassel, den .... 19....

X.,
Oberleutnant.

Lfd. Nr.	Schießklasse	Dienstgrad	Name	Bedingung	Ergebnis 1	2	3	4	5	6	7	8	9	10	Schußzahl	Bedingung erfüllt	Bemerkungen
				Übung 2.													
1	II	Schütze	Müller	150 m lieg. freih. Kopfringscheibe 3 Schuß Kein Schuß unt. 6 oder 3 Treffer, 21 Ringe	3 +	6 4·	10· 9.	8. ·10							4	1	
2	II	„	Schulze	„	7· 4·	10 ·9	10 9								3	1	
3	II	„	N.	„	7· 0	11 7·	.7 6	10 5							4		1 Versag. zündet nicht 1 Hülsenreißer
4	II	„	P.	„	8· 8.	·5 ·7	10 10								3	1	

Anzeiger abgelöst 10 Uhr 30 Min. vorm.
In Deckung: Gefreiter O.
Anzeiger sind verwarnt.

Lfd. Nr.	Schießklasse	Dienstgrad	Name	Bedingung	Ergebnis 1	2	3	4	5	6	7	8	9	10	Schußzahl	Bedingung erfüllt	Bemerkungen
5	II	„	Q.	„	8 6.	8. 7.	10 7.				Unterschrift.........				3	1	

Schluß des Schießens: 12 Uhr mittags.
Patronenzahl: 350
Verschossen: 187, dabei 1 Versager, 2 unbrauchbare Patronen. (Geschosse waren lose.)

Restbestand: 163

Schußlöcher des Ring 9 mit Kladde verglichen.

„Neunundzwanzig“ Bedingungen sind erfüllt.

X.,
Oberleutnant.

Muster 10.

Schießkladde für l. M. G.

(Inhaltsverzeichnis wie Muster 9.)

1	2	3	4	5	6	7	8	9							10	11	12	13	14	15	16	17
Lfd. Nr.	Schießklasse	Dienstgrad	Name	Nr. der Übung	M. G.-Nr.	Lauf-Nr.	Schloß-Nr.	Ergebnis des Einzelfeuers							Treffer oder Treffer im Trefffreis	Getroffene Quadrate oder Figurengruppen	Feuerstöße	Zeit in Sekunden	Hemmungen*)	Zahl der Schüsse	Bedingung erfüllt	Bemerkungen
								1	2	3	4	5	6	7								
																						*) In dieser Spalte ist anzugeben, ob die Hemmung verschuldet oder unverschuldet ist (s. Nr. 434, 435).

Eintragungen entsprechend Muster 9.

Muster 11.

....
Truppenteil.

Trefferbild

für Gewehr 98 Nr. ...... } mit S=Munition und
Karabiner 98b Nr. ...... } S=Visier.

Anschußentfernung 100 m; Visier 100.

Schuß-bezeichnung:

1. Anschuß •
2. Anschuß +
3. Anschuß △
4. Anschuß ○

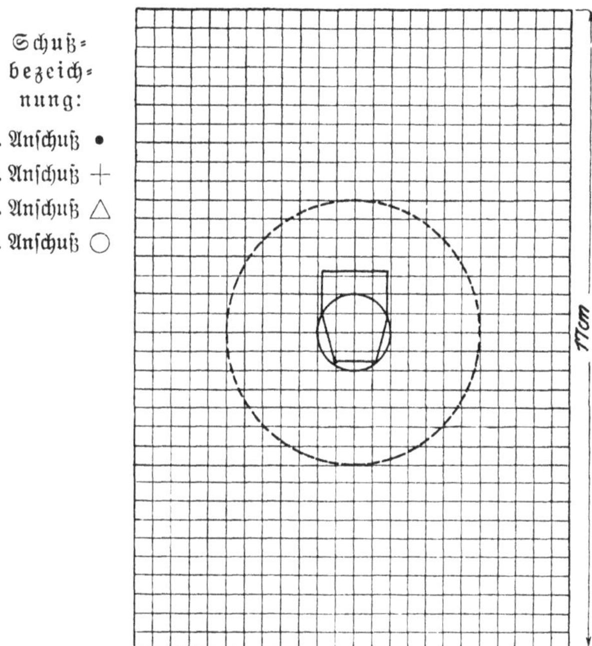

Heftrand

Anmerkung: Länge der kleinen Quadratseite = 5 cm

1. Anschuß.

Tag: ....

Schütze: ....

Streuung { Höhe .... cm
Streuung { Breite .... cm

Unterschrift des Aufsichtführenden: ....

Zum Waffenmeister: ....

Fehler: ....

Abhilfe: ....

Vom Waffenmeister: ....

2. Anschuß.

Tag: ....

Schütze: ....

Streuung { Höhe .... cm
Breite .... cm

Für richtige Übertragung
Unterschrift des Waffenunteroffiziers: ....

Zum Waffenmeister: ....

Fehler: ....

Abhilfe: ....

Vom Waffenmeister: ....

3. Anschuß.

Tag: ....

Schütze: ....

Streuung { Höhe .... cm
Breite .... cm

Für richtige Übertragung
Unterschrift des Waffenunteroffiziers: ....

Zum Waffenmeister: ....

Fehler: ....

Abhilfe: ....

Vom Waffenmeister: ....

4. Anschuß.

Tag: ....

Schütze: ....

Streuung { Höhe .... cm
Breite .... cm

Für richtige Übertragung
Unterschrift des Waffenunteroffiziers: ....

Zum Waffenmeister: ....

Fehler: ....

Abhilfe: ....

Vom Waffenmeister: ....

Neue Teile: ....

Erledigt:

....
(Datum)

....
(Unterschrift des Waffenmeisters).

....

....

Truppenteil.

Muster 12.

Trefferbild

für Gewehr 98 Nr. .... } mit sS-Munition und
Karabiner 98b Nr. .... } sS-Visier

Anschußentfernung 100 m; Visier 100.

Schuß-bezeich-nung:

1. Anschuß ●
2. Anschuß +
3. Anschuß △
4. Anschuß ○

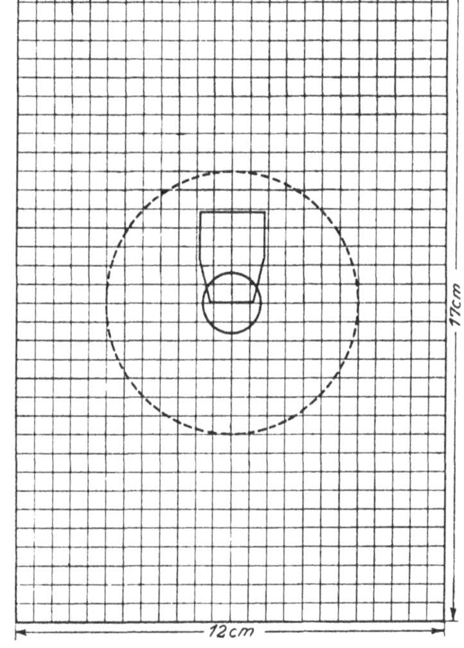

Heftrand.

1. Anschuß

Tag: ....

Schütze: ....

Streuung { Höhe .... cm
Streuung { Breite .... cm

Unterschrift des Aufsichtführenden: ....

Zum Waffenmeister: ....

Fehler: ....

Abhilfe: ....

Vom Waffenmeister: ....

2. Anschuß.

Tag: ....

Schütze: ....

Streuung { Höhe .... cm
Breite .... cm

Für richtige Übertragung
Unterschrift des Waffenunteroffiziers: ....

Zum Waffenmeister: ....

Fehler: ....

Abhilfe: ....

Vom Waffenmeister: ....

3. Anschuß.

Tag: ....

Schütze: ....

Streuung { Höhe .... cm
Breite .... cm

Für richtige Übertragung
Unterschrift des Waffenunteroffiziers: ....

Zum Waffenmeister: ....

Fehler: ....

Abhilfe: ....

Vom Waffenmeister: ....

4. Anschuß.

Tag: ....

Schütze: ....

Streuung { Höhe .... cm
Breite .... cm

Für richtige Übertragung
Unterschrift des Waffenunteroffiziers: ....

Zum Waffenmeister: ....

Fehler: ....

Abhilfe: ....

Vom Waffenmeister: ....

Neue Teile: ....

Erledigt:

....
(Datum)

....
(Unterschrift des Waffenmeisters).

Muster 13a.

....
Truppenteil.

Trefferbild

für M. G. 08/15 Nr. .... { mit S= und sS=Munition und S=Visier,

Lauf Nr. ......, Schloß Nr. ......

Anschußentfernung 150 m; Visier 400.

Schuß=bezeich=nung:

1. Anschuß •
2. Anschuß +
3. Anschuß △
4. Anschuß ○
5. Anschuß ✳

Heftrand.

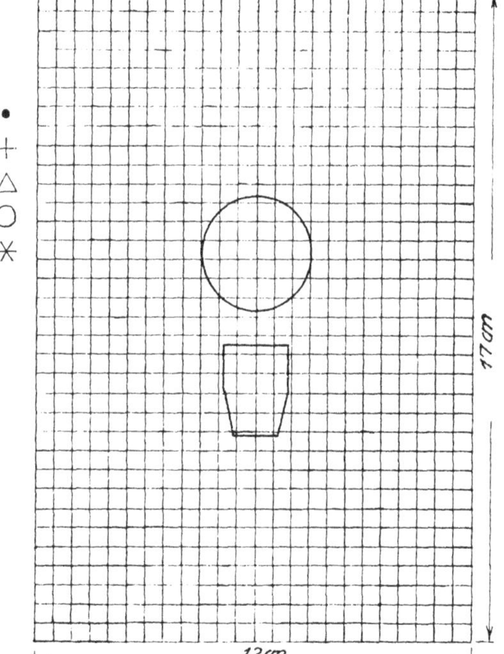

Anmerkung: Länge der kleinen Quadratseite = 5 cm

1. Anschuß.

Tag: ....

Schütze: ....

Streuung { Höhe .... cm
Breite .... cm

Unterschrift des Aufsichtführenden: ....

Zum Waffenmeister: ....

Fehler: ....

Abhilfe: ....

Vom Waffenmeister: ....

2. Anschuß.

Tag: ....

Schütze: ....

Streuung { Höhe .... cm
Breite .... cm

Für richtige Übertragung
Unterschrift des Waffenunteroffiziers: ....

Zum Waffenmeister: ....

Fehler: ....

Abhilfe: ....

Vom Waffenmeister: ....

3. Anschuß.

Tag: ....

Schütze: ....

Streuung { Höhe .... cm
Breite .... cm

Für richtige Übertragung
Unterschrift des Waffenunteroffiziers: ....

Zum Waffenmeister: ....

Fehler: ....

Abhilfe: ....

Vom Waffenmeister: ....

4. Anschuß.

Tag: ....

Schütze: ....

Streuung { Höhe .... cm
Breite .... cm

Für richtige Übertragung
Unterschrift des Waffenunteroffiziers: ....

Zum Waffenmeister: ....

Fehler: ....

Abhilfe: ....

Vom Waffenmeister: ....

5. Anschuß.

Tag: ....

Schütze: ....

Streuung { Höhe .... cm
Breite .... cm

Für richtige Übertragung
Unterschrift des Waffenunteroffiziers: ....

Zum Waffenmeister: ....

Fehler: ....

Abhilfe: ....

Vom Waffenmeister: ....

Neue Teile: ....

Erledigt:

....
(Datum)

....
(Unterschrift des Waffenmeisters).

....
(Truppenteil.)

Muster 13b.

Trefferbild

für M. G. 13 Nr. ...... { mit sS=Munition / und sS=Visier,

Lauf Nr. ......, Schloß Nr. ......

Anschußentfernung 150 m, Visier 400.

Schuß-bezeichnung:

1. Anschuß ●
2. Anschuß +
3. Anschuß △
4. Anschuß ○
5. Anschuß ✳

Heftrand.

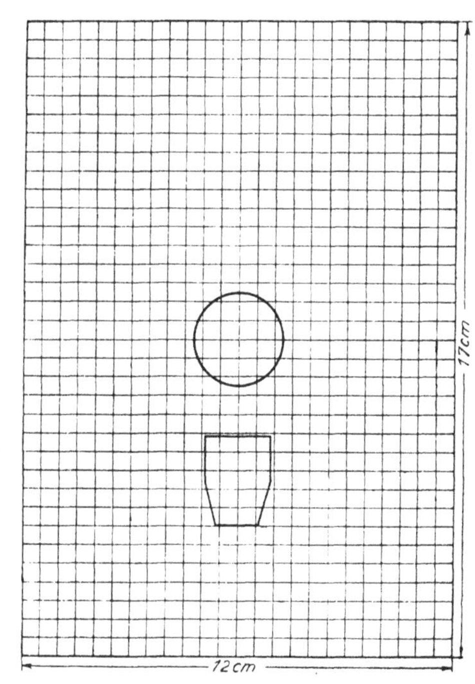

1. Anschuß.

Tag: ....

Schütze: ....

Streuung { Höhe .... cm / Breite .... cm

Unterschrift des Aufsichtführenden: ....

Zum Waffenmeister: ....

Fehler: ....

Abhilfe: ....

Vom Waffenmeister: ....

2. Anschuß

Tag: ....

Schütze: ....

Streuung { Höhe .... cm
Breite .... cm

Für richtige Übertragung
Unterschrift des Waffenunteroffiziers: ....

Zum Waffenmeister: ....

Fehler: ....

Abhilfe: ....

Vom Waffenmeister: ....

3. Anschuß

Tag: ....

Schütze: ....

Streuung { Höhe .... cm
Breite .... cm

Für richtige Übertragung
Unterschrift des Waffenunteroffiziers: ....

Zum Waffenmeister: ....

Fehler: ....

Abhilfe: ....

Vom Waffenmeister: ....

4. Anschuß

Tag: ....

Schütze: ....

Streuung { Höhe .... cm
Breite .... cm

Für richtige Übertragung
Unterschrift des Waffenunteroffiziers: ....

Zum Waffenmeister: ....

Fehler: ....

Abhilfe: ....

Vom Waffenmeister: ....

5. Anschuß

Tag: ....

Schütze: ....

Streuung { Höhe .... cm
Breite .... cm

Für richtige Übertragung
Unterschrift des Waffenunteroffiziers: ....

Zum Waffenmeister: ....

Fehler: ....

Abhilfe: ....

Vom Waffenmeister: ....

Neue Teile: ....

Erledigt:

....
(Datum)

....
(Unterschrift des Waffenmeisters).

Muster 14.

Trefferbild

des Gewehrs 98 Nr. .... } mit S=Munition und
Karabiners 98b Nr. .... }   S=Visier

(für das Schießbuch).

Tag des Anschießens: ....

Schütze: ....

Höhenstreuung: .... cm

Breitenstreuung: .... cm

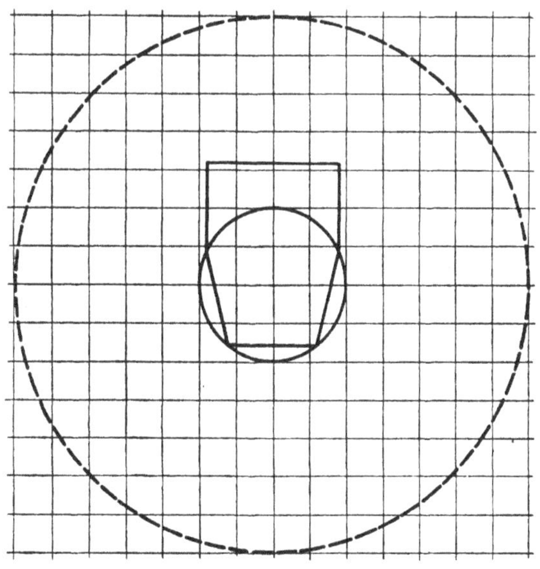

Anmerkung: Länge der kleinen Quadratseite = 5 cm.

Muster 15.

Trefferbild

des Gewehrs 98 Nr.......
Karabiners 98b Nr....... } **mit sS=Munition und sS=Visier**

(für das Schießbuch).

Tag des Anschießens: ....

Schütze: ....

Höhenstreuung: .... cm

Breitenstreuung: .... cm

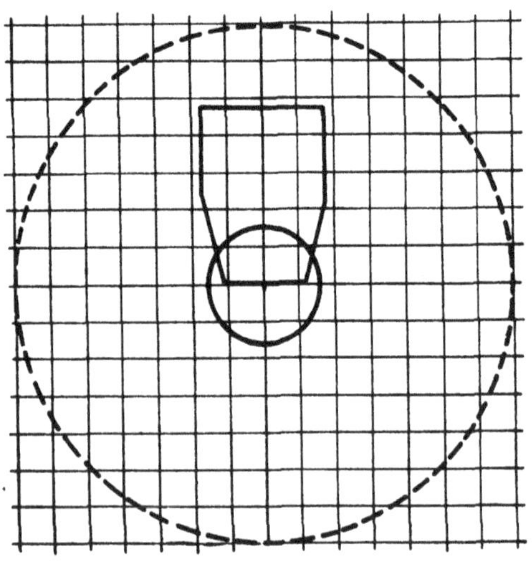

Anmerkung: Länge der kleinen Quadratseite = 5 cm.

Muster 16.

Entfernungsschätzbuch.

Umschlag (Vorderseite).

Entfernungsschätzbuch

für

Komp.
―――
Esk.

Regt.

Umschlag (Innere Seite).

Bestimmungen für Vergleichsschätzen.

1. Ein Schätzfehler von 50 m wird als 1 Fehlerpunkt, einer von 25 m als $^1/_2$ Fehlerpunkt gerechnet. Fehler von 1 bis 13 m gelten als 0, von 13 bis 25 m als $^1/_2$ Fehlerpunkt.
2. Bei Vergleichsschätzen entscheidet die geringste Fehlerpunktzahl. Ist sie gleich, wird die Reihenfolge durch die Zahl der Einzelschätzungen mit niedrigster Fehlerpunktzahl bestimmt. Im Muster hat Schütze A 3 Schätzungen mit 0, 1, $1^1/_2$, Schütze B mit 0, $^1/_2$, 1 Fehlerpunkten, also ist Schütze B besser.

Umschlag (Rückseite).

Schätzfehler.

Es wird meistens

zu kurz geschätzt

bei grellem Sonnenschein, reiner Luft,
beim Stand der Sonne im Rücken des Schätzenden,
auf gleichförmigen Flächen,
über Wasser,
bei hellem Hintergrund,
bei welligem Gelände, namentlich sobald einzelne Strecken nicht einzusehen sind.

zu weit geschätzt

bei flimmender Luft, dunklem Hintergrund,
gegen die Sonne,
bei trübem, nebligem Wetter,
in der Dämmerung,
im Walde und gegen nur teilweise sichtbare Gegner.

Unabhängig von obigen Einflüssen wird im wirklichen Gefecht meist zu kurz geschätzt.

Schütze A.

Tag: .... Wetter: .... Ort: ....

Ziel	Geschätzte Entfernung	Wirkliche Entfernung	Schätzfehler	Fehlerpunkte
Scherenfernrohrbeobachter	600	750	— 150	3
Meldeläufer	400	500	— 100	2
Einzelschütze in Deckung	200	250	— 50	1
l. M.G. in Stellung	350	275	+ 75	$1^1/_2$
Schützennest	490	500	— 10	—
s. M.G. in Stellung gehend	700	800	— 100	2
Kav. Patrouille ..	800	950	— 150	3
Inf. Spitze	1000	1200	— 200	4
Schützengruppe springend	750	800	— 50	1
Summe der Fehlerpunkte				$17^1/_2$

Schütze B.

Tag: .... Wetter: .... Ort: ....

Ziel	Geschätzte Entfernung	Wirkliche Entfernung	Schätzfehler	Fehlerpunkte
Scherenfernrohrbeobachter	750	750	—	—
Meldeläufer	650	500	+ 150	3
Einzelschütze in Deckung	350	250	+ 100	2
l. M. G. in Stellung	175	275	— 100	2
Schützennest	475	500	— 25	$^1/_2$
s. M. G. in Stellung gehend	950	800	+ 150	3
Kav. Patrouille ..	800	950	— 150	3
Inf. Spitze	1350	1200	+ 150	3
Schützengruppe springend	750	800	— 50	1
Summe der Fehlerpunkte				$17^1/_2$

Muster 17.

Wurfbuch für Handgranaten.

(Inhaltsverzeichnis wie Muster 9.)

Übungstag: 21. 5. 26. Beginn: 9^0 vorm., Schluß des Werfens: 11^0 vorm.

Leitender:	Leutnant	X.
Sicherheitsunteroffizier:	U.-Feldw.	Y.
Handgranatenausgeber:	Untffz.	Z.
Schreiber:	O.-Schütze	W.
Hornist:		O.
Sanitätsunteroffizier:		M.

Bestandsübersicht
(vom Leitenden einzutragen).

	Stiel-Handgr.	Bz. 24	Sprengkapfeln	Zeitzündschnur m	Sprengkörper	Bemerkungen
Übernommen	50	50	50	3	2	1 Sprengkapsel, 1,5 m Zeitzündschnur, 1 Sprengkörper beim Sprengen verbraucht.
Verbraucht .	13	13	14	1,5	1	An Schießunteroffizier abgegeben. X., Leutnant.
Rest . .	37	37	36	1,5	1	Übernommen. M., Schießunteroffizier.

Alle Beteiligten wurden vor dem Werfen nach Nr. 623—638 nochmals über die Sicherheitsbestimmungen belehrt.

Der Sicherheitsunteroffizier, Unterfeldwebel Y., und der Handgranatenausgeber, Unteroffizier Z., wurden über ihre Tätigkeit unterwiesen.

(Bei etwaigem Wechsel der Aufsichtspersonen werden die vorstehenden Angaben erneut aufgenommen.)

Lfd. Nr.	Dienstgrad	Name	Nr. der Wurfübung	Wurf							Zahl der		Bemerkungen
				1	2	3	4	5	6	7	Würfe	Blindgänger	
1	Schütze	A	1.	+	+	+					3	—	+ = Wurf mit Knall.
2	Untffz.	B	"	0	+	+					3	1	0 = Blindgänger.
3	Schütze	C	"	+	+	0					3	1	
4	Gefr.	D	"	+	+	+					3	—	2 Blindgänger wurden gesprengt.
							im ganzen				12	2	Verbraucht hierzu: 1 Sprengkapsel, 1,5 m Zündschnur, 1 Sprengkörper oder

Zur Bewachung der Blindgänger bis zur Sprengung wurde Gefreiter K. bestimmt und belehrt. Die Sprengung ist am 21. 5. 26, 2⁰ nachm., durch Feuerwerker P. erfolgt. Verbraucht hierzu: 1 Handgranatentopf, 1 Sprengkapsel, 1,5 m Zündschnur.

Für die Richtigkeit.

X.,
Leutnant.

Anlage 1.

Zeichenverkehr beim Schulschießen.

I. Zeichen der schießenden Abteilung.

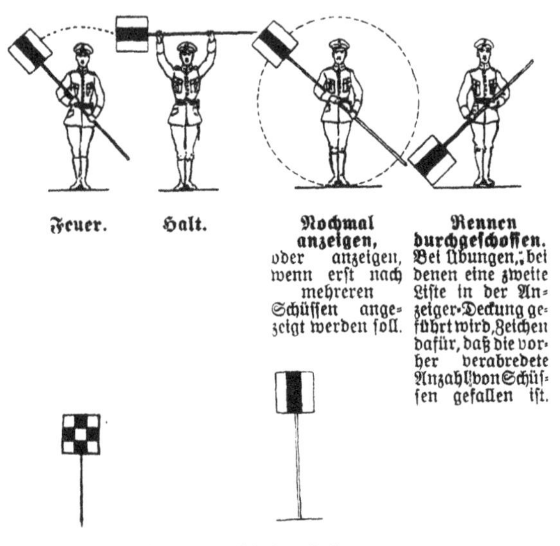

Feuer. — **Halt.** — **Nochmal anzeigen,** oder anzeigen, wenn erst nach mehreren Schüssen angezeigt werden soll. — **Rennen durchgeschossen.** Bei Übungen, bei denen eine zweite Liste in der Anzeiger-Deckung geführt wird, Zeichen dafür, daß die vorher verabredete Anzahl von Schüssen gefallen ist.

Mehrfaches Hochstoßen. Scheibe soll erscheinen. — **Schuß gefallen. Anzeigen.**

II. Zeichen aus der Anzeigerdeckung.

a) Notzeichen zum Einstellen des Schießens.

Zunächst wird die Scheibe, wenn dies ausführbar ist, in die Deckung gezogen und dann die Tafel [weißes Kreuz auf schwarzem Grund] wiederholt herausgeschoben und so lange gezeigt, bis ein Offizier, Unteroffizier, Obergefreiter oder Gefreiter in der Deckung eintrifft (Nr. 138).

b) Zeichen zur Benachrichtigung der schießenden Abteilung, daß ihr Zeichen verstanden ist:

Vorschieben der Tafel **1**

Anlage 2.

Aufnahme der Treffer beim Gefechtsschießen.

1. Die Zielbilder sind auf quadriertem Papier wiederzugeben.
2. Für die Ziele sind folgende Zeichen unter Ausnutzen der Quadrate zu benutzen.

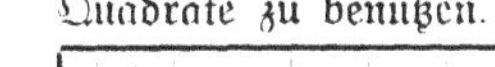

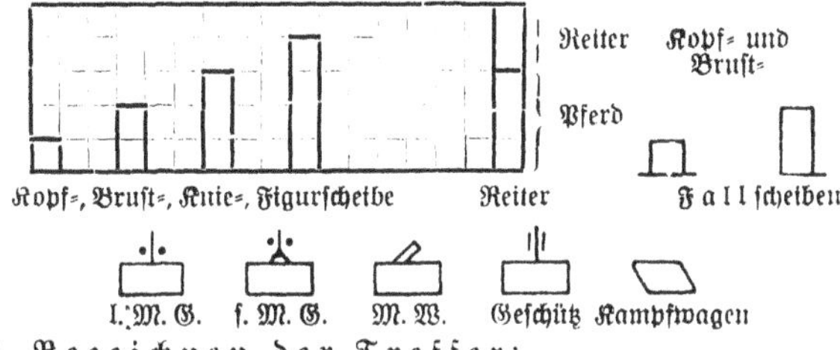

3. Bezeichnen der Treffer:

• = Rundtreffer × = Querschläger / = nicht getroffenes Ziel

4. Mit den in Nr. 2 angegebenen Zeichen wird das Zielbild, wie es sich im Gelände darstellt, unter Angabe der Breiten- und Tiefenausdehnung und der Schußrichtung (durch Pfeilstrich) wiedergegeben. In der Überschrift wird zum Ausdruck gebracht, ob es sich um bewegliche Ziele, z. B. „Vorgehende Schützen", „Gruppenkolonne im Marsch", oder unbewegliche, z. B. „Schützen- und l. M. G.-Gruppe in der Verteidigung", „s. M. G.-Nest", „Angreifende Schützengruppe in Stellung" usw. handelt.
5. **Beispiele:**

a) Angreifende Schützengruppe. (8 Figuren).

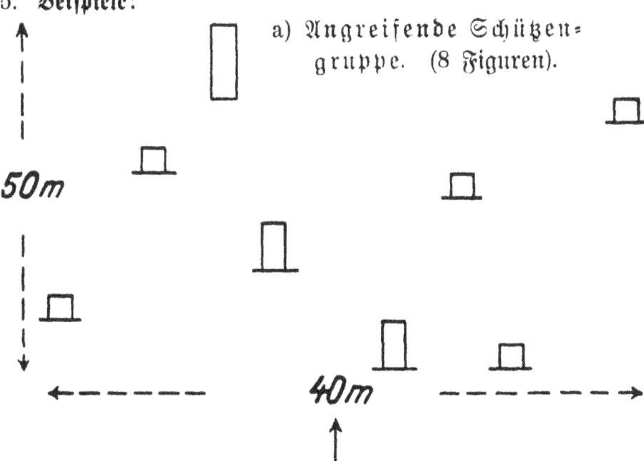

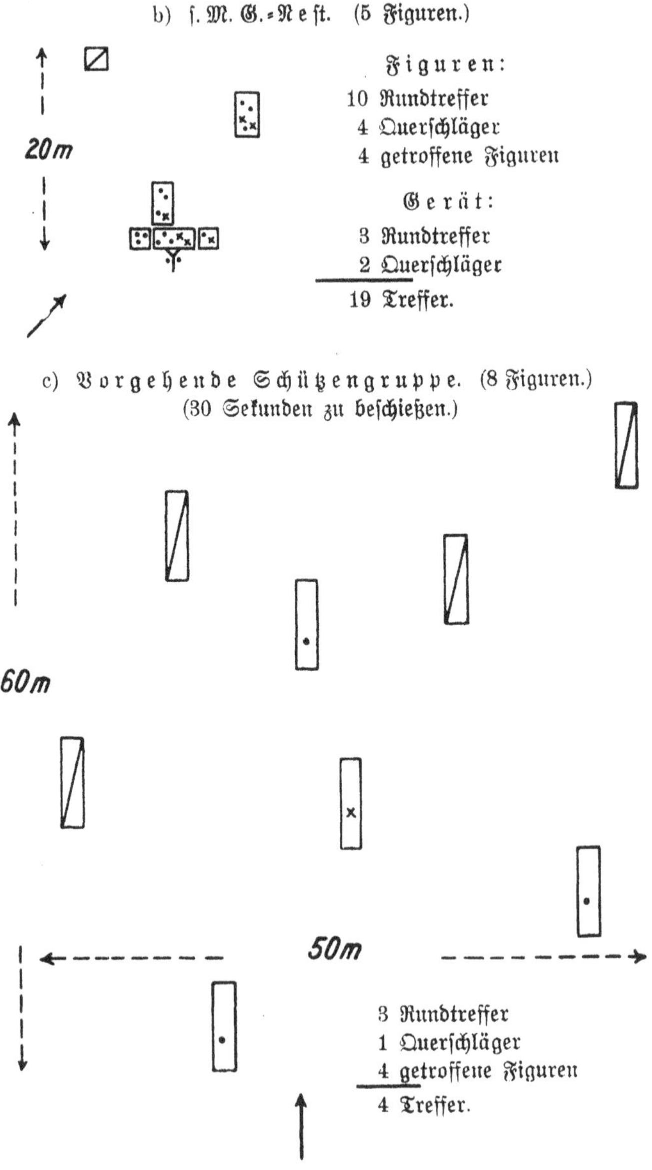

b) s. M. G.-Nest. (5 Figuren.)
20m
Figuren:
10 Rundtreffer
4 Querschläger
4 getroffene Figuren
Gerät:
3 Rundtreffer
2 Querschläger
19 Treffer.
c) Vorgehende Schützengruppe. (8 Figuren.)
(30 Sekunden zu beschießen.)
60m
50m
3 Rundtreffer
1 Querschläger
4 getroffene Figuren
4 Treffer.

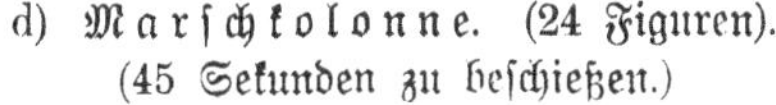

d) Marschkolonne. (24 Figuren).
(45 Sekunden zu beschießen.)

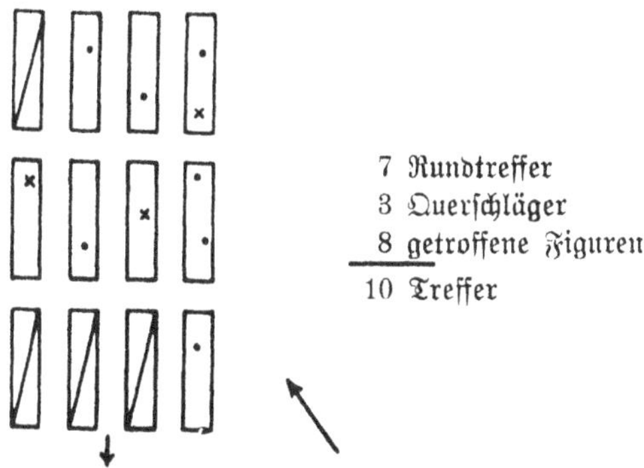

6. Bemerkungen über Geländegestaltung, Tarnung, Deckung der Ziele können auch auf den Zielbildern gemacht werden.
7. Der Aufnehmer bescheinigt das Ergebnis mit seinem Namen und Dienstgrad.

Anlage 3.
(Zu Nr. 60.)

Anleitung zum Anfertigen des Geräts zum Prüfen der Zielfertigkeit.

Das Gerät besteht aus zwei Teilen:

1. Gestell für die Zielscheibe,
2. Spiegeleinrichtung.

Das Gestell für die Zielscheibe und der Spiegelhalter sind aus Holz gefertigt; die Abmessungen sind aus der Zeichnung ersichtlich.

Das Gestell für die Zielscheibe ist auf der dem Zielenden zugewandten Seite mit Papier bespannt, auf welchem die Zielpunkte durch Nageleinstiche oder Bleistiftpunkte aufgezeichnet werden. Die dem Spiegel zugekehrte Seite ist zweckmäßig mit weißem Papier zu bespannen oder weiß zu streichen. Auf dem oberen Rande des Gestells bewegt sich rittlings der Träger für die Zielscheibe und die Zeichenvorrichtung.

Als Zielscheibe können Kreise, Dreiecke nach Bild a bis e oder Figurenbilder (Bild f und g) verwendet werden; ihre Größe richtet sich nach der Zielentfernung.

Als Spiegel kann jeder Planspiegel benutzt werden. Die in der Zeichnung angegebene Größe dient nur als Anhalt, auch kleinere Spiegel, z. B. Schützengrabenspiegel, können verwendet werden. Je besser das Spiegelglas, desto leichter und genauer das Zielen. Der Spiegel ist um seine senkrechte Achse drehbar. Der Spiegelhalter ist zum Aufstellen oder Anhängen eingerichtet.

Zu Seite 240.

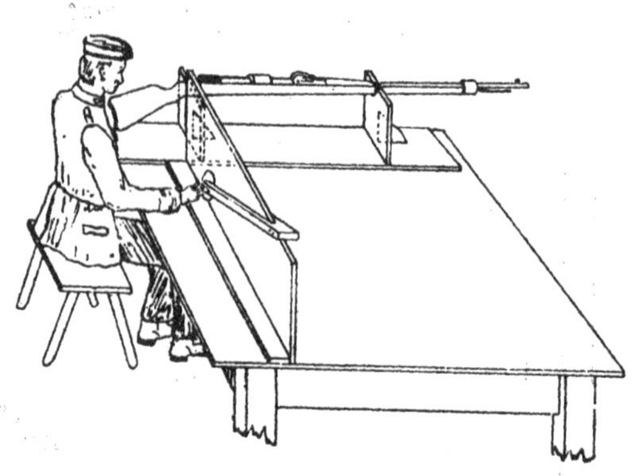

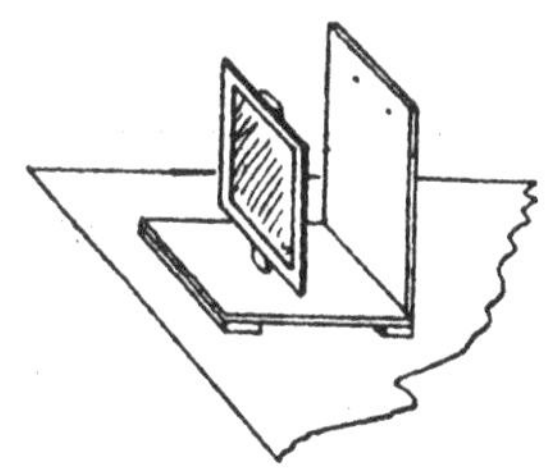

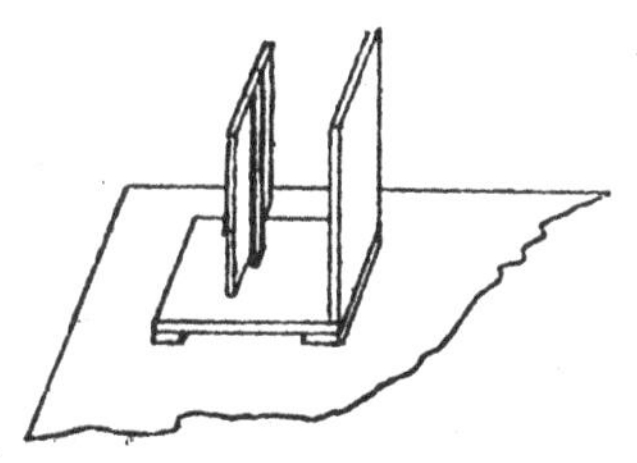

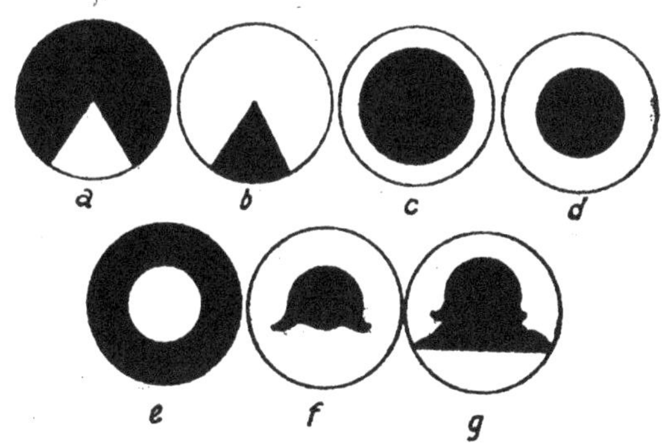
a
b
c
d
e
f
g

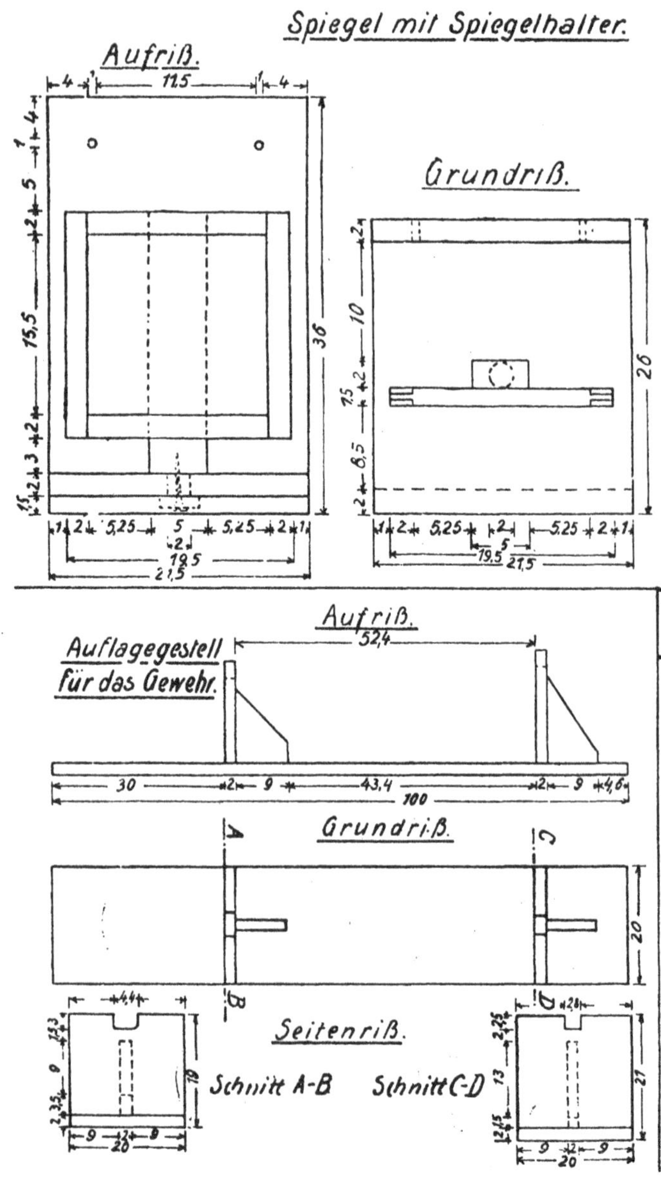
Spiegel mit Spiegelhalter.
Aufriß.
Grundriß.
Auflagegestell für das Gewehr.
Aufriß.
Grundriß.
Seitenriß.
Schnitt A-B
Schnitt C-D

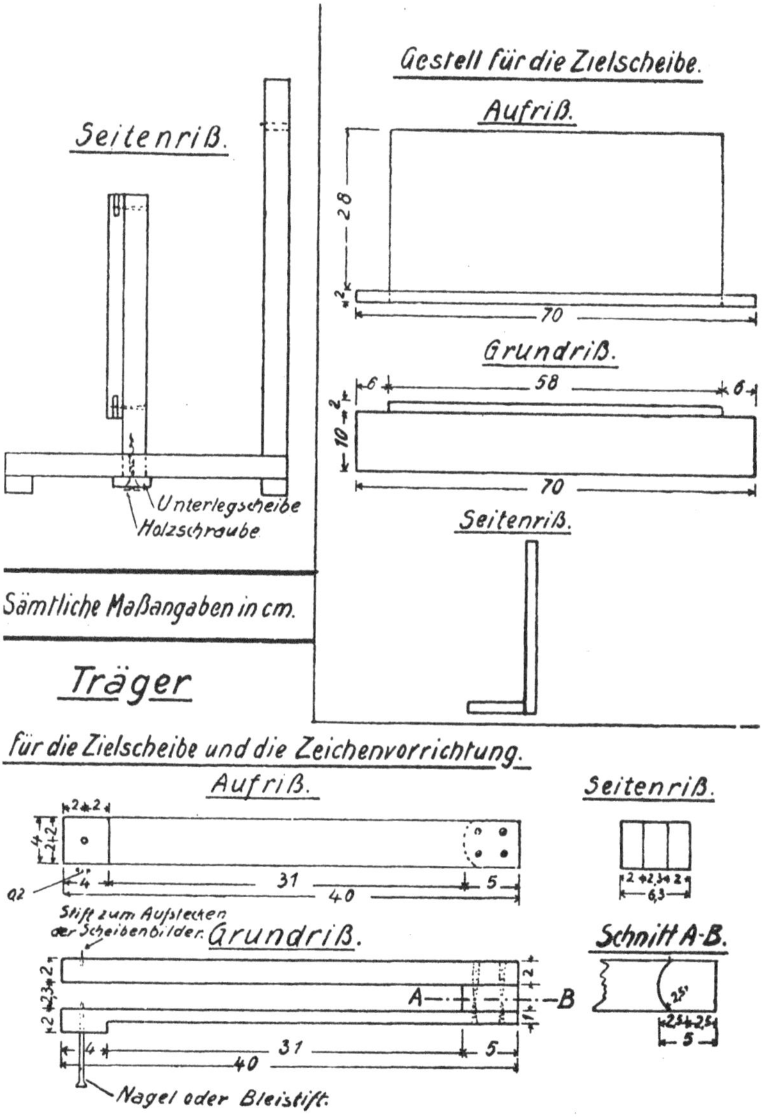

Seitenriß.

Unterlegscheibe

Holzschraube

Gestell für die Zielscheibe.

Aufriß.

28

2

70

Grundriß.

6 58 6

2

10

70

Seitenriß.

Sämtliche Maßangaben in cm.

Träger

für die Zielscheibe und die Zeichenvorrichtung.

Anlage 5.

Behelfsmäßiger Handgranatenwurfstand.

Zeichnung und Maße dienen als Anhalt.

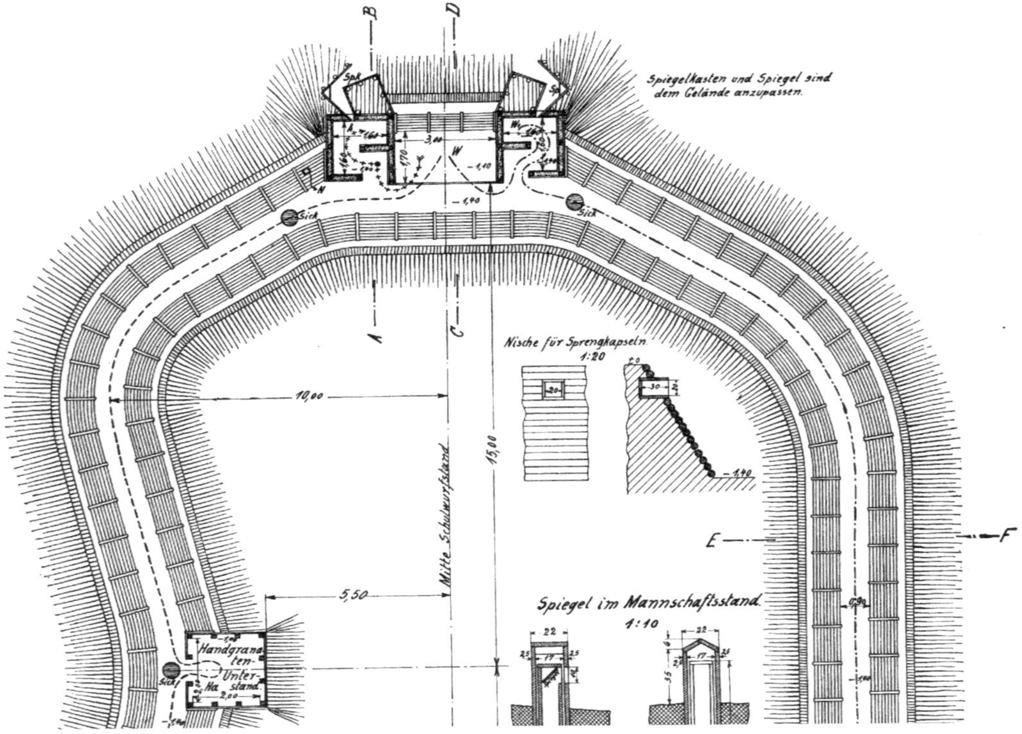

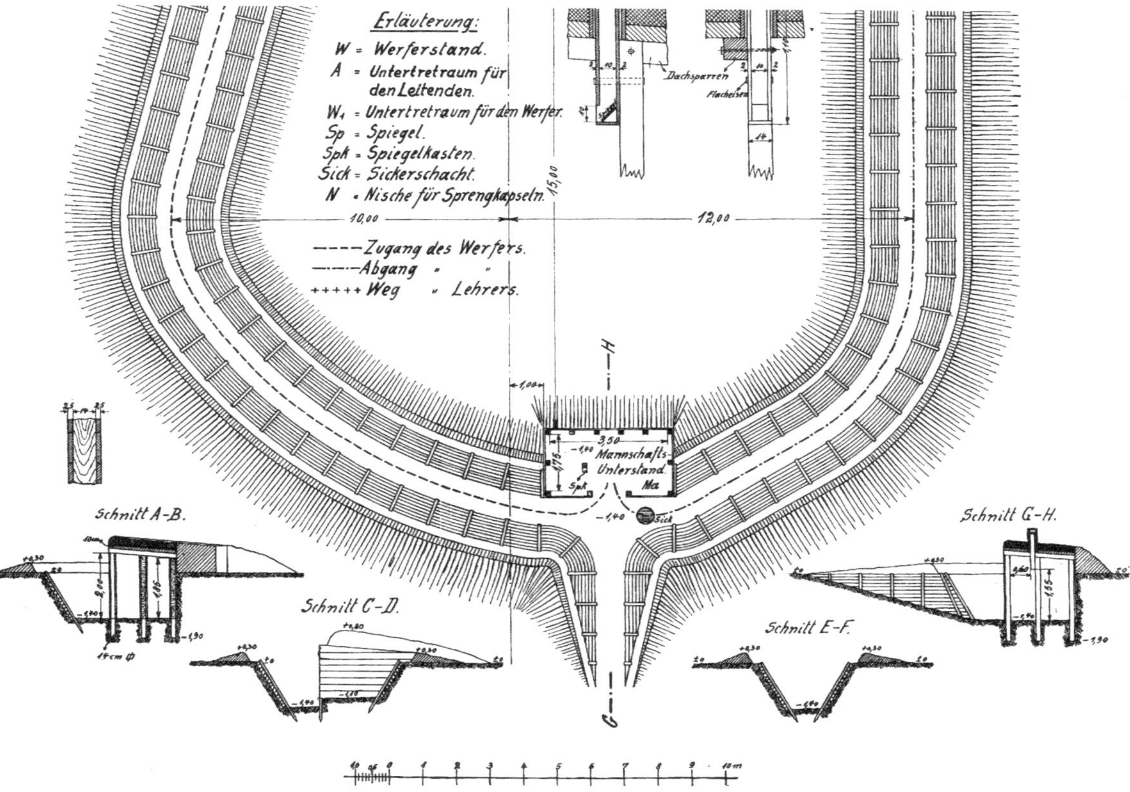
Erläuterung:
W = Werferstand.
A = Untertretraum für den Leitenden.
W₁ = Untertretraum für den Werfer.
Sp = Spiegel.
Spk = Spiegelkasten.
Sick = Sickerschacht.
N = Nische für Sprengkapseln.
Zugang des Werfers.
Abgang " "
Weg " Lehrers.
Dachsparren
Flacheisen
10,00
12,00
15,00
Mannschafts-Unterstand.
Spk
Ma
Sick
H
G
Schnitt A-B.
Schnitt C-D.
Schnitt E-F.
Schnitt G-H.
14 cm ⌀
10 m

Anlage 4.

Die Zielmunition für Pistole.

1. Zweck.

Die Zielmunition bietet die Möglichkeit, Fehler des Schützen zu erkennen, zu beseitigen und ihn mit den Eigentümlichkeiten seiner Waffe (Haltepunkt, Druckpunkt) vertraut zu machen.

2. Kurze Beschreibung der Zielmunition.

Zur Zielmunition gehören:

a) das Läufchen,
b) die Patrone,
c) der Einsetzer,
d) der Ausstoßer.

Zu a. Das Läufchen, aus Stahl gefertigt, besteht aus einer zylindrischen gezogenen Röhre, die der Länge nach durchbohrt ist. Der vordere Teil der Bohrung ist mit Zügen versehen, der hintere Teil zur Aufnahme der Patrone (Patronenlager) eingerichtet. Der vordere Teil des Läufchens trägt ein Gewinde, das in einen etwas stärkeren glatten Teil übergeht, auf dem Firmenzeichen und Nummer des Läufchens eingeschlagen sind, er ist am vorderen Ende mit einer Riffelung versehen.

Auf dem Gewindeteil des Läufchens ist eine Klemmschraube mit Gegenmutter, die beide mit einer Riffelung versehen sind, aufgeschraubt. Die Klemmschraube hat auf ihrem zylindrischen Teil ein Gewinde zur Aufnahme der Hülsenklemme, die für das Korn entsprechend aufgeschnitten ist. Die Hülsenklemme umfaßt bei eingesetztem Läufchen den Kornfuß und gibt dem Läufchen den eigentlichen Halt im Pistolenlauf.

Zu b. Die Patrone besteht aus der Kupferhülse zur Aufnahme des Zündsatzes, dem Amboßplättchen und dem Bleigeschoß.

Zu c. Der Einsetzer dient zum Einführen der Patrone. Er besteht aus einem länglichen Eisenplättchen mit einer aufgeschraubten Feder. Diese hat am unteren Ende eine Auskesselung zur Aufnahme der

Patrone und zum Halten des Ringes beim Drehen des Läufchens.

Zu d. Der Ausstoßer aus Flußstahl dient zum Ausstoßen der abgeschossenen Kupferhülse und zum Reinigen des Läufchens. Er hat am vorderen Ende einen flachen Teil mit Schlitz zum Befestigen eines Wergstreifens; am hinteren Ende einen Griff zum Handhaben; davor liegt ein Lederring, der Beschädigungen des Läufchens verhindern soll.

3. Schußentfernung, Haltepunkt und Durchschlagskraft.

Es wird auf 10 m geschossen. Haltepunkt und Treffpunkt fallen annähernd zusammen.

Das Geschoß dringt auf obiger Entfernung etwa 20 mm in weiches Holz ein.

4. Schießen mit Sicherheitsmaßregeln.

Der Mann schießt mit einem Läufchen, das in seine Pistole paßt und mit ihr eine gute Schußleistung gibt.

Vor dem Einsetzen des Läufchens ist darauf zu achten, daß

1. die innere Bohrung rein ist,
2. Klemmschraube und Gegenmutter gelockert sind, und die Hülsenklemme etwa um die Breite ihrer Riffelung von der Klemmschraube abgeschraubt ist.

Zum Einsetzen wird die Pistole in die linke Hand genommen, die Mündung zeigt dabei nach rechts. Die rechte Hand erfaßt das Läufchen an der Klemmhülse, führt es vorsichtig in die Mündung ein und schiebt es durch den Lauf, bis sich der betreffende Ausschnitt der Hülsenklemme um das Korn legen läßt. Darauf erfaßt die rechte Hand das geriffelte Ende des Läufchens und schraubt es noch so weit hinein, bis sich ein geringer Widerstand bietet. Nun werden Klemmschraube und Gegenmutter angezogen, und die Pistole ist ladebereit.

Das Patrönchen wird von einem Unteroffizier in die Einkerbung des Einsetzers gesteckt und mit diesem in das Patronenlager des Laufs eingedrückt. Die Pistole wird vorsichtig geschlossen und ist schußfertig.

Nach dem Schuß wird die Pistole geöffnet, der mit einem geölten dünnen Wergstreifen versehene Ausstoßer von vorn in den Lauf eingeführt und die Hülse herausgestoßen. Durch Umdrehen der Pistole ist sie aus dem Magazin zu werfen. Bei einiger Übung kann auch ohne Einsteckmagazin geladen und entladen werden, die Hülse fällt dann durch die Öffnung des Kolbens nach unten heraus.

Abgerissene und im Patronenlager steckengebliebene Kupferhülsen dürfen nur durch den Waffenmeister entfernt werden.

Das Schießen mit Zielmunition kann in gedeckten Räumen, auf Kasernenhöfen oder auf freien Plätzen stattfinden. In geschlossenen Räumen muß der Kasten mit der Scheibe*) an einer Wand ohne Tür und Fenster stehen.

Bilden Gebäude den Hintergrund, so dürfen sich mindestens 3 m seitwärts der Scheibe keine Fenster oder Zugänge befinden.

Der Hintergrund muß wenigstens 2,5 m hoch und, wenn er aus Holz besteht, mindestens 30 mm stark sein. In der Richtung auf Nachbargrundstücke und Straßen darf nur geschossen werden, wenn durch die Höhe der Trennungsmauer oder durch das Aufstellen von Blenden jede Gefahr, daß Geschosse nach außen gelangen, ausgeschlossen wird. Auf freien Plätzen ist das Schießen nur erlaubt, wenn es nicht möglich ist, das Gelände auf 450 m hinter und 50 m zu beiden Seiten der Scheibe zu betreten.

Die Anzeiger müssen in allen Fällen bis zum Schützen zurückgezogen werden. Zwischen diesen und der Scheibe darf niemand hindurchgehen. Um das zu verhüten, ist mit Leinen abzusperren.

5. Instandhaltung und Ersatz.

Nach dem Schießen ist die Waffe genau so zu reinigen, als wenn mit scharfer Munition geschossen worden wäre.

---

*) Die Scheibe (Knieringscheibe von 5facher Verkleinerung, Höhe 34 cm, Breite 24 cm) wird auf ein Brett von weichem, astfreiem Holz oder auf Pappe befestigt und in einen, etwa 25 cm breiten, 35 cm hohen und 15 cm tiefen Holzkasten mit 3 cm starker Rückwand geschoben. Der Zwischenraum zwischen Scheibe und Rückwand wird mit Werg ausgefüllt.

Das Läufchen ist ebenfalls mit Wergstreifen und Reinigungsfett zu reinigen; als Wischstock dient der Ausstoßer. Nach dem Reinigen ist das Läufchen innen und außen leicht einzufetten. Jedes Putzen des Läufchens mit scharfen Mitteln ist verboten.

Läufchen und Zielmunition sind in einem trockenen Raum unter Verschluß zu halten und vor Stoß und Fall zu schützen.

Feucht gewordene Patronen werden an der Sonne oder in einem warmen Raum, keinesfalls aber in der Nähe des Ofens oder Feuers getrocknet.

Unbrauchbare Läufchen und Patronen können bei den zuständigen Zeugämtern gegen brauchbare ausgetauscht werden, dort sind auch die entstandenen Versager gegen Belegwechsel abzuliefern.

Anhang zur Schießvorschrift.

Die Lehre von der Treffwahrscheinlichkeit beim Gefechtsschießen.

(Nicht für den Unterricht in der Truppe bestimmt.)

Treffwahrscheinlichkeit.

1. Um alle Schüsse in ein Ziel zu bringen, müßte dies vier- bis fünfmal so groß wie die 50%ige Streuung sein (Treffsicherheit).

Sind Höhen- und Breitenstreuung größer als das Ziel, so kann nur mit einer beschränkten Prozentzahl Treffer gerechnet werden (Treffwahrscheinlichkeit).

2. Mit Hilfe der Wahrscheinlichkeitsrechnung lassen sich unter gewissen Voraussetzungen für jeden einzelnen Fall die zu erwartenden Trefferprozente errechnen. Als bekannt angenommen werden hierbei die 50%ige Streuung, die Größe des Ziels und die Lage des mittleren Treffpunktes zu ihm.

In Tafel I ist die 50%ige Höhenstreuung von Durchschnittsschützen angegeben; sie ist durch Versuche mit Schützen einer Friedens-Infanterie-Kompanie ermittelt worden.

3. Beim Berechnen von Trefferprozenten geht man zunächst von der Annahme aus, daß das Ziel in der einen Richtung so ausgedehnt ist, daß in dieser kein Schuß fehlgehen kann, man ermittelt also zunächst die auf einen seitlich unbegrenzten Zielstreifen (z. B. von Kopfzielgröße) entfallenden Trefferprozente ohne Rücksicht auf die lichten Zwischenräume und die tatsächliche Trefffläche des Zieles (hierzu siehe später Nr. 5).

Hierzu errechnet man das Verhältnis der Zielhöhe zur mittleren (50%igen) Höhenstreuung — den Wahrscheinlichkeitsfaktor — und entnimmt aus der Tafel IV die diesem Verhältnis entsprechende Trefferprozentzahl.

Umgekehrt läßt sich errechnen, wie hoch ein Zielstreifen sein muß, damit er bei Annahme einer 50%igen Streuung eine gewisse Anzahl Treffer in sich aufnimmt.

Hierzu vervielfältigt man die 50%ige Streuung mit dem der betreffenden Trefferprozentzahl entsprechenden Wahrscheinlichkeitsfaktor.

4. a) Am einfachsten sind die Trefferprozente zu berechnen, wenn die mittlere Trefferachse durch die Mitte des Ziels geht, wenn also die Treffer gleichmäßig zur Zielmitte liegen.

Bild 1.

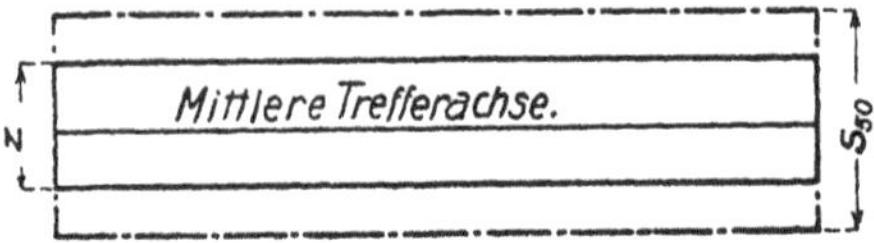

Beispiel: Es soll ein seitlich unbegrenzter Zielstreifen von Kniezielhöhe (1,00 m) auf 800 m Entfernung von einer Kompanie beschossen werden. Die 50%ige Höhenstreuung betrage 1,8 m; dabei sei angenommen, daß die mittlere Trefferachse durch die Mitte des Zielstreifens geht.

Für $z = 1{,}0$ m und $s_{50} = 1{,}8$ m ergibt sich ein Wahrscheinlichkeitsfaktor

$$n = \frac{1{,}0}{1{,}8} = 0{,}556.$$

Aus Tafel IV erhält man für $n = 0{,}556$ $P(n) = 29{,}2\%$ Treffer.

Für diesen günstigsten Fall, daß die mittlere Trefferachse durch die Mitte des Zieles geht, kann also mit der Wahrscheinlichkeit von 29,2% Treffern gerechnet werden.

b) Fällt die mittlere Trefferachse mit dem oberen oder unteren Rande des Zielstreifens zusammen, so führt man die Rechnung auf den ersten Fall zurück, indem man die Trefferprozente für einen doppelt so großen Zielstreifen errechnet, in dessen Mitte die mittlere Trefferachse liegt. Die Trefferprozentzahl, die sich für diesen Streifen ergibt, teilt man durch 2 und erhält die Trefferprozente für den gegebenen Zielstreifen (Bild 2).

Beispiel: Angenommen sei ein seitlich unbegrenzter Zielstreifen von Kniezielhöhe (1,0 m) auf 800 m Entfernung. 50%ige Streuung $= 1{,}8$ m; die mittlere Trefferachse liege am oberen Rande des Ziels.

Denkt man sich den Zielstreifen „z" nach oben um die gleiche Höhe vergrößert, so ergibt sich für diesen doppelt so großen Zielstreifen

$$n = \frac{2,0}{1,8} = 1,11.$$

Diesem Wahrscheinlichkeitsfaktor entspricht eine Trefferprozentzahl von 54,6. Auf den gegebenen Zielstreifen z = 1,0 m entfallen also 27,3 % Treffer.

Bild 2.

c) Wird der Zielstreifen durch die mittlere Trefferachse in zwei verschieden große Abschnitte von der Höhe h_1 und h_2 geteilt, so errechnet man, wie bei Fall b), für jeden Abschnitt einzeln die auf ihn entfallenden Treffer (Bild 3).

Bild 3.

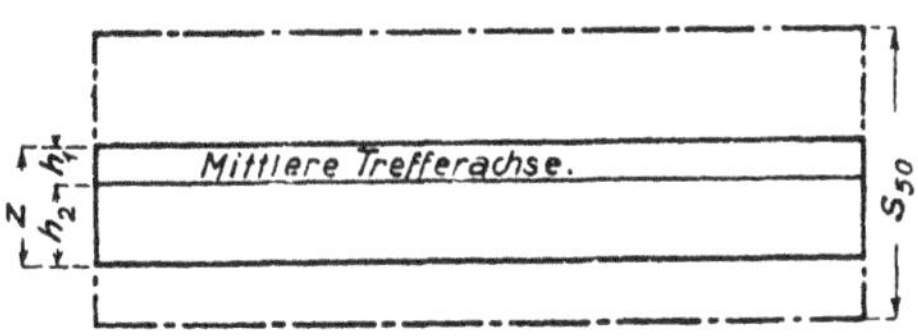

Beispiel: Angenommen sei ein seitlich unbegrenzter Zielstreifen, von Kniezielhöhe (1,0 m) auf 1000 m Entfernung. 50%ige Streuung = 2,4 m; die mittlere Trefferachse teilt den Zielstreifen im Verhältnis 3 : 7.

Für den Zielstreifen von der Höhe h_1 = 0,3 m ergibt sich

$$P(n_1) = {}^1/_2\, P\left(\frac{0,6}{2,4}\right) = {}^1/_2\, P\,(0,25) = {}^1/_2 \cdot 13,4 = 6,7\ \%$$

Treffer.

Für den Zielstreifen $h_2 = 0,7$ m ergibt sich

$$P(n_2) = {}^1/_2\,P\left(\frac{1,4}{2,4}\right) = {}^1/_2\,P\,(0,583) = {}^1/_2 \cdot 30,6$$

$= 15,3\,\%$ Treffer.

Auf dem ganzen Zielstreifen „z" = 1 m sind also $6,7 + 15,3 = 22\,\%$ Treffer zu erwarten.

d) Liegt die mittlere Trefferachse um das Maß a über oder unter dem Ziel, so errechnet man zunächst wie bei Fall b die Trefferprozente für einen Zielstreifen von der Höhe $a + z$ und sodann für den Streifen a. Der Unterschied der so erhaltenen Trefferprozentzahlen ergibt die Trefferprozente, die in dem Streifen z zu erwarten sind (Bild 4).

Bild 4.

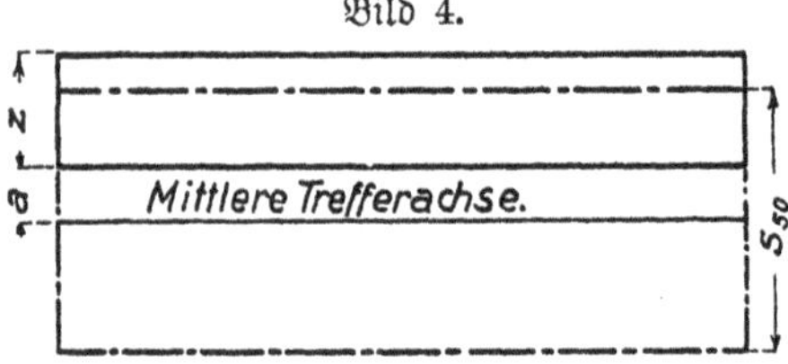

Beispiel: Angenommen sei ein seitlich unbegrenzter Zielstreifen von 1,0 m Höhe auf 1000 m Entfernung. Die 50%ige Streuung betrage 2,40 m. Die mittlere Trefferachse liege 0,5 m unterhalb des Zielstreifens.

Für den Zielstreifen $z + a$ ergibt sich

$$P(n_1) = {}^1/_2\,P\left(\frac{3,0}{2,4}\right) = {}^1/_2\,P\,(1,25) = {}^1/_2 \cdot 60,1$$

$= 30,05$ % Treffer.

Für den Zielstreifen a ergibt sich

$$P(n_2) = {}^1/_2\,P\left(\frac{1,0}{2,4}\right) = {}^1/_2\,P\,(0,42) = {}^1/_2 \cdot 22,3$$

$= 11,15$ % Treffer.

Für den Zielstreifen z ergeben sich also $30,05 - 11,15 = 18,9\,\%$ Treffer.

5. In den bisherigen Beispielen ist angenommen worden, daß der beschossene Zielstreifen so breit ist, daß seitlich keine Schüsse vorbeigehen können. Dieses Verfahren wendet man an, wenn man Trefferprozente gegen zusammenhängende Schützenketten errechnen will. Die gegen solche zusammenhängenden

Schützen*ketten* tatsächlich zu erwartenden Trefferprozente erhält man jedoch erst dann, wenn man die gegen einen Zielstreifen von gleicher Zielhöhe errechnete Trefferprozentzahl mit einem bestimmten Faktor vervielfältigt, der das Verhältnis der wirklichen Zielfläche (z. B. Gesamtfläche aller Kopfziele) zu der Fläche eines gleich hohen, geschlossenen Zielstreifens angibt.

In Tafel V sind diese Faktoren, welche die Verhältniszahlen für verschiedene Zielhöhen und Zwischenräume einer Schützen*kette* angeben, enthalten.

6. Bei den heutigen Gefechtsverhältnissen handelt es sich meist um *seitlich und der Tiefe nach eng begrenzte Ziele* — Schützengruppen, M. G.-Nester usw. — man muß also damit rechnen, daß sowohl seitlich, als nach der Höhe ein Teil der Schüsse vorbeigeht. In diesem Falle ermittelt man zunächst die Trefferprozente, die in einem wagerechten Streifen von gleicher Zielhöhe zu erwarten sind, und dann die Trefferprozente, die ein senkrechter Streifen von entsprechender Zielbreite aufnehmen kann.

Die Trefferprozente, die in das seitlich und der Höhe nach begrenzte Ziel entfallen, erhält man, wenn man die für den wagerechten und senkrechten Zielstreifen errechneten Trefferprozentzahlen miteinander vervielfältigt.

Beispiel: Wieviel Treffer sind gegen ein auf 600 m stehendes Ziel von 0,8 m Höhe und 0,5 m Breite zu erwarten, wenn die 50%ige Höhen- und Breitenstreuung je 0,98 m betragen?

Auf einen *wagerechten* Zielstreifen von 0,8 m Höhe entfallen

$$P(n_1) = P\left(\frac{0,8}{0,98}\right) = P(0,82) = 42\,\% \text{ Treffer}$$

oder das 0,42fache aller Schüsse.

Auf einen *senkrechten* Zielstreifen von 0,5 m Breite entfallen

$$P(n_2) = P\left(\frac{0,5}{0,98}\right) = P(0,51) = 26,9\,\% \text{ Treffer}$$

oder das 0,27fache aller Schüsse.

Folglich sind gegen die Fläche von 0,8 m Höhe und 0,5 m Breite $0,42 \cdot 0,27 = 0,113 = 11,3\,\%$ Treffer zu erwarten.

7. Zu beachten ist aber, daß vorstehendes Errechnen auf der Voraussetzung beruht, daß der mittlere Treffpunkt mit der Mitte des Ziels zusammenfällt. Meistens wird jedoch der mittlere Treffpunkt nach der Seite oder Höhe von der Zielmitte abweichen, infolgedessen werden die bei Gefechtsschießen erzielten Treffer hinter der errechneten Trefferprozentzahl nicht unerheblich zurückbleiben, ohne daß dem Schützen ein Vorwurf wegen mangelhafter Schießleistung gemacht werden kann.

8. In gewissen Fällen kann es erwünscht sein, die Trefferprozente zu ermitteln, die auf einen bestimmten wagerechten Zielstreifen entfallen. Die Berechnung erfolgt sinngemäß nach Nr. 4. Die 50%ige Längenstreuung, die sich aus

$$\frac{\text{50\%ige Höhenstreuung}}{\text{tg des Einfallwinkels}}$$

ergibt, ist in Tafel II enthalten.

Beispiel: Wieviel Treffer sind auf einem 1000 m entfernten wagerechten, seitlich unbegrenzten Geländestreifen von 40 m Tiefe zu erwarten, wenn die 50%ige Längenstreuung 80 m beträgt und mit dem zutreffenden Visier 1000 geschossen wird?

$$P(n) = P\left(\frac{40}{80}\right) = P(0{,}5) = 26{,}4\,\%.$$

Trefferreihen.

9. Wie im vorigen Abschnitt gezeigt worden ist, ist die Trefferprozentzahl am größten, wenn die mittlere Trefferachse durch die Mitte des Ziels geht, d. h. wenn das Ziel auf Visierschußweite steht.

Trifft das Visier nicht zu, sei es, daß die Witterungseinflüsse Weit- oder Kurzschüsse verursachen, sei es, daß die Entfernung falsch geschätzt worden ist, so wird das Ziel nicht mehr von dem dichtesten Teil der Geschoßgarbe (der Kerngabe), sondern nur von einem weniger dichten Teil (einem der Ausläufer) getroffen (s. Nr. 30 der Schv.). Die Folge ist, daß die zu erwartenden Trefferprozente geringer werden, und zwar um so mehr, je größer der Unterschied zwischen dem zutreffenden und dem wirklich angewandten Visier ist.

Die Folgen falscher Visiere lassen sich am anschaulichsten aus den „Trefferreihen“ erkennen.

10. Unter einer „Trefferreihe" versteht man die Zusammenstellung von Trefferprozenten, die sich beim Schießen mit einem bestimmten Visier gegen eine Reihe

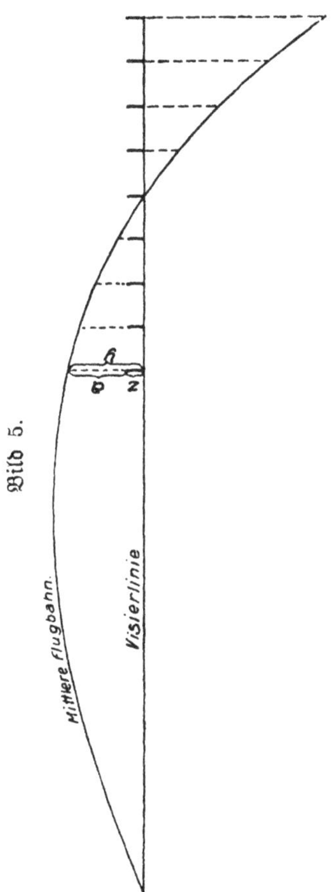

Bild 5.

von Scheiben ergeben, die mit gleichem, beliebig großem Abstande in der Schußrichtung hintereinander aufgestellt worden sind.

Die Scheibenhöhe wählt man nach der angenommenen Zielhöhe, z. B. Zielstreifen von Kopfzielhöhe.

Die Trefferreihen sind zur Lösung schießtechnischer Fragen unentbehrlich. Man darf sich hierbei nicht nur auf die Annahme einer bestimmten Streuung beschränken, sondern man zieht zum Vergleiche verschieden große Streuungen heran. Mit Hilfe der Trefferreihen kann man durch Vergleich zweier verschiedener Munitionsarten den Vorteil der größeren Rasanz erkennen.

11. Das Errechnen der Trefferreihen erfolgt sinngemäß nach dem in Nr. 4 durchgeführten Verfahren.

Die Trefferprozente für jeden Zielstreifen errechnet man nach der Formel

$$P(n) = \tfrac{1}{2} P\left(\frac{2y}{s_{50}}\right) - \tfrac{1}{2} P\left(\frac{2a}{s_{50}}\right).$$

Hierbei bedeutet (Bild 5)

y = mittlere Flughöhe (Tafel III a, b),
$a = y - z$,
z = Zielhöhe,
s_{50} = 50%ige Höhenstreuung (Tafel I).

In Tafel VI ist die Errechnung einer Trefferreihe für S-Munition mit Visier 800 dargestellt unter der Annahme einer 50%igen Höhenstreuung von 1,8 m und einer Zielhöhe von 0,25 m.

Um die Trefferprozente gegen eine gleich hohe Schützenkette zu erhalten, sind die errechneten Werte der Trefferreihe mit den in Tafel V gegebenen Faktoren zu vervielfältigen.

12. Tafel VII A enthält zwei Trefferreihen für S- und sS-Munition (in Bild 6 graphisch dargestellt). Für beide Munitionen wurde dieselbe 50%ige Höhenstreuung $s_{50} = 3{,}10$ zugrunde gelegt. Die Tafel VII A zeigt den Vorteil der gestreckteren Flugbahn der sS-Munition für die Fälle, in denen das Ziel nicht auf Visierschußweite steht.

13. In Tafel VII B und Bild 7 sind zwei Trefferreihen für S-Munition mit verschieden großer Höhenstreuung dargestellt. Bei der ersten ist eine 50%ige Höhenstreuung von 3,1 m angenommen, während bei der zweiten eine doppelt so große 50%ige Höhenstreuung gewählt worden ist, wie sie unter ungünstigen Verhältnissen, nach anstrengenden Märschen, bei schlechter Sichtbarkeit des Ziels und mangelhafter Schießausbildung vorkommen kann. Der Vergleich zeigt, daß schon bei einem Visierfehler von

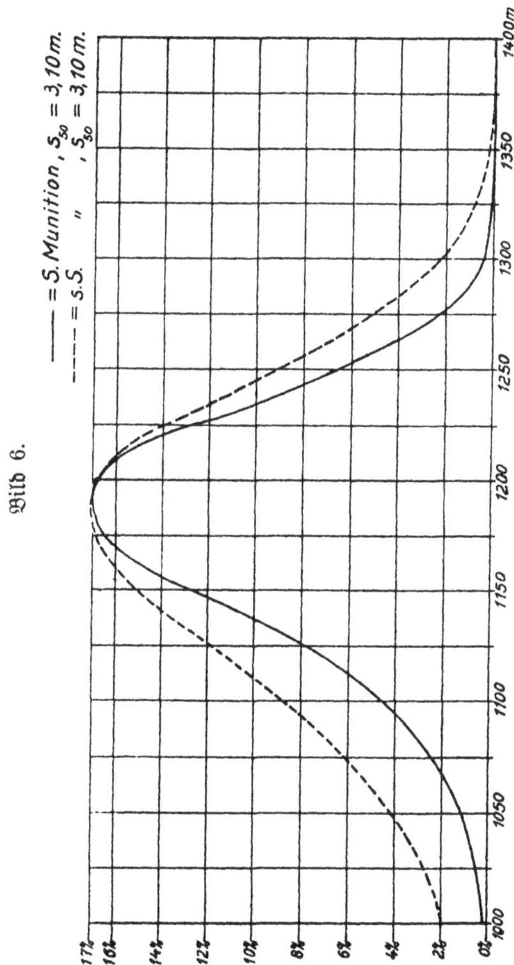

Bild 6.

100 m eine Truppe mit besonders großer Höhenstreuung mehr Treffer erreichen kann als diejenige mit regelrechter Höhenstreuung. Je geringer die 50%ige Höhenstreuung einer Truppe ist, desto nachteiliger wirken Visierfehler.

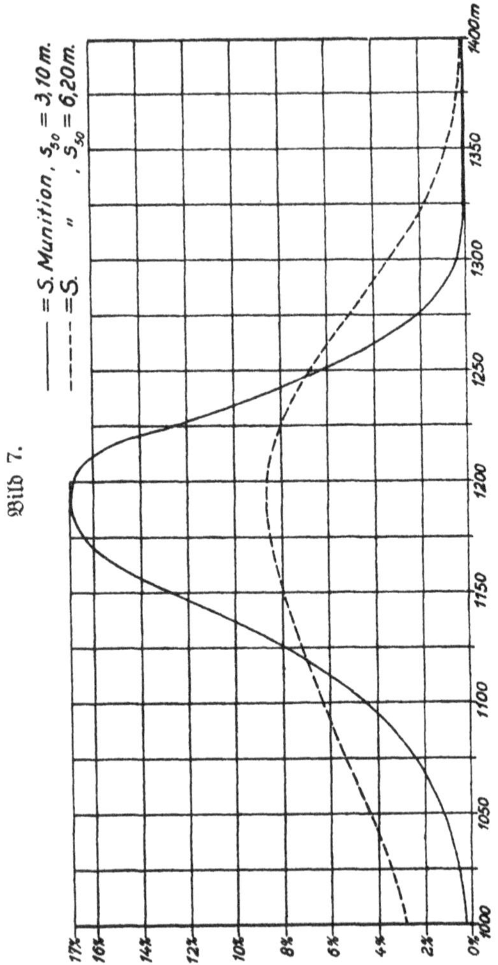

Bild 7.

14. Bei den bisher besprochenen Trefferreihen ist davon ausgegangen worden, daß mit *ein und demselben Visier* geschossen wird, daß also die Geschoßgarbe festliegt, während das Ziel auf verschiedenen Entfernungen angenommen worden ist. Solche Trefferreihen nennt man „*wagerechte* Trefferreihen“.

15. Nimmt man an, daß das Ziel auf einer bestimmten Entfernung feststeht, und errechnet man die Trefferprozente, die sich bei Verwendung verschiedener Visiere ergeben, so erhält man „senkrechte Trefferreihen".

Derartige Trefferreihen zeigen, wie sehr die Treffwahrscheinlichkeit von der Wahl des Visiers abhängt, und welchen großen Vorteil eine Munition mit rasanter Flugbahn bringt.

16. Will man für ein Schießen mit zwei Visieren eine Trefferreihe aufstellen, errechnet man für beide Visiere die wagerechten Trefferreihen. Das arithmetische Mittel aus beiden ergibt die gesuchte. Hierbei ist zu beachten, daß die Trefferprozente für die gleichen Entfernungen zusammengezählt werden.

Tafel I*).

Höhenstreuung der Garbe einer Durchschnitts-Friedenskompanie in Metern bei Verwendung von S-Munition.

Zielentfernung in m	50 % Höhenstreuung	Zielentfernung in m	50% Höhenstreuung
50	0,10	1050	2,56
100	0,21	1100	2,73
150	0,31	1150	2,91
200	0,42	1200	3,10
250	0,52	1250	3,30
300	0,63	1300	3,52
350	0,74	1350	3,75
400	0,85	1400	4,00
450	0,96	1450	4,27
500	1,08	1500	4,56
550	1,19	1550	4,87
600	1,30	1600	5,20
650	1,42	1650	5,55
700	1,54	1700	5,94
750	1,67	1750	6,35
800	1,80	1800	6,80
850	1,94	1850	7,30
900	2,09	1900	7,85
950	2,24	1950	8,40
1000	2,40	2000	9,00

Tafel II.

Längenstreuung der Garbe einer Durchschnitts-Friedenskompanie bei Verwendung von S-Munition.

Entfernung in m	50%ige Längenstreuung in m	75%ige Längenstreuung in m	Entfernung in m	50%ige Längenstreuung in m	75%ige Längenstreuung in m
400	190	320	1300	60	95
500	160	275	1400	55	90
600	140	235	1500	50	85
700	120	200	1600	50	80
800	100	170	1700	45	80
900	90	150	1800	45	75
1000	80	130	1900	40	70
1100	70	115	2000	40	65
1200	65	105			

*) Die Tafeln I—VII dienen zum Errechnen von Trefferreihen.

Tafel III a.

Mittlere Flughöhen (in Metern) des S-Geschosses 200 m vor und hinter der Visierschußweite von 25 zu 25 m.

S-Visier	Entfernung — 200	— 175	— 150	— 125	— 100	— 75	— 50	— 25	Visierschußweite	Entfernung + 25	+ 50	+ 75	+ 100	+ 125	+ 150	+ 175	+ 200
400	0,36	0,36	0,36	0,34	0,30	0,25	0,18	0,10	0	0,13	0,27	0,45	0,65	0,86	1,10	1,36	1,62
500	0,69	0,67	0,64	0,59	0,52	0,43	0,29	0,16	0	0,19	0,39	0,61	0,85	1,14	1,43	1,79	2,17
600	1,08	1,02	0,94	0,83	0,70	0,56	0,38	0,21	0	0,24	0,52	0,83	1,19	1,58	2,03	2,51	3,04
700	1,57	1,46	1,33	1,17	1,00	0,80	0,56	0,30	0	0,34	0,75	1,20	1,68	2,18	2,72	3,35	4,05
800	2,27	2,12	1,94	1,70	1,47	1,18	0,77	0,43	0	0,46	1,02	1,51	2,18	2,88	3,60	4,43	5,3
900	3,15	2,90	2,63	2,30	1,91	1,50	1,03	0,53	0	0,63	1,33	2,10	2,90	3,80	4,73	5,78	6,82
1000	4,26	3,87	3,50	3,08	2,58	2,01	1,39	0,70	0	0,82	1,68	2,63	3,63	4,75	5,98	7,27	8,64
1100	5,6	5,1	4,6	4,0	3,3	2,6	1,8	0,9	0	1,1	2,2	3,4	4,7	6,1	7,6	9,2	10,9
1200	7,2	6,6	5,9	5,1	4,3	3,4	2,3	1,2	0	1,3	2,7	4,3	5,9	7,7	9,5	11,6	13,6
1300	9,2	8,4	7,5	6,5	5,4	4,2	2,9	1,5	0	1,6	3,4	5,3	7,3	9,4	11,7	14,0	16,4
1400	11,7	10,6	9,4	8,1	6,8	5,2	3,6	1,8	0	1,9	4,1	6,2	8,6	11,0	13,6	16,5	19,4
1500	14,2	12,8	11,3	9,2	8,0	6,2	4,2	2,2	0	2,3	4,8	7,4	10,2	13,0	16,2	19,5	23,0
1600	17,0	15,3	13,5	11,5	9,5	7,4	5,1	2,6	0	2,9	5,8	9,0	12,2	15,6	19,2	23,0	27,0
1700	20,4	18,3	16,3	14,0	11,5	8,9	6,0	3,0	0	3,3	6,7	10,2	14,0	18,1	22,4	27,2	31,9
1800	24,0	21,5	19,0	16,2	13,2	10,3	7,0	3,6	0	3,9	8,0	12,5	17,1	22,1	27,5	33,1	39,6
1900	29,0	26,1	23,1	19,7	16,1	12,3	8,5	4,3	0	4,6	9,4	14,8	20,9	27,6	34,4	41,5	48,7
2000	35,6	32,0	28,7	24,7	20,5	16,0	11,0	5,7	0	6,1	12,3	19,0	26,0	33,2	42,1	51,0	61,4
	Flughöhenwerte: +									Flughöhenwerte: —							

Tafel III b.

Mittlere Flughöhen (in Metern) des sS-Geschosses 200 m vor und hinter der Visierschußweite von 25 zu 25 m.

sS-Visier	Entfernung — 200	— 175	— 150	— 125	— 100	— 75	— 50	— 25	Visierschußweite	Entfernung + 25	+ 50	+ 75	+ 100	+ 125	+ 150	+ 175	+ 200
400	0,39	0,39	0,38	0,35	0,31	0,26	0,19	0,10	0	0,11	0,23	0,38	0,55	0,74	0,94	1,15	1,38
500	0,64	0,61	0,56	0,52	0,44	0,37	0,27	0,15	0	0,16	0,33	0,52	0,72	0,96	1,23	1,55	1,89
600	0,94	0,87	0,80	0,71	0,62	0,49	0,37	0,20	0	0,22	0,46	0,75	1,00	1,38	1,68	2,14	2,50
700	1,35	1,26	1,15	1,04	0,88	0,73	0,51	0,27	0	0,29	0,60	0,96	1,34	1,77	2,23	2,71	3,24
800	1,88	1,78	1,61	1,44	1,21	0,96	0,68	0,36	0	0,38	0,78	1,23	1,74	2,21	2,89	3,50	4,20
900	2,53	2,33	2,13	1,82	1,57	1,19	0,88	0,45	0	0,50	1,01	1,65	2,25	2,17	3,64	4,45	5,28
1000	3,37	3,10	2,77	2,50	2,02	1,60	1,13	0,60	0	0,60	1,28	2,00	2,83	3,60	4,52	5,50	6,48
1100	4,3	3,9	3,5	3,0	2,5	2,1	1,4	0,7	0	0,8	1,6	2,6	3,5	4,5	5,5	6,7	7,9
1200	5,4	4,9	4,4	3,8	3,2	2,5	1,7	0,9	0	1,0	2,0	3,1	4,2	5,3	6,6	8,0	9,4
1300	6,7	6,1	5,4	4,6	3,8	3,0	2,0	1,1	0	1,1	2,3	3,5	4,9	6,3	7,7	9,3	10,8
1400	8,0	7,2	6,4	5,5	4,6	3,5	2,4	1,3	0	1,3	2,6	4,1	5,6	7,1	8,8	10,5	12,3
1500	9,3	8,4	7,4	6,4	5,2	4,0	2,8	1,4	0	1,5	3,1	4,7	6,4	8,2	10,1	11,9	13,9
1600	10,8	9,6	8,6	7,2	6,0	4,6	3,1	1,6	0	1,7	3,4	5,2	7,1	9,2	11,2	13,3	15,5
1700	12,3	11,6	9,6	8,2	6,7	5,2	3,5	1,8	0	1,9	3,8	5,8	7,9	10,1	12,4	14,8	17,3
1800	13,8	12,3	10,7	9,1	7,5	5,7	3,9	2,0	0	2,1	4,3	6,5	8,9	11,4	14,0	16,7	19,4
1900	15,5	13,8	12,1	10,3	8,5	6,5	4,5	2,3	0	2,4	4,9	7,4	10,0	12,9	15,8	18,9	22,1
2000	17,5	15,7	13,7	11,7	9,5	7,2	4,9	2,6	0	2,6	5,5	8,5	11,6	14,8	18,1	21,7	25,3
	Flughöhenwerte: +									Flughöhenwerte: —							

Tafel IV.

Wahrscheinliche Trefferprozente.

n = Wahrscheinlichkeitsfaktor, P(n) = Trefferprozente.

n	P(n)	n	P(n)	n	P(n)	n	P(n)	n	P(n)	n	P(n)
0,01	0,5	0,40	21,3	0,79	40,6	1,18	57,4	1,64	73,1	2,42	89,7
0,02	1,1	0,41	21,8	0,80	41,1	1,19	57,8	1,66	73,7	2,44	90,0
0,03	1,6	0,42	22,3	0,81	41,5	1,20	58,2	1,68	74,3	2,46	90,3
0,04	2,2	0,43	22,8	0,82	42,0	1,21	58,6	1,70	74,9	2,48	90,6
0,05	2,7	0,44	23,3	0,83	42,4	1,22	58,9	1,72	75,4	2,50	90,8
0,06	3,2	0,45	23,9	0,84	42,9	1,23	59,4	1,74	75,9	2,55	91,5
0,07	3,8	0,46	24,4	0,85	43,4	1,24	59,7	1,76	76,5	2,60	92,1
0,08	4,3	0,47	24,9	0,86	43,8	1,25	60,1	1,78	77,0	2,65	92,6
0,09	4,8	0,48	25,4	0,87	44,3	1,26	60,5	1,80	77,5	2,70	93,1
0,10	5,4	0,49	25,9	0,88	44,7	1,27	60,8	1,82	78,0	2,75	93,6
0,11	5,9	0,50	26,4	0,89	45,2	1,28	61,2	1,84	78,5	2,80	94,1
0,12	6,5	0,51	26,9	0,90	45,6	1,29	61,6	1,86	79,0	2,85	94,5
0,13	7,0	0,52	27,4	0,91	46,1	1,30	61,9	1,88	79,5	2,90	95,0
0,14	7,5	0,53	27,9	0,92	46,5	1,31	62,3	1,90	80,0	2,95	95,3
0,15	8,1	0,54	28,4	0,93	47,0	1,32	62,7	1,92	80,5	3,00	95,70
0,16	8,6	0,55	28,9	0,94	47,4	1,33	63,0	1,94	80,9	3,05	96,03
0,17	9,1	0,56	29,4	0,95	47,8	1,34	63,4	1,96	81,4	3,10	96,35
0,18	9,7	0,57	29,9	0,96	48,3	1,35	63,7	1,98	81,8	3,15	96,64
0,19	10,2	0,58	30,4	0,97	48,7	1,36	64,1	2,00	82,3	3,20	96,91
0,20	10,7	0,59	30,9	0,98	49,1	1,37	64,5	2,02	82,7	3,25	97,16
0,21	11,3	0,60	31,4	0,99	49,6	1,38	64,8	2,04	83,1	3,30	97,40
0,22	11,8	0,61	31,9	1,00	50,0	1,39	65,2	2,06	83,5	3,35	97,61
0,23	12,3	0,62	32,4	1,01	50,4	1,40	65,5	2,08	83,9	3,40	97,82
0,24	12,9	0,63	32,9	1,02	50,9	1,41	65,8	2,10	84,3	3,45	98,01
0,25	13,4	0,64	33,4	1,03	51,3	1,42	66,2	2,12	84,7	3,50	98,18
0,26	13,9	0,65	33,9	1,04	51,7	1,43	66,5	2,14	85,1	3,60	98,48
0,27	14,5	0,66	34,4	1,05	52,1	1,44	66,9	2,16	85,5	3,70	98,74
0,28	15,0	0,67	34,9	1,06	52,5	1,45	67,2	2,18	85,9	3,80	98,96
0,29	15,5	0,68	35,4	1,07	53,0	1,46	67,5	2,20	86,2	3,90	99,15
0,30	16,0	0,69	35,8	1,08	53,4	1,47	67,9	2,22	86,6	4,00	99,30
0,31	16,6	0,70	36,3	1,09	53,8	1,48	68,2	2,24	86,9	4,25	99,59
0,32	17,1	0,71	36,8	1,10	54,2	1,49	68,5	2,26	87,3	4,50	99,76
0,33	17,6	0,72	37,3	1,11	54,6	1,50	68,8	2,28	87,6	4,75	99,87
0,34	18,1	0,73	37,8	1,12	55,0	1,52	69,5	2,30	87,9	5,00	99,93
0,35	18,7	0,74	38,2	1,13	55,4	1,54	70,1	2,32	88,2		
0,36	19,2	0,75	38,7	1,14	55,8	1,56	70,7	2,34	88,5		
0,37	19,7	0,76	39,2	1,15	56,2	1,58	71,3	2,36	88,9		
0,38	20,2	0,77	39,7	1,16	56,6	1,60	71,9	2,38	89,2		
0,39	20,8	0,78	40,1	1,17	57,0	1,62	72,6	2,40	89,5		

Tafel V.

Verhältnis der Trefffläche

einer Schützenkette zur Trefffläche einer geschlossenen Scheibenwand von gleicher Höhe.

(Nachstehende Faktoren gelten, wenn mit gleichmäßiger Verteilung der Treffer nach der Seite gerechnet werden kann.)

Beispiel für die Errechnung:

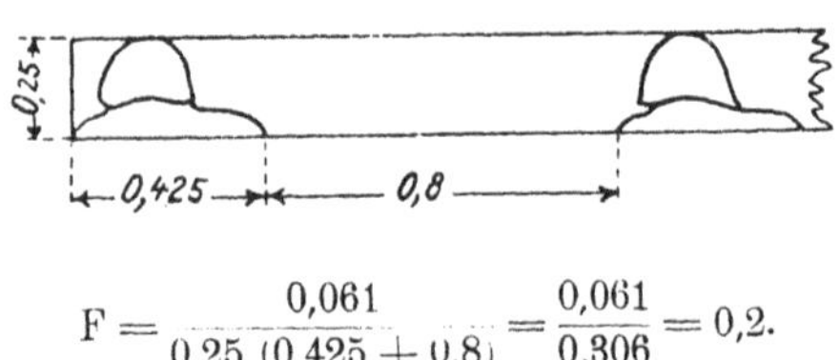

$$F = \frac{0{,}061}{0{,}25\,(0{,}425 + 0{,}8)} = \frac{0{,}061}{0{,}306} = 0{,}2.$$

Zielart	Ziel-höhe in m	Ziel-breite in m	Flächeninhalt des Ziels in m^2	Lichter Zwischenraum der Ziele in m: 0,8	1,0	1,5	2,0
Kopfziel	0,25	0,425	0,061	0,20	0,17	0,13	0,10
Kniezie l	1,00	0,50	0,393	0,30	0,26	0,20	0,16
Figurziel.	1,70	0,50	0,531	0,24	0,21	0,16	0,13
L. M. G. = Richtschütze von vorn	0,50	0,50	0,188	0,29	0,25	0,19	0,15
S. M. G. = Richtschütze von vorn	0,50	0,50	0,174	0,27	0,23	0,17	0,14
S. M. G. = Gew.-Führer, Richtschütze u. Schütze von vorn	0,60	1,20	0,449	0,38	0,35	0,28	0,24

Tafel VI.

Beispiel für die Berechnung einer Trefferreihe für S-Munition.

Visier: 800, $s_{50} = 1{,}80$ m (Streuung einer Durchschnitts-Friedenskompanie); Ziel: seitlich unbegrenzter Streifen von Kopfzielhöhe ($z = 0{,}25$ m).

	Entfernung in Metern																
	600	625	650	675	700	725	750	775	800	825	850	875	900	925	950	975	1000
y	2,27	2,12	1,94	1,70	1,47	1,18	0,77	0,43	0	−0,46	− 1,02	− 1,51	− 2,18	− 2,88	− 3,60	− 4,43	− 5,3
$\frac{2y}{s_{50}}$	2,52	2,36	2,16	1,89	1,63	1,31	0,86	0,48	0	−0,51	− 1,13	− 1,68	− 2,42	− 3,20	− 4	− 4,93	− 5,89
$a = y - z$	2,02	1,87	1,69	1,45	1,22	0,93	0,52	0,18	−0,25	−0,71	− 1,27	− 1,76	− 2,43	− 3,13	− 3,85	− 4,68	− 5,55
$\frac{2a}{s_{50}}$	2,25	2,08	1,88	1,61	1,36	1,03	0,58	0,2	−0,28	−0,79	− 1,41	− 1,96	− 2,7	− 3,48	− 4,28	− 5,2	− 6,17
$P_1 = P\left(\frac{2y}{s_{50}}\right)$	91,1	88,9	85,5	79,75	72,85	62,3	43,6	25,3	0	−27	−55,4	−74,3	−89,7	−96,91	− 99,30	− 99,91	−100
$P_2 = P\left(\frac{2a}{s_{50}}\right)$	87,1	83,9	79,5	72,25	63,9	51,4	30,3	10,7	14,9	−40,6	−65,8	−81,4	−93,1	−98,11	−99,69	−100	−100
$P_1 - P_2$	4,0	5,0	6,0	7,5	8,95	10,9	13,3	14,6	14,9	13,6	10,4	7,1	3,4	1,2	0,39	0,09	0
$\frac{1}{2}(P_1 - P_2)$	2,0	2,5	3,0	3,75	4,48	5,45	6,65	7,3	7,45	6,8	5,2	3,55	1,7	0,6	0,2	0,05	0

Tafel VII.

A. Ausgeglichene Trefferreihen für S- und sS-Munition gegen einen Zielstreifen von Kniezielhöhe (1 m).
Visier: 1200, 50%ige Höhenstreuung $s_{50} = 3{,}10$ m (Streuung einer Durchschnitts-Friedenskompanie).

Munition		Entfernung in Metern																
		1000	1025	1050	1075	1100	1125	1150	1175	1200	1225	1250	1275	1300	1325	1350	1375	1400
S	Prozent Treffer	0,3	0,5	1,2	2,4	4.5	7,9	12,8	16,5	16,9	12,7	6,3	2,1	0,4	0,04	0	0	0
sS	Prozent Treffer	1,9	2,8	4,2	6,3	8,8	12	15,1	17	16,9	13,9	9,4	5,2	2,2	0,7	0,15	0	0

B. Ausgeglichene Trefferreihen für S-Munition gegen einen Zielstreifen von Kniezielhöhe (1 m).
Visier: 1200, a) 50%ige Höhenstreuung $s_{50} = 3{,}10$ m (Streuung einer Durchschnitts-Friedenskompanie), b) 50%ige Höhenstreuung $s_{50} = 6{,}20$ m (Streuung einer Kompanie unter besonders ungünstigen Umständen).

		Entfernung in Metern																
		1000	1025	1050	1075	1100	1125	1150	1175	1200	1225	1250	1275	1300	1325	1350	1375	1400
a)	Prozent Treffer	0,3	0,5	1,2	2,4	4,5	7,9	12,8	16,5	16,9	12,7	6,3	2,1	0,4	0,04	0	0	0
b)	Prozent Treffer	3	3,6	4,4	5,4	6,3	7,2	8	8,6	8,6	8	6,6	5	3,4	1,8	0,8	0,3	0,1

Ernst Siegfried Mittler und Sohn, Buchdruckerei G. m. b. H., Berlin SW 68.

www.ingramcontent.com/pod-product-compliance
Lightning Source LLC
Chambersburg PA
CBHW031402180326
41458CB00043B/6578/J

* 9 7 8 1 8 4 7 3 4 2 9 6 6 *